THE OPERATIONS
OF THE
ARMÉE DU NORD

1815

VOLUME IV
THE INVASION,
June 12 – June 17

The Operations of the *Armée du Nord*: 1815 — Volume IV, The Invasion, June 12 – June 17

ISBN-13: 978-0-9863757-4-3

Published by Mapleflower House, LLC
130 Prominence Point Parkway
Suite 130 #106
Canton, GA 30114
www.mapleflowerhouse.com

TABLE OF CONTENTS

CORRESPONDENCE

DEDICATION

Ce projet est dédié aux soldats de l'Armée du Nord qui, en 1815, motivés par le simple principe qu'une nation a le droit de choisir son propre gouvernement, ont traversé des rivières pour attaquer deux armées qui se préparaient à envahir leur pays.

L'Armée du Nord était dirigée héroïquement, mais pas toujours avec compétence, et elle était trahie quotidiennement.

C'est seulement par un compte rendu complet des événements que nous puissions apprécier ce que les soldats de l'Armée du Nord ont accompli: grace à leur sacrifice, leur drapeau flotte encore aujourd'hui.

———◆———

This project is dedicated to the soldiers of the *Armée du Nord,* who, in 1815, motivated by the simple premise that a nation has the right to choose its own government, crossed a river and attacked two armies that were preparing to invade their country.

The *Armée du Nord* was led heroically, though not always competently, and it was betrayed daily.

Only with a full accounting of these events can we appreciate what the soldiers of the *Armée du Nord* accomplished: because of their sacrifice, their flag still flies.

Introduction

This is Volume IV of the *Operations of the Armée du Nord : 1815*, a reference of correspondence produced by Napoleon's last army, chronicling its organization and movements, until its defeat at Waterloo.

Operations of the *Armée du Nord : 1815*
The Analysis

This volume introduces the series and provides useful tools. It includes:
- Acknowledgments of the many individuals who made this work possible.
- The principles which guided transcription.
- Chart of persons found in the Correspondence, including those who are not well represented, though should be.
- A master Chronological Summary of all the transcribed correspondence.
- A master index of persons and places mentioned across all 5 volumes.
- Analysis of key topics, such as, the organization of the *Postes*, key maneuvers, and the crucial decisions few are aware of, though they determined the outcome of the campaign.

Operations of the *Armée du Nord* : 1815 : Volume i
The Registries

This volume includes some of they key correspondence of Napoleon and Davout, but focuses on Registries of key officers. Highlights include:
- Bertrand's personal registry for the *cent-jours* which includes many important orders and dictations of Napoleon.
- Soult's *Registre de Correspondance & Rapports à l'Empereur*
- Soult's *Mouvement des Troupes* - essentially the initial order book which ends where the famous *Registre du Major-général* begins.
- d'Erlon's Registry of Correspondence
- Reille's Registry of Correspondence

Operations of the *Armée du Nord* : 1815 : Volume 2
The Organization, May – June 4

This volume includes the key daily correspondence, from the moment Soult was appointed *major-général* of the *Armée du Nord*, until just before the concentration on the frontier began.

Operations of the *Armée du Nord* : 1815 : Volume 3
The Concentration, June 5 – June 11

This volume includes the daily correspondence for the concentration of the *Armée du Nord*. The various corps were ordered to their initial staging area in preparation for the upcoming invasion.

Operations of the *Armée du Nord* : 1815 : Volume 4
The Invasion, June 12 – June 17

This volume includes the daily correspondence during the week the *Armée du Nord* was given its final orders into position south of the Sambre, and then launched against the allies. It covers the battles of *Quatre-Bras* and *Ligny* and the pursuit the following day.

Sources

This reference was compiled from the sources listed below, with the exception of pieces from private collections, which will be individually notated. Each source is preceded by a code used to identify the source of items in the Chronological Summary.

If an item has a corresponding registry entry, the index of the registry entry will be indicated in the *Sender* column. Soult has three registries, thus the actual registry will be indicated, as well as, the item's index.

If an item has an original document, the source for this document will be indicated in the *Original* column using the source code.

Some items have both a registry entry and an original document, and both will be indicated. Exceptions, such, as a registry entry indicating a single recipient, but matching originals for other recipients, will be notated when necessary.

Private

- Soult - *Mouvement*   *Mouvement des troupes. Enrégistrement de la correspondance, commencée le 11 Mai 1815,* Collection François Gianadda, Martigny

Archives Nationales

- Bertrand   *Minutes de la correspondance de Bertrand pendant les Cent-Jours,* 400 AP/109
- d'Erlon   *Fonds Drouet d'Erlon,* 28 AP/4
- 95 AP/11   *Fonds Caulaincourt,* 95 AP/11
- 137 AP   *Papiers du maréchal Ney,* 137 AP, 5, 15, & 18 as noted.
- AF IV 1936   *Gouvernement des Cent-Jours,* AF/IV/1936
- AF IV 1937   *Gouvernement des Cent-Jours,* AF/IV/1937
- AF IV 1938   *Gouvernement des Cent-Jours,* AF/IV/1938
- AF IV 1939   *Gouvernement des Cent-Jours,* AF/IV/1939
- 699 MI 2   699 Mi 2, Dossier 5, *Waterloo : lettres et ordres addressés au maréchal Grouchy*

Service Historique de la Défense

- SHD C15-2   *Armée du Nord - 1er au 20 mai - 1815,* GR 15 C 2
- SHD C15-3   *Armée du Nord - 21 au 31 mai - 1815,* GR 15 C 3

- SHD C15-4   *Armée du Nord - 1er au 10 juin - 1815*, GR 15 C 4
- SHD C15-5   *Armée du Nord - 11 au 21 juin - 1815*, GR 15 C 5
- SHD C15-11   *Armée de la Moselle et al, avril - juin 1815*, GR 15 C 11
- Reille   *Régistre de Correspondance du Lt. Gal Reille*, GR 15 C 22
- SHD C15-23   *Copie des lettres adressées au général VANDAMME*, GR 15 C 23
- SHD C15-35   *Cent Jours Situations*, GR 15 C 35
- SHD C16-20   *Correspondance militaire générale - 1 au 7 juin 1815*, GR 16 C 20
- SHD C16-21   *Correspondance militaire générale - 8 au 18 juin 1815*, GR 16 C 21
- SHD C16-28   *Correspondance expedié du 20 mars au 8 juilles 1815*, GR 16 C 28
- SHD C17-193   *Correspondance de l'Empereur Napoléon et du Major Général*, GR 17 C 193
- SHD 1K-6   *Correspondance adressée au Lt. Gal Comte Gérard*, GR 1 K 6 1
- SHD 1K-282   *Campagne des Cent Jours 1815 - Bonnemains*, GR 1 K 282 1

Bibliothèque nationale de France

- Soult - *Registre*   *Copie du registre d'ordre et de correspondance du major général, à partir du 13 juin jusqu'au 26 juin*, NAF 4366, Bibliothèque nationale de France

Bibliothèque municipale de Nantes

- Soult - *Rapports*   *Registre de correspondance et rapports du maréchal Soult à l'Empereur (9 mai - 6 juin 1815)*, Manuscript 1201, Bibliothèque municipale de Nantes

Nationaal archief, Den Haag

- Falck   *Minutes/reports captured after Waterloo from Falck's Collection*, NL-HaNA, Falck, 2.21.006.48

Books

- Napoleon   Vol. 28 of Napoleon's correspondence
- Napoleon   *Correspondance générale, Tome quinzième, Les Chutes 1814-1821*, Fayard, 2018
- Davout   *Correspondance du Maréchal Davout, Prince D'Eckmühl*, Volume 4, 1885
- Relation Succincte   *Relation Succincte de la Campagne de 1815 en Belgique*, Emmanuel Grouchy, 1843
- Documents Inédits   *Documents Inedits sur la Campagne de 1815 in Mélange militaire: Spectateur, Sciences militaires*, 1840
- Portefeuille   *Portefeuille de Buonaparte, pris à Charleroi le 18 juin 1815*, 1815
- Ordres et Apostilles   *Ordres et Apostilles de Napoléon*, Arthur Chuquet, 1911
- Inédits Napoleoniens 1   *Inédits Napoléoniens 1*, Arthur Chuquet, 1913
- Inédits Napoleoniens 2   *Inédits Napoléoniens 2*, Arthur Chuquet, 1919

JUNE 12

Sender	Recipient	Summary	Original
Davout	Vandamme	Measures taken to reinforce the 3 regiments of chasseurs of attached cavalry division.	SHD C15-5
Davout	Vandamme	Inactive officers serving in the corps francs will receive payment	SHD C15-5
Davout	Vandamme	Margaron will prioritize the depots for Vandamme's mounted chasseurs	SHD C15-5
Davout	Fouché	Lemoine will command in Mézières, his predecessor Herbin Dessaux must be monitored	SHD C15-5
Davout	Commander in Péronne	Artillery depots move from Douai to Vincennes	SHD C15-5
Soult - Mouvement 291	Ruty	Napoléon has not authorized National Guards soldiers to enter the artillery toops - must send list to Minister of War	SHD C15-5
Soult - Mouvement 292	Commander of Army at Landrecy	Napoléon ordered 4th battalion of Elite National Guards of Yonne to garrison Quesnoy	SHD C15-5
Soult - Mouvement 293	Frère	Informed of above dispositions	SHD C15-5
Soult - Mouvement 294	Grouchy	Movement of detachment of 2nd Lancers to rejoin regiment, now 4th Division of 1st Cavalry Corps	SHD C15-5
Soult - Mouvement 295	Gazan	Deputy Minister of War just informed Soult that Gazan was put in command of numerous *Places* - Soult wants to be kept informed	SHD C15-5
Soult - Mouvement 296	Davout	Notification of report of organization of 2nd/3rd art. companies of Douai national guards	SHD C15-5
Soult - Mouvement 297	Daure	Read report of June 8th on evacuations of sick of Armée du Nord - at time unaware of movement of army, now according to operations, changes?	SHD C15-5
Soult - Mouvement 298	Daure	On proposal of d'Erlon, military hospital established at Bouchain - give necessary orders for prompt establishment	SHD C15-5
Soult - Mouvement 299	d'Erlon	Informed of above (to Intendent General)	SHD C15-5
Soult - Mouvement 300	Davout	Informed of order to Maréchal de camp Fernig to go to Lille to take command of National Guards.	SHD C15-5
Soult - Mouvement 301	Davout	Forwards request of General Garbé to have his two nephews as ADCs	SHD C15-5

Sender	Recipient	Summary	Original
Soult - Mouvement 302	Radet	Forwards the table sent by the *duc de Rovigo* of people appointed to the armies who have served in Belgium and the Rhine	SHD C15-5
Soult - Mouvement 303	Radet	Emperor has ordered that gendarmerie of GHQ must be appointed by the Department, not Paris, and formed by Radet	SHD C15-5
Soult - Mouvement 304	Daure	Due to difficulty procuring horses (lack of funds), Daure may requisition in the *Départment du Nord* for ambulance service	SHD C15-5
Soult - Mouvement 305	Gérard	Gérard must hasten march - take position behind Vandamme and be ready to attack Sambre on 14th.	SHD C15-11
Soult	Grouchy	Crossed-out draft forwarding the orders of the 10th. Similar order sent Soult-Mouvement 307	SHD C15-5
Soult - Mouvement 306	Lobau	6th Corps established in front of Avesnes, GHQ at Beaufort, and lists villages to occupy	SHD C15-5
Soult - Mouvement 307	Grouchy	Forwards orders of June 10th to Grouchy - delineates occupation of Cav Corps, Grouchy to be at Solre, complete by evening of June 13 - Copy	SHD C15-5
Soult - Mouvement 308	Delort	Join 4th Cav Corps of Milhaud and arrive on 15th at Beaumont	SHD C15-5
Soult - Mouvement 309	Grouchy	Dispositions of 4th Cav and Delort's progress communicated	SHD C15-5
Soult - Mouvement 310	Ruty	Difficulting of moving artillery park of La Fère which would be facilitated by arrival of horses on the 13th	SHD C15-5
Soult	Lobau	Appears to be a duplicate of Soult-Mouvement 306, and was crossed out in the notes.	SHD C15-5
Soult	Vandamme	3rd Corps to Beaumont on June 13. Direction will be given June 14. Gérard to join him there. Delort to leave for Rocroi June 14, then Beaumont.	SHD C17-193
Soult	Grouchy	4 corps sent to Avesnes and then dispatched in 2 groups - Copy	SHD C15-5
Soult	Napoléon	Report to the Emperor: Location of the Army corps on June 13 per Napoléon's orders.	AF IV 1938
Soult	Lapoype	Composition of Lille's garrison; troops will join it	SHD C15-5
Daure	Napoléon	Extensive report on the different services of the army, with many attachments	AF IV 1938
d'Erlon - 581	Soult	duplicate Ordre du jour for June 13th received, @9pm	SHD C15-5
Marcognet		3rd division must move to Pont sur Sambre; composition of the division	SHD C15-5
Piré	Soult	Asks to keep the 6th regiment of chasseurs in his division	SHD C15-5
Vandamme	Davout	Gives informations on the enemy's positions	SHD C15-5

Sender	Recipient	Summary	Original
Vandamme	Davout	Sends royalist prints	SHD C15-5
Saint Geniez	Vandamme	Report on the boarder and the enemy's forces [the report seems to have been forwarded by Vandamme] -attached to above	SHD C15-5
Trézel		Ordre du Jour	SHD C15-5
Trézel	Douradon	Vandamme will review the Corps, possibly with Jerome.	SHD C15-5
Frère	Soult	Asks for the approbation of the troops' distribution in the North	SHD C15-5
Frère	Davout	The order from June 9th is being executed; depots are on the move	SHD C15-5
Frère	Davout	State of the soldiers coming from Lille's prisons	SHD C15-5
Gazan	Davout	The garrison in Calais is sufficient	SHD C15-5
Gazan	Davout	Sends a letter from General Frère on the distribution of troops in the North	SHD C15-5
[De la Salle]	Davout	Missing troops in Calais	SHD C15-5
d'Arnauld	Davout	Still doesn't have a garrison	SHD C15-5
Gaudin	Davout	Will stop all foreign communications	SHD C15-5
Faudoas	Grouchy	Asks to stay with General Piré	SHD C15-5
Fririon	Hulin	Retired soldiers are recalled	SHD C15-5
Jallot	Duc de Feltre	A traitor's report to Ghent, note on the spirit and on the force of the 3rd corps of the Northern Army	SHD C15-5
Allix	Lapoype	What is Lapoype's intention concerning the 7th article of the May 25 decree?	SHD C15-5
Sénécal		Describes Napoléon's response to Grouchy's lack of orders upon arrival to Laon	Relation Succincte
	Napoléon's soldiers	Partisan print from the enemy	SHD C15-5

Ministère de la Guerre

Division de la Cavalerie.

Paris le 12 juin 1815

Monsieur le Comte, vous m'annoncez que les trois régiments de chasseurs à cheval formant la division de cavalerie attachée à votre corps comptent à peine 300 hommes chacun.

La faiblesse des escadrons de ces régiments tient à la nécessité où l'on a été de les séparer brusquement des dépôts qui tout aussitôt ont été repliés au-delà de la Somme. J'ai arrêté des dispositions générales pour la prompte organisation de la cavalerie les trois dépôts de vos régiments y concourront de tous leurs moyens et les généraux qui sont chargés de l'exécution feront partir incessamment pour rejoindre l'armée, des régiments de marche qui porteront du renfort à ceux qui servent sous vos ordres.

Recevez, Monsieur le Comte, l'assurance de ma considération distinguée.

Le Ministre de la Guerre
Prince d'Eckmühl

À Monsieur le Lieut. Général Comte Vandamme

Command^t en chef le 3e corps d'armée du nord

Paris, le 12 juin 1815.

Ministère de la Guerre
1ère Division
Bau de la Solde

Général, j'ai reçu la lettre que vous m'avez écrite le 10 juin courant pour demander que les officiers en non activité qui prennent du service dans les corps francs continuent à y recevoir leur solde d'activité.

Cela me paraît juste et je charge l'Inspecteur aux revues de faire continuer la solde d'activité à ceux de ces officiers qui, par leur position y avaient réellement droit.

Agréez, Général, l'assurance de ma haute considération

Le M [...]

À M. le Lieutenant gal Comte Vandamme, Commandant en chef le 3e corps de l'Armée du Nord.

Ministère de la Guerre
Division de la Cavalerie

Paris le 12 juin 1815

    Monsieur le Comte, je viens d'ordonner au Lieutenant Général Margaron, qui administre le dépôt général de cavalerie de l'armée du Nord, à Beauvais, de s'occuper de préférence des dépôts de chasseurs à cheval des régiments qui composent la division attachée à votre corps d'armée.

    Recevez, Monsieur le Comte, l'assurance de ma considération distinguée.

Le Ministre de la Guerre
Prince d'Eckmühl

Sent to Vandamme

IV-7

MINISTÈRE DE LA GUERRE
  DIVISION
BUREAU

Exp^ée

envoyer ensuite la copie ci jointe un bureau
des États majors

MINUTE DE LA LETTRE ÉCRITE

par

au Ministre de la Police

Le 12 juin 1815.

M^r le Duc, j'ai reçu la lettre de V.E. en date du 10 de ce mois, ainsi que la copie de note qui y était jointe, concernant le Gal Herbin Dessaux. J'ai l'honneur de prévenir V.E. que le Lt Gal Lemoine vient d'être nommé com^rsup^r de Mézières en remplacem^t du Gal Herbin Dessaux qui est rappellé. Ce Général qui est membre de la chambre des représentants doit être maintenant à Paris. V.E. jugera de ce qu'il convient de faire pour le surveiller

Agréez

———~~~———

3ᵉ Divᵒⁿ
Bᵃᵘ du Mouvements des Trouopes

Eée

Le 12 juin 1815.

A Mʳ le Commandᵗ de la place de Péronne.

Monsieur, le 9 de ce mois j'ai donné l'ordre aux différents dépôts d'artᶦᵉ qui étaient à Douai d'en partir le 12 pour se rendre à Vincennes. Ils arriveront en conséquence à Peronne le 13 et à [Roye] le 14.

Dans le cas où on auroit compris dans cette disposition le dépôt de la 11ᵉcompᶦᵉ d'ouvriers d'artᶦᵉ donnez lui l'ordre lors de son passage à Péronne de rétrograder sur Douai avec tout ce qui lui appartient. Quant aux autres dépôts d'artᶦᵉ vous les laisserez filer sur Vincennes.

Ayez soin de donner au Gᵃˡ Commandᵗ la 3ᵉ dᵒⁿ mʳᵉ avis du retour à Douai de ce dépôt d'ouvriers d'artᶦᵉ et informez-moi de ce que vous aurez fait à cet égard.

———

Page 1 of notes

Draft that was registered in Soult's Mouvement des Troupes *#291*

Enreg^é

Avesnes 12 juin 1815.

À M^r le Lt Gal Cte Ruty

Il n'y a pas de décision de l'emp^r qui autorise les incorporations des soldats de G^eN^{le} dans les troupes d'artill^{ie} du train, et de la ligne. Ces incorporations ont été tolérées lorsque les sujets temoignent le désir d'entrer dans ces corps. Lorsque ces incorporations auront lieu il faudra avoir soin d'envoyer au M^r le L^t g^l la liste nominative des hommes à incorporer p^r que les ordres soient donnés en conséquence.

Draft that was registered in Soult's Mouvement des Troupes *#292*

Enreg^é

12 dudit

L'Emp^rord^e que le 4e b^{on} d'elite de G^{es} N^{les} du Dép^t de Lyonne qui est à Landrecies en parte sur le champ pour aller tenir garnison au [quartier] donné l'ordre au b^{on}de se mettre de suite en marche. Instruisés moi du départ.

Draft that was registered in Soult's Mouvement des Troupes *#293*

dudit

Communiqué à M le Lieut^t g^{al}commd^t la 6e d^{on} m^{re}.

Draft that was registered in Soult's Mouvement des Troupes *#294*

Enreg^é

dudit

M^r le M^{al} Cte Grouchy

M le M^{al} un détach^t du dépot du 2e reg^t de lanciers de 1 off. 65 h^{es} montés est parti de St Dizier le 6 juin p^r se rendre à Philippeville afin d'y rejoindre son reg^t qui se trouvait alors au 3e corps d'armée. Mais comme ce reg^t fait maintenant partie de la 5e d^{on} au 1er corps de cav^{ie} le M^{tre} de la guerre. m'annonce qu'il a chargé le g^{al} commd^tla 2e d^{on} m^{re} de redresser son itinéraire et de le diriger vers la Capelle. Je vs prie M^r M^{al}de vous assurer de la marche de ce d^t et de lui faire donner la direction pour Avesnes p^rrejoindre son reg^t au 1er corps de cav^{ie} et de m'informer de son arrivée

———⁂———

Av. 12 juin

M^r le L^t g^{al} Gazan.

M^r le G^{al} le M^{re} de la g^{uerre} m'informe que l'Emp vient de vous nommer au commd^t en chef de la Défense des Places de la 16e d^{on} m^{re}, de celle de la [Somme] des places d'abbeville, Doulens, Amiens, Ham Peronne (15e d^{on} m^{re}) Guise, St Quentin Lafère, Laon, et Soissons (1e d^{on} m^{re}) il me faut connaitre les [lieut^t] [qu'il] vous [donne]. Je vous invite en conséq^{ce} à me tenir au courant de vos [opérat^{ons}]

～

Page 3 of notes

Draft that was registered in Soult's Mouvement des Troupes #296

Enreg

Av. 12 juin 15

S. E. l. M^re de la G.

Il est prévenu que le 10 juin il a été donné ordre au [F. sup. aux R.] Malraison de dresser proc. verb. de l'org^on des 2 et 3e comp^ie d'art^ie des G^des N^ales de Douai qui [etoient] déjà formées et [assurer] le service

Draft that was registered in Soult's Mouvement des Troupes #297

Enreg^é

Dudit

M l'Intend^t G^al

J'ai lu votre rapp. du 8 sur la direct. a donner aux evacuations de malades des camps de l'armée du Nord. Lorsque vous avez pris les dispositions vous ignoriez encore le mouv^t de l'armée vous verrez si d'après les 1^eres operat^ons qui auront lieu, vous ne devez pas y apporter q.que changement.

Draft that was registered in Soult's Mouvement des Troupes #298

Enreg^é

Dudit

Au même

Sur la proposition de M^r le L^t g^al Cte d'Erlon, il a été décidé qu'il serait établi a Bouchain un hopit^al m^re. M^r le Cte d'Erlon a déjà ecrit p^r cet objet à M^r l'ord^t de la 16e d^on m^re. Vous voudrez bien donner les ordres necessaires p^r la prompte formation de cet etablissement qui doit au moins comprendre le service de la garnison

—∿∿—

Draft that was registered in Soult's Mouvement
des Troupes *#299*

Enreg^é

Dudit

au Cte d'Erlon

Le prévient qu'il a été écrit (voir. cy contre) à M^r l'Intend^t G^{al}

Draft that was registered in Soult's Mouvement
des Troupes *#300*

Enreg^é

Dudit

À S.E. le M^{tre} de la G.

L'informe quil a été donné ordre au M^{al} de camp de [ferney] de se rendre
à Lille p^r y prendre le command^t d'une brig^{de} de G^{de} N^{le} et y continuer les
details d'org^{on} des g^{es} n^{les} dont il a été chargé

Draft that was registered in Soult's Mouvement
des Troupes *#301*

Enreg^é

Id.

Au meme

[transmet] à S. E. la demande du Gal Garbé pour obtenir ses 2 neveux
p^r aides-camp.

Draft that was registered in Soult's Mouvement
des Troupes *#302*

Enreg^é

Id.

Au Gal Radet

Envoye le tableau nominatif adressé par le Duc de Rovigo des hommes
employés aux diff. comp^{ies} de force publique des armées et qui ont servi en
Belgique et sur le Rhin vous voudrez. bien verifier si les off^{ers} gend^{es} qui y
sont postés sont [présents] aux detachem^t de force publique de l'armée m'en
rendre c^{pte} en me faisant connaitre ceux qui par leur intelligence et par la
connaissance qu'ils ont du pays [peuven^t] etre plus particulierem^t utilisés

---

Page 5 of notes

Draft that was registered in Soult's Mouvement des Troupes *#303*

Dud.

Au même

Le M^e de la guerre m'informe que la comp. de Gend^ie qui doit etre chargée du service [d'ordonnance] au g^d q. G^al ne doit plus d'après les nouvelles disp^ons arrêtées par l'Emp. être retirée de la Gend^ie de Paris quelle doit l'etre de la G^ie des Dep^ts M^r le Duc de Rovigo donne des ordres pour que les h^es qui doivent [etre] dans la composition de cette comp^ie soient dirigés de suite sur le g^d q. G^al ou la comp^ie sera definitivement formée par vos soins.

Draft that was registered in Soult's Mouvement des Troupes *#304*

Dud.

L'intend^t G^al

L'autorise à faire une requisition de chevau^x dans le Dep^t du Nord si les fonds annoncés ne sont pas fournis à temps. La cav^ie ne peut se passer d'ambulances.

———~~———

There is no draft of Gérard's orders found in
Soult's Mouvement des Troupes #305

Further, orders to d'Erlon, Reille, and
Vandamme are also not present in the Registry
or notes, though we have d'Erlon's response to
Soult's orders in d'Erlon's registry, and we have
the original of Vandamme's orders.

This draft/note is in a different carton in the
archives. It may have been originally with the
other notes, but some materials to Gérard are
filed in C15-11, such as this one.

Mr Ramorino

Minutte
Enrég^e
x Enreg^e

Avesnes le 12 Juin 1815

A Monsieur Le Lieutenant Comte Gérard Commandant l'armée de la Moselle.

J'ai reçu vos lettres du 7 et du 9 de ce mois Monsieur le Comte, Je vois avec peine que l'armée de la Moselle que vous commandez ne sera reunie en son entier à Rocroi que le 15. L'Empereur comptait cependant qu'elle y serais arrivée Le 13 sans faute et que vous auriez reglé sa marche en conséquence. Le retard est d'autant plus facheux que toute l'armée doit être rendue sur le Sambre Le 14 et que probablement l'Empereur fera attaquer les ennemis le même jour ; vous devez donc à la reception de ma lettre faire hâter la marche de vos colonnes pour qu'elles gagnent au moins un jour, et au lieu de vous établir aux environs de Rocroi ainsi que vous annoncez avoir le projet de le faire, vous continuerez votre marche sur Chimay et Beaumont ou vous joindrez le 3e Corps d'armée - commandé par Le Lieutenant Général Comte Vandamme, et prendrez position un peu en arrière de lui. Si à votre arrivée à Beaumont le Général Vandamme s'était porté en avant vous suivrez son mouvement de manière à le joindre le plutôt possible et former sa deuxieme ligne ainsi qu'il est dit ce-dessus en attendant les nouveaux ordres que vous recevrez. Vous aurez soin, général, de m'instruire sur le champ de toute les dispositions que vous ferez en exécution du présent ordre et de me faire connaître avec détail la marche de vos troupes ainsi que leur position.

Je vous préviens que je donne l'ordre au Général Delors Command la 14e Division de Cavalerie qui arrive le 13 à Mézières de se porter aussi sur Beaumont pour se réunir au 4e Corps de Cavalerie. Je lui préscris de presser sa marche afin d'arriver le 15 a Beaumont.

Avesnes le 12 juin

Page 6 of notes

The following paragraph to Grouchy is crossed through.

This could mean that its final draft has been copied and sent.

Or, more obviously, that it was discarded. Yet, "Sent on the 12th" is at the top of the page.

There is a registry entry and a draft to Grouchy that appear further down.

<u>Expédié le 12</u>

Draft that was registered in Soult's Mouvement des Troupes #306

Enreg^é

Au M^{al} Grouchy, en lui envoyant copie de l'ordre de l'Emp^r du 10, et le prevenant du mouvement de la 14e div^{on} de cavalerie lui donner ordre de mettre en marche les 1e 2e 3e et 4e corps de cavalerie et de les diriger sur Avesnes, d'où ils continueront leur marche pour aller s'établir, les 1er et 2e corps, en avant de Solres le château, occupant les villages de [Coursolres, Lengries, Grandieu, Hestrud, Eccles, Solrinnes, Aire et quierelont] et leurs dépendances. Les 3e et 4e corps à Solre le château, où sera le quartier g^{al}, [Borieu, L'Epinoy, Clairfait, Epineharnaut, Lesfontaines, Stratz et offies] M le M^{al} Grouchy s'établira a Solres et il sera prévenu que le mouvement de ces 4 corps de cavalerie doit être terminé le 13 au soir.

Au Cte de Lobau le 6e corps qu'il commande s'établira en avant d'avesnes et occupera les villages de [Dimont], [Dimechaus], [Vatigues], Choisy, aubrechies, Ferriere la petite, Damousies, Beaufort, [Eclaibes], Lisemont, et fontaines. Le quartier g^{al} a Beaufort.

La garde imp^{ale} occupera Avesnes et tout ce qui est en arrière, ainsi que les villages a droite et a gauche d'Avesnes dans la vallée de la helpe.

Page 7 of notes
Draft that was registered in Soult's Mouvement des Troupes *#307*
Mr le Mal Grouchy

Mr Gentet
Enregé

Avesnes le 12 juin.

Mr le Mal j'ai l'honneur de vous adresser copie de l'ordre de l'Empeur en date du 10 relatif a la position de l'armée au 13 l'Empeur ordonne que vous mettiez en marche les 1er 2e 3e et 4e corps de cavie et que vous les dirigiez sur Avesnes d'où ils continueront leur route pr aller s'établir les 1er et 2e corps en avant de Solre le Château, occupant les villages de Coursolre, [Lengries], Grandrieu, [Hestrad], Eccles, Solrinnes [quierelont] et leurs dépendances.

Les 3e et 4e corps à Solre le château, en occupant [Beaurien], [Barello], l'Epinay, [Clairfait], Epine-Harnault, les fontaines, [Sarht et offies]; vous devez, Mr le Mal vous établir de votre personne à Solres, et faire toutes les dispositions prque le mouvt de ces 4 corps de cavie soit terminé le 13 au soir.

Je vous prie Mr le Malde me rendre compte de l'exécutn de cet ordre [recevez etc.]

————◆————

A copy of the previous dispatch

Envoi de l'ordre de l'Empereur du 10 juin, relatif à la position de l'armée au 13 s'établir à Solre et veiller à l'exécution du mouvement prescrit aux 4 corps de cavalerie

Vu le Conservateur des archives du Dépôt de la Guerre

Avesnes, le 12 juin 1815.

Le M^al duc de Dalmatie, major g^al, au M^al Cte Grouchy, comd^t la cavalerie de l'armée.

Monsieur le Maréchal,

J'ai l'honneur de vous adresser copie de l'ordre de l'Empereur en date du 10, relatif à la position de l'armée au 13. L'Empereur ordonne que vous mettiez en marche les 1er, 2e, 3e et 4e corps de cavalerie et que vous les dirigiez sur Avesnes, d'où ils continueront leur route pour aller s'établir, les 1er et 2e corps en avant de Solre-le-Château, occupant les villages de Coursolre, Lanquies, Grandrieu, Hestrud, Eccles, Solrinnes, Quierelont et leurs dépendances.

Les 3e et 4e corps à Solre-le-Château, en occupant Borie[u], l'Epinoy, Clairfait, Epine, Harnault, les Fontaines, Sartz et Offies. Vous devrez, Monsieur le Maréchal, vous établir de votre personne à Solre, et faire toutes les dispositions pour que le mouvement de ces quatre corps de cavalerie soit terminé le 13 au soir.

Je vous prie, Monsieur le Maréchal, de me rendre compte de l'exécution de cet ordre.

Recevez l'assurance de mes hautes considérations.

Le Maréchal d'Empire major général; (Signé) Duc de Dalmatie.

P.C.C. à l'original communiqué par le comd^t du Casse en juin 1865, le commis chargé du travail D. Huguenin

———— ∾ ————

Page 8 of notes
Draft that was registered in Soult's Mouvement des Troupes #308
Enreg^é

Avesnes 12 juin

M^r le L^t g^{al} Delort

M^r le G^{al} je recois votre lett. du 10 de ce mois et l'itineraire que suit votre div^{on} l'Emp. ordonne que vous partiez de Mezieres le 14 avec tout ce qui appart^{nt} à votre d^{on} et avec votre artillerie p^r vous rendre à Rocroi d'où vous joindrez l'armée et vous [réunirez] au 4e corps de cav^{ie} commandé par M le Lt Gal Cte Milhaud dont vous faites partie. Il est necessaire G^{al} que vous puissiez arriver le 15 à [Beaumont] ou du moins en etre très rapproché. Mais vous devez faire [marcher] vos troupes bien [remises] et ne laisser personne en arriére. Vous ferez en sorte d'avoir à votre suite des vivres et des fourrages.

Enreg^é

dudit

Draft that was registered in Soult's Mouvement des Troupes #309
Enreg^é

Communiqué les disp^{ons} cy dessus à m^r le M^{al} Cte Grouchy. Je vous prie M^r le M^{al} de vous assurer de la marche de cette d^{on} et de m'informer de sa réunion au 4e corps de l'ar^{mée}.

⚬⚬⚬

This entry starts at the bottom of page 8 of the notes and ends on page 9

Draft that was registered in Soult's Mouvement des Troupes #310

Dud.

M le Lt Gal Cte Ruty

L'informe que la difficulté de mettre en mouv^t la totalité des parcs d'art^ie qui se trouve à Lafère par manque de chev^x exposé dans son rapp. du 10 sera surmontée par l'arrivée de chev^x le 13 qu'aussi la portion qui n'a pu partir sera mise en marche et lui addresse l'ordre du jour du 10.

Draft that was cross out and not registered in Soult's Mouvement des Troupes

Portée Mr Gentet

Av. 12 j.

Le Lt Gal Cte Lobau

L'intention de l'Emp. M^r le Cte est que le 6e corps que vous commandez [qui doit se ?] d'avesnes, occupe les villages de Dinant, Dimechaux, Vatignies, Choisy, ambrechies, ferrière la petite, [Damoutier], [Beaufort], Eclaibes, [Lisemonel] et Fontaines et que votre quar^r g^al soit etabli à Beaufort.

Adressez moi l'État exact de votre position

—∿—

Avesnes le 12 Juin 1815

À Monsieur Le Lieutenant Général Comte Vandamme Commandant le 3ᵉ Corps de L'armée du Nord.

L'intention de l'Empereur, Monsieur le Comte, est que Votre Corps d'armée soit rendu demain 13 à Beaumont, vous le concentrerez sur ce point ; ainsi vous vous trouverez former la droite de l'armée et vous vous tiendrez prêt à déboucher, le 14 au matin dans la direction qui vous sera donnée.

Monsieur le Général Comte Gérard, qui avait reçu ordre de se rendre à Rocroi, continuera sa marche sur Chimay et Beaumont ou il rejoindra votre corps d'armée, il devra prendre position, un peu en arrière de la votre et si a son arrivé à Beaumont vous vous étiez porté en avant, il suivrait votre mouvement de manière à vous joindre le plutôt et a former une deuxieme ligne derière vous.

Aussitôt que vous aurez pris la position qui vous est indiquée, vous m'enverrez un officier pour m'en rendre compte.

Je vous préviens que la droite du 2ᵉ corps sera à Montignies et la tête de la reserve de cavalerie à Leugnies et Coursolre.

Le Maréchal d'Empire

Major Général

duc de Dalmatie

[R.S.V.P.]

Vou trouverez ci-joint un ordre du jour de l'Empereur qui a été expedié par le grand Marechal.

Je vous préviens que la 14ᵉ division de Cavalerie Commandée par le Général Delors reçois l'ordre de partir le 14 de Meziers pour se rendre à Rocroi. Elle continuera sa route par Chimay et Beaumont pour rejoindre l'armée et se réunir au 4ᵉ Corps de Cavalerie dont elle fait partie.

Avesnes, le 12 juin 1815.

—∼∼∼—

la division Delort a ordre de se rendre à Beaumont, pour se réunir au 4ᵉ corps de cavalerie, dont elle fait partie. Donner avis de son arrivée à destination

Le Mᵃˡ duc de Dalmatie, major gᵃˡ, au Mᵃˡ Cᵗᵉ de Grouchy

Monsieur le Maréchal, je reçois de Mʳ le Gᵃˡ Delort copie de l'itinéraire que suit la 14ᵉ division de cavalerie, qu'il commande, d'où il résulte qu'il arrive le 13 de ce mois à Mézières. Je lui donne l'ordre d'en partir le 14, avec tout ce qui appartient à sa division, pour se rendre à Rocroi, d'où il continuera sa route par Chimay à Beaumont, où il joindra l'armée et se réunira au 4ᵉ corps de cavalerie, dont il fait partie. Je lui mande qu'il est nécessaire qu'il puisse arriver le 15 à Beaumont ou du moins en être très rapproché.

Je vous prie, Monsieur le Maréchal, de vous assurer de la marche de cette division et de m'informer de sa réunion au 4ᵉ corps de cavalerie.

Recevez, Monsieur le Maréchal, l'assurance de ma haute considération.

Le Maréchal d'Empire major général :
(Signé) Duc de Dalmatie
P.C.C. à l'original communiqué
par le comdᵗ du Casse en juin 1865.
Le commis chargé du travail
D. Huguenin

———～～～———

Vu. Le Conservateur des Archives du Dépôt de la Guerre

Major général.

Rapport à l'Emperur.

Avesnes le 12 juin —— 1815.

Sire,

En éxécution de l'ordre que Votre Majesté a donné le 10 de ce mois, j'ai prescrit les dispositions suivantes sur l'emplacement que les divers corps de l'armée devront occuper le 13:

le 2ᵉ Corps sur la Sambre, au dessous de Maubeuge jusqu'à Solre sur Sambre, occupant les villages de Hantes, Montignies, Bouzignies, Bersilies, Colleret, Cerfontaines et ferrières la Grande.

le 1ᵉʳ Corps, entre pont sur Sambre & Maubeuge se tenant prêt a déboucher sur l'une ou l'autre rive de la Sambre, ainsi que Votre Majesté l'ordonnera.

Le 3ᵉᵐᵉ Corps à Beaumont

le 6ᵉᵐᵉ Corps à Beaufort où sera le quartier Genᵃˡ, fontaines, Lismont, Eclaibes, Dimont, Dimechaux, Watignies, Choisy, Damouzie, Aubrechie & ferriere la petite

Les 1ᵉ 2ᵉ 3ᵉ & 4ᵉ Corps de Cavalerie, sous les ordres de M. Le Mᵃˡ Grouchy, à Solre-le chateau et dans les villages de [Sartz], les fontaines, [offie], Epine harnaut, Clairfait, l'Epinoy Beaurieux, Grandrieu hestrud, Leugnies, Coursolre, [aibe], quievelont, Solrinnes, Eccles.

Les parcs de l'artillerie & l'équipage de Ponts seront placés en avant d'Avesnes, on a laissé quelques villages vacants pour quils puissent y établir des chevaux.

La ville d'avesnes est laissée à la disposition de la garde de Votre Majesté, ainsi que les villages en arrière & ceux de la Vallée de la helpe, à droite & à gauche d'avesnes.

D'après les Rapports que j'ai reçus de M. Le Cᵗᵉ Gérard, le 1ʳᵉ Division de l'armée de la Moselle, doit arriver le 13 à Rocroi, la 2ᵈᵉ Division le 14, la 3ᵉᵐᵉ Division le 15, la Division de Cavalerie & le parc d'artillerie le 16. Je lui ai de suite écrit que votre Majesté avait entendu qu'il serait remis en totalité le 13 & que je lui avais donné des ordres en conséquence, ainsi je lui ai reitéré l'ordre de Presser la marche de ses troupes, de manière à leur faire gagner le tems qu'elles ont perdu, il devra faire continuer le mouvement de cette armée & il la dirigera par Chimay, sur Beaumont, où il formera la 2de ligne. Du 3 Corps, & la suivra dans sa marche sur la ambre, si ce Corps d'était porté en avant.

Le Gal Delors, Commandant la 14e Div^{on} de Cavalerie, m'a ecrit de Metz, le 9 que sa Division arriverait le 13 à Mezières & qu'elle ne pourrait être rendue à jirson, sa destination que le 15. Je lui ai envoyé L'ordre de se diriger de Mezières sur Rocroi, chimay & Beaumont, où il pourra arriver le 15, ainsi elle se trouvera en ligne avec le restant de la Cavalerie ; j'en ai prévenu M. Le M^{al} Grouchy

Le Maréchal d'Empire, Major Général

Duc de Dalmatie

———— ∽∽ ————

MINUTE DE LA LETTRE ÉCRITE

par le Ministre

a M le L^nt Gal Lapoype Gouverneur de Lille

le 12 juin 1815.

Général, vous trouverez ci après ainsi que vous me l'avez demandé le 6 du courant, l'etat des corps qui doivent former votre garnison. Savoir

1.B^ons de Gardes nationales

1er	du dept du Nord composé de	541 h^es
8e	de la Seine infre	290
9e	id.	357
1er	de l'aisne	635
2e	id.	586
3e	id.	545
4e	id.	548
5e	id.	548
6e	id.	606
7e	id.	460
3e	des Ardennes	561
4e	idem	481
Total		**6148**

2.Troupes de ligne et autres

16e comp^ie du 6e rég^t d'art^ie a pied off^ers compris :		64 off^ers
Mineurs du 2e b^on du 1er regiment	id :	61
8e comp^ie de veterans, sous officiers,	id :	107
Gendarmerie à cheval	id :	62
Canonniers sédentaires	id :	236
Douaniers destinés à se replier sur la place :		632
Un bataillon de militaires en retraite que l'on peut évaluer a :		4007
Total :		**7710**

Exp^e

Suiv^t le rapp du 5 juin

Mil. [retraités.] des 3 corps de la garnison [laissés] apres le depart des depots : 175

13e comp^ie d'art^ie : 25

16e : 70

Mil. [du 2e ?] : 80

55e reg^t : .46

8e comp^ies. off. Veterans : 148

7 b^ons garde n^ale de l'aisne: 4302

[5e] du nord : .541

4 comp^ies de [canonniers.] sedentaires. : . .488

3 comp^ies de pompiers : 235

8e b^on de la Seine inf^te : 621

2e de la Somme : 477

1er et 2e des retraités de la Seine : 470

off. retraités d'id. : 32

4 b^ons des mil. retr. de la div^on : 638

Canonn. retr. de la 16e : 26

3e et 4e des ardennes : 1042

Total : 9416

N^a. Un rapport du 5 juin fait connaitre que les 16e et 13e comp^ie d'art^ie a pied sont fortes de 91 h^es off^ers compris independamment de cela le service de l'artillerie comprenda Lille 4 comp^ies sedentaires fortes de 488 h^es off^ers compris et 1 comp^ie sed^re du dep^t de l'aisne de 184 h^es on organise encore deux autres comp^ies sedentaires dans la ville ce qui fournira plus que le nombre nécessaire pour l'artillerie

Cette force s'augmentera à mesure que les gardes n^{aux} qui manquent pour completer quelques uns des bataillons seront fournis par les dép^{ts} que vous aurez pu réunir, j'ai lieu de presumer que le nombre en sera plus grand.

Independamment des ressources ci-dessus designées, vous avez la Garde nationale [?].

Vous aurez remarqué que dans le denombrement de vos forces j'ai compris 62 gendarmes qui resteront dans Lille aussitôt que la place sera menacée d'investissement. C'est une cavalerie qui vous sera très utile pour la reconnaissance que vous auriez à faire faire. Il serait impossible a ce moment de vous en donner d'autre. La composition de votre garnison n'éprouvera d'autre changement que ceux que pourront ordonner Sa Majesté. Il y a donc lieu de croire que rien n'empechera de terminer son instruction.

Rapport à sa majesté l'Empereur

Sur la situation des différens services de l'Armée.

Au 12 Juin 1815

L'objet d'après les ordres de Votre Majesté & les instructions du Ministre de la Guerre, se sont composées d'approvisionnemens qui doivent dès ce moment et à mesure des consommations, pourvoir à tous les besoins des corps mis en mouvement.

Ainsi les Approvisionnemens se partagent
1°. En ressources du Service courant
2°. En réserves spéciales pour distributions à L'avance au Soldat
3°. En réserves à porter à la suite des corps d'Armée.
4°. En fonds de Magazin de 3 mois.
5°. En Approvisionnemens en cas de siège.

Services courans

Jusqu'à ce moment les Magazins ont pourvu aux distributions journalieres, sans avoir donné lieu à une interruption réelle de service.

Sur quelques points il éxiste meme des excédens qui après les premiers mouvemens et les distributions effectuées à l'avance pourront préparer une partie des [manes] que les Munitionnaires généraux devront avoir rassemblées d'ici aux 15 & 30 juin pour trois mois, et entretenir toujours à sa même hauteur, aux termes de leurs Marchés.

Ditributions à l'Avance.

Tous les corps d'Armée sont pourvus de 4 jours de pain frais dont l'avance a été ordonnée par Votre Majesté.

Tous les Corps ont aussi reçu, à quelques petites quantités près la 1/2 livre de riz qui d'après les ordres de Votre Majesté a du être donnée à chaque soldat de l'armée. Si quelques uns des corps n'avoient pas leur complet, il y seroit pourvu sur la réserve du Quartier Général qui arrivera le 13 à Avesnes. On peut voir par l'Etat (N° 1) les quantités déja distribuées & celles qui restent à distribuer, tant pour les 4 jours de pain que pour les huit jours de Riz.

Réserves à la suite des Corps d'Armée.

Les réserves à porter à la suite de l'Armée se composent de 15 jours de Riz, Eau de vie, Sel, Vinaigre, de 6 jours de pain 1/2 Biscuité de 4 jours de viande sur pied, & de 4 jours d'avoine, & doivent être prêtes le 13 du courant.

d'après les rapports des ordonnateurs en chef, cette opération essentielle présente les résultats suivants,

Le 1er Corps sera entièrement au complet au moyen des ressources que je lui procure.

Le 2me a toutes les denrées dépuis plusieurs jours.

Le 3me se complettera par la réserve de Philippeville.

Le 4me devant prendre les vivres à la suite dans la 3 div Militaire, a laissé à Metz des Equipages pour les lui amener.

Le 6me a reçu avant son départ de Laon, tout ce qui lui revenoit.

La Garde Impériale a dû prendre sa réserve à Soissons. Les moyens pour la completter y éxistoient. Mais on ne ma pas encore fait parvenir les détails de cette opération.

Masse d'Approvisionnemens de 3 mois.

L'état (No 2) fait connoitre la fixation de ces approvisionnemens et les places dans lesquelles ils ont lieu. Le terme de rigueur pour leur complémens est fixé au 30 juin. Ces réserves sont dans un Etat peu satisfaisant mais il sera facile aux munitionnaires de les completer avant même le terme de rigueur. Elles sont bien importantes pour pourvoir aux besoins de l'armée partout où ses mouvemens la porteront. Elles doivent être de 3 mois & tenuës constamment à la même hauteur.

Approvisionnemens en cas de siège.

Ils ont été confiés aux autorités civiles & placés sous la surveilance des ordonnateurs de Divisions.

D'après le Tableau (No 3) on peut se convaincre que les approvision-nemens des places des 1re, 2me & 16me divisions pour le cas de siège, sont asséz satisfaisans et que leur hauteur calculée sur les résultats généraux peut être évaluée aux 2/3.

Résultats généraux.

L'Etat (N° 4) fait connoitre la quantité de rations qui éxiste en denrées de toute nature dans les réserves de Maubeuge, Avesnes, Philippeville, Guise, Laon & Soissons. Savoir.

farines . . . . 3,591,540. Rations.
Riz . . . . 2,542,700.
Sel . . . . 2,088,000.
Eau de vie . . . . 1,882,624.
Avoine . . . . 66,000.
Viande . . . . 200,000.

Sous le N° 5 de présente l'Etat de tous les fours militaires qui éxistent dans les 1re, 2me & 16me Divisions militaires ; par là on peut connoitre nos moyens de fabrication.

Chapitre 2

Transports et Equipages Militaires.

L'organisation des Equipages de l'Armée a subi différentes modifications, occasionnées par le passage de quelques divisions, d'un Corps d'Armée dans un autre, la formation des corps de Cavalerie, & la réunion de l'Armée de la Mozelle.

Je soumets à Votre Majesté un tableau général (N° 6) qui comprend l'Organisation de ce Service.

La 1ere partie présente nos ressources, la seconde la répartition arrêtée pour chaque Corps d'Armée, et la 3me ce qui éxiste présent au 10 Juin.

Ce tableau indique en outre pour chaque espèce de voiture, soit des Equipages militaires, soit des compagnies auxiliaires, les parcs, Escadrons ou Compagnies, & les départemens qui doivent fournir à chaque Corps d'Armée.

Littérale l'état numéro sept présente la situation des équipages militaires au 10 juin qui donne 278 qui sont en activité.

Celui numéro huit la situation des compagnies d'équipage auxiliaire À la même pas qui gagne 640 voitures en activité.

Équipage d'ambulances

Le service des Equipages d'Ambulance est organisé depuis le 20 Mai aux différens Corps d'Armée, selon le tableau générale de formation pour ce qui concerne les ambulances des Divisions d'Infanterie, mais il n'en est pas ainsi pour les divisions de Cavalerie.

Dès le 18 mai derniers je proposai leur organisation particulière, comme ambulances légères composées de Chevaux de Bât.

Je n'ai reçu que le 2 de ce mois, l'autorisation de faire établir ces ambulances & l'avis d'un crédit le 54,000 f^r qui n'est pas encore réalisé aujourd'huy.

Cependant le tems presse & l'ordre de faire préparer le matériel de Santé à Lille ne permet pas de compter sur une formation très prochaine.

J'ai donné l'ordre pressant à monsieur l'Ordonnateur de la 16me Division, de passer un marché pour la fourniture des Chevaux de Peloton, des cantines & objets d'Equipement.

En supposant que les fonds soient faits sous quelques jours, il faudra employer à Lille un tems matériel aux travaux d'établissement qui eût été bien plus facile d'abréger à Paris, ou la fourniture entière des 100 Chevaux tous équipés devoit se faire à l''poque du 20 mai sous 5 à 6 jours au plus tard. Au reste si les ambulances de la Cavalerie ne sont pas prêtes, j'y ferai suppléer par celles du grand quartier général.

La répartition des Equipages d'ambulance légères aux Corps de Cavalerie nécessitera aussi quelques mouvemens plus ou moins éloignés lors de la mise en route pour destination ; mais au moins les Equipages seront complets pour le matériel du Service de Santé.

Equipages des réserves des Subsistances

Votre Majesté sera convaincuë sans doute que le service des Equipages des réserves de subsistance ne tardera pas à être complétté si les ressources des parcs et des Départemens affectés à cette organisation spéciale y doivent rester employer exclusivement, & si les ordres du M^{rs} les préfets en hâtent la rentrée & la disposition avec autant d'activité & de persévérance que j'en ai mis jusqu'à présent par moi-même l'éxécution des mesures prescrites par Votre Majesté.

Néanmoins la formation des Equipages auxiliaires est loin d'avoir obtenu dans quelques Départemens, le degré d'activité sur lequel il était permis de compter, ceux du Nord & du Pas de Calais sont principalement en retard, les autres départemens auront fournit leurs compagnies avant le 15 Juin.

Chapitre 3.

Hopitaux

Je mets sous les yeux de Votre Majesté.

1º. (Nº 9.) L'état des ambulances attachées aux divers Corps d'Armée, & dont les résultats sont que l'armée a dons ce moment 28 Ambulances divisionnaires d'Infanterie, qui a raison de 3200 pansemens en Linge & 4800 en [charpie]

	pansemens en linge	en [Charpie]
chacune formeront ensemble	.89,6000	134,4000
La Cavalerie aura	12,800	. . . . 19,200.
	102,400	.153,600.

D'après ma demande le Ministre a mis à ma disposition une réserve de 32,000 pansemens qui sera envoyée de Paris à Avesnes.

2º. (Nº 10) Un Etat indiquant les lignes que j'ai crû devoir détermi-ner pour la répartition et les évacuations des malades des Divers Corps d'Armée. En raison de la position que l'Armée occupera au 13 juin, les malades des 1re, 2me & 6me Corps seront répartis dans les 1re, 15me & 16me Divisions militaires.

Ceux des 3me & 4me Corps, Dans les 2me, 3me & 4me Divisions.

3º. (Nº 11.) un état portant approximativement le nombre des Malades éxistants dans les hopitaux de ces divisions à 6000 & celui des places dont on peut encore y disposer à 23, 968.

Le Ministre de la Guerre vient de me donner avis de diverse dis-positions qu'il a faites pour augmenter les ressources des hopitaux dans l'Arrondissement de l'Armée.

Si Votre Majesté le désire, j'aurai l'honneur de lui en rendre Compte par un Rapport particulier. Au résumé, l'armée a peu de Malades.

Chapitre 4.

Habillement & Equipement.

Il n'éxiste à L'armée en objets d'habillement & d'Equipement que mille paires de souliers expédiées de Paris au 27ᵐᵉ de Ligne qui les a refusés, parce qu'il n'en avoit pas besoin. Ils sont restés à la suite du 6ᵐᵉ corps pour en disposer suivant les besoins, d'après mes ordres.

J'ai demandé au Ministre de la Guerre de former à la suite du quartier général une réserve de 20 à 25 mille paires de souliers ; précaution qui m'a paru utile pour parer aux besoins imprévus, qui pourroient survenir pendant la campagne. Le Ministre m'en a accordé 22 mille pares dont 12 mille à prendre sur le Département de l'Oise & 10 mille sur celui de la Seine inférieure. Ces souliers seront expédiés par mille paires, à mesure de leur confection, mais la réserve ne pourra être complette qu'à la fin de Juillet. J'ai écrit à MM. les préfets de hâter les envois, de manière à ce que toutes les quantités soient arrivées pour la fin de Juin.

J'ai fait établir deux Magazins l'un à Laon & l'autre à Avesnes pour recevoir les Effets qui pourront être expédiés par ordre du Ministre.

L'Organisation du Bataillon des soldats d'ambulance est très retardée par le défaut de fonds pour l'habillement. 150 hommes seulement seront à Avesnes pour le 20 Juin. Le reste du Bataillon ne pourra arriver qu'à la fin du mois. On doit à ce Corps pour habillement 103,863 francs. J'ai prié le Ministre de lui accorder sur le champ un à-compte sur cette somme.

Plusieurs des corps de l'Armée éprouvent des besoins d'Effets d'habillement & d'Equipement, J'en ai rendu compte en détail au Ministre, & l'ai engagé à les faire expédier par convois accélérés.

M. Le Maréchal Grouchy m'a requis de faire confectionner à Laon les Grenadières & les portes [crosses] nécessaires aux Régimens de Dragons qui ont remplacé à Lafère, Leuze, Mousquetons par des fusils. Vû l'Urgent besoin, & la requisition de Mʳ le Maréchal, j'ai été obligé de faire remettre 4,000 f aux [Comiss] d'administration de ces corps pour payer cette Dépense. J'ai dû prendre cette somme sur un fonds de cent mille francs affecté aux vivres, le seul qui jusquà présent aît été mis réellement à ma disposition.

Je viens à l'Instant de recevoir un Crédit de 10,000 f pour l'habillement, la dépense dont il est question ci dessus sera prise sur ce fonds.

Campement

Beaucoup de Corps ont des besoins Urgens en Effets de Campement, Je les ai fait connoitre au ministre qui m'a répondu qu'il faisoit expédier de Paris des outils & Ustensiles de Campement pour Dix mille hommes, qui avec ceux Existans dans le Magazin de Lille suffiroient aux besoins de l'Armée.

Ces Effets sont arrivés à Laon seulement le 12 de ce mois ; Je les ai fait expédier à Avesnes, où ils seront distribués aux Corps d'Armée, suivant leurs besoins, & y seront le 14 au matin.

Chapitre 5.

Postes

Ce service est à peine organisé ; Le directeur des postes est arrivé, il m'assure que ce n'est que vers le 15 que tous les Equipages & les personnes attachées à ce service, seront rendus auprès des divers Corps d'Armée. Il est à remarquer que ce n'est que vers les derniers jours du mois passé que l'Organisation des postes a été arrêtée par le directeur Général des Postes.

Chapitre 6

Trésor.

Le Service du Trésor est organisé près de tous les Corps d'Armée, les payeurs & leurs préposés sont à leurs postes. Le tableau (N° 12.) en fait connoître l'Organisation.

Chapitre 7

Fonds.

J'ai l'honneur de mettre sous les yeux de Votre Majesté, par l'état (N° 13.) un apperçu des fonds nécessaires pour acquitter les dépenses mensuëlles des 1er, 2e, 3me, 4me, 6me, Corps d'Armée & des 4 Corps de Cavalerie calculés sur un Effectif de 125 hommes, & pour paer aux besoins imprévus des Différens Services.

Par L'Etat (N° 14) Votre Majesté verra quels sont les crédits qui m'ont été ouverts jusqu'à ce jour par le Ministre de la Guerre, ils s'élèvent ensemble à la somme de

Elle peut apprécier combien ils sont insuffisans en raison des besoins, & pour satisfaire à une foule de dépenses qui ne sont pas comprises dans ces crédits, & qui se présentent journellement telles que frais de poste, travaux imprévus du Génie & de l'Artillerie &ᵃ.

J'ose donc supplier votre Majesté de m'accorder de suite un fonds de 50,000ᶠ pour couvrir des dépenses qui sont déja faites, ou qui peuvent se présenter d'un moment à l'autre.

Ce secours m'est indispensable au moment où l'armée commence des opérations.

———— • ————

Je n'ai présenté à votre Majesté qu'un Compte sommaire sur toutes les principales opérations de l'armée ; je n'ai pas cru devoir m'étendre davantage, parce que j'ai rendu compte à Mʳ le Major Général, jour un jour, de toutes les dispositions particulières que j'ai été dans le cas de faire. Au reste je puis donner à Votre Majesté, sur toutes les parties les détails les plus circonstanciés, toutes les fois qu'elle laisse désirera.

Je suis avec Respect,

Sire,

de Votre Majesté

Le très humble, très obeissant Serviteur & fidèle sujet.

L'Intendant Général ./.

———— • ————

Laon Le 12 Juin 1815.

N. 14

Intendance Générale
5me Section.
fonds.
N°

Etat des crédits ouverts jusqu'au 12 Juin 1815, par le Ministre de la Guerre, à L'intendant Général.

☙

Etat des fonds mis à la disposition de l'Intendant Général, par S.E. Le Ministre de la Guerre.

———•———

Le 11 Juin, M^r L'Intendant général a reçu les Lettres de Crédit dont le détail suit :

N° 483. Pour le Service des vivres & Pain . . . . .30,000^f
N° 486. Pour le Service des fourrages. . . . . .25,000.
N° 494. Pour le Service de l'habillement. . . . . .10,000.
N° 485. Pour les Approvisionnemens de Siège. . . . . . . 60,000.
Total . . . . 125,000.

S.E. Le Ministre de la Guerre a annoncé
qu'elle avoit accordé un fonds de 120,000
pour les hopitaux . . . . .120,000.

Elle a donné également avis qu'elle alloit ouvrir
Un Crédit, pour les Ambulances actives des dix
Divisions de Cavalerie de cy. . . . . .54,000.

Total des fonds .299,000.
annoncés par Son Excellence.

Auxquels fonds il Convient d'ajouter

1°. Le Crédit qui avoit été ouvert à M L'ordonna-
Teur Volland, pour le Service des Vivres Pain,
Crédit dont M L'Intendant général a fait la
Reprise et qui est encore inscrit cy. . . . . .100,000.

2°. Un Crédit de 6000^f qui a été appliqué aux
Dépenses d'Urgence des Ambulances de l'Armée. . . . . 6,000.

**Total général des fonds faits ou annoncés à
M L'Intendant général** . . . . 405,000^f.

———•———

N° 2

Armée du Nord.

Approvisionnements de 3 mois ordonnés par Sa Majesté l'Empereur, Pour le 30 Juin 1815, dans les Places dépendantes de l'Armée du Nord.

CB

Intendance Générale
3ᵐᵉ Section
Subsistances Militaires

Armée du Nord
Approvisoinnemens de 3 mois

Etat de fixation des denrées pour un approvisionnement de trois mois à verser dans les Places dependant de l'Armée du Nord pour le 30 Juin Courant.

| | | | Désignation des denrées fixées en | | | | | | | | | | | |
| | Designation | | Quintaux Métriques de | | | | | Litres de | | | Quintaux Mét. bectolitres | | | |
des divisions	des Départements	des Places	Froment	seigle	Total	Riz	Légumes secs	Sel	Eau de vie	Vinaigre	Viande sur pied.	De foin	De Paille	D'avoine	Observations
1ʳᵉ	Oise Aisne	Compiègne	«	«	«	«	«	«	«	«	[Ranfs] «	6300»	4500	12150	
		Noyon	«	«	«	«	«	«	«	«	«	2100 »	1500	4050	
		Soissons	1800	600	2400	68 »	136 »	78.40	14660 »	35938 »	600	4200 »	3000	8100	
		Lafère	750	250	1000	20 »	40 »	23.60	4664 »	10984 »	100	7560 »	5400	14580	
		Laön	1800	600	2400	51 »	102 »	58.80	10994. »	20954 »	400	4200 »	3000	8100	
		Chauny	«	«	«	«	«	«	«	«	«	2940 »	2100	5670	
		Guise	1200	400	1600	23 »	46	25.60	4664.»	18984 »	100	6300 »	4500	12150	
		Sᵗ Quentin	300	100	400	18	16 »	9.60	1664. »	2984 »	«	4200 »	3000	8100	
2ᵐᵉ	Ardennes	Philippeville	400	130	530	14 »	28 »	15. «	3010. »	2960 »	«	1260 »	900	2430	L'objet principal des mesures ordonnées par l'Intendant Gᵃˡ a été celui de faire mettre dans les Places fortes, et fermées, tout l'approvisionnement et ce ne laisser dans les autres que pour dix jours de vivres pour le service courant.
		Givet et Charelemont	1330	330	1660	42 »	84 »	50. »	9020. »	8873 »	«	840 »	600	1620	
		Rocroi	200	60	260	14 »	28 »	15. «	3010. »	2960 »	«	1680 »	1200	3240	
		Mézières	1325	435	1760	35	70 »	41. »	7520. »	7398 »	100	2520 »	1800	4860	
		Sedan	175	55	230	7	14 »	8. »	1504. »	1480 »	«	1680 »	1200	3240	
		Bouillan	50	10	60	3.50	7	4. »	750. »	740 »	«	420 »	300	810	
		Marienbourg	50	10	60	3.50	7	4. »	750. »	740 »	«	« «	«	«	
	Meuse	Montmédi	700	210	910	14 »	28	15. «	3010. »	2960 »	«	3780 »	2700	7290	
		Stenay	100	50	150	3.50	7	4. »	750. »	740 »	«	« «	«	«	
		Verdun	1230	375	1605	28 »	56	33. »	6013. »	5920 »	«	5040 »	3600	9720	
		Bar sur Ornain	40	25	65	3.50	7	4. »	750. »	740 »	«	« «	«	«	
		Sᵗ Mihiel	40	25	65	3.50	7	4. »	750. »	740 »	«	« «	«	«	
		Commercy	40	25	65	3.50	7	4. »	750. »	740 »	«	« «	«	«	

| des divisions | des Départements | des Places | Désignation des denrées fixées en | | | | | | | | | | | | Observations |
| | | | Quintaux Métriques de | | | | | | Litres de | | | Quintaux Mét. bectolitres | | | |
			Froment	seigle	Total	Riz	Légumes secs	Sel	Eau de vie	Vinaigre	Viande sur pied.	De foin	De Paille	D'avoine	
2me	Marne	Vitry sur Marne	1400	460	1860	25 »	55 »	35 »	6510. »	6435 »	«	2100	1500	4050	
		Chalons sur Marne	350	120	470	10 »	15 »	5 »	1000. »	960 »		2100	1500	4050	
		Rheims	«	«	«	«	«	«	«	«	«	«	«	«	
16me.	nord	Dunkerque	820	270	1090	16.35	32.70	18.84	3523.70	3446.30	«	840	600	1620	
		Bergues	270	90	360	5.45	10.90	6.28	1174.60	1148.80	«	840	600	1620	
		Gravelines	210	70	280	5.45	10.90	6.28	1174.60	1148.80	«	420	300	810	
		Lille	2190	720	2910	81.75	163.50	94.20	17618.40	17231.40	«	3360	2400	6480	
		Condé	540	170	710	10.90	21.80	11.56	2349.15	2297.55	«	1260	900	2430	
		Valenciennes	1090	360	1450	54.50	109. »	63. »	11745.60	11487.60	«	5040	3600	9720	
		Donai	820	270	1090	21.80	43.60	25.12	4698.25	4595.10	«	2520	1800	4860	
		Cambrai	270	90	360	10.90	21.80	12.56	2349.15	2297.55	«	1260	900	2430	
		Maubeuge	1090	360	1450	54.50	109.	62.80	11745.60	11487.60	«	2520	1800	4860	
		Avesnes	660	210	870	5.45	10.90	6.28	1174.60	1148.80	100	2520	1800	4860	
		Landrecies	330	100	430	2.72	5.44	3.14	587.30	574.40	«	2100	1500	4050	
		Lequesnoy	330	100	430	2.72	5.44	3.14	587.30	574.40	«	1680	1200	3240	
		Bouchain	210	70	280	5.45	10.90	6.28	1174.60	1148.76	«	840	600	1620	
	Pas de Calais	St Omer	660	210	870	10.90	21.80	12.56	2349.15	2297.54	«	1680	1200	3240	
		Arras	270	90	360	5.45	10.90	6.28	1174.60	1148.76	«	420	300	810	
		Calais	210	70	280	5.45	10.90	6.28	1174.56	1148.76	«	420	300	810	
		[Aire]	330	100	430	5.45	10.90	6.28	1174.56	1148.76	«	1050	750	2025	
		Ardres	110	30	140	5.45	10.90	6.28	1174.56	1148.76	«	210	150	405	
		St Venant	110	30	140	2.75	5.50	3.14	587.30	574.40	«	«	«	«	
		Béthune	160	50	210	5.45	10.90	6.28	1174.56	1148.76	«	1050	750	2025	
		Boulogne	110	30	140	2.72	5.44	3.14	587.30	574.40	«	210	150	405	
		hesdin	110	30	140	2.72	5.44	3.14	587.28	574.40	«	210	150	405	
		Montreuil	110	30	140	2.72	5.44	3.14	587.28	574.40	«	210	150	405	
18me	Hte Marne	St Diziers	«	«	«	«	«	«	«		«	2100	1500	4050	
			24290	7820	32110	707. »	1414. »	814. »	152223. »	203156 »	1500	91980	65700	177,390	

Laon, le 10 Juin 1815.

L'Intendant Général ./.

Daure

Intendance Générale
3e Section

Armée du Nord.

Etat de Situation des Magasins de denrées d'approvisionnement de siège depend de l'armée du nord à l'époque de Juin 1815.

	Designation des		Nombre					Denrées existantes...		
Divisions Militaires	Départements	Places	d'hommes	de Chevaux	de Jours	Epoque des Situations	Hauteur des Approvision^{ts}	Grains et farines	Biscuits	Riz et légumes secs
1e	Aisne	Lafère	1500	«	90	6 Juin	Complétés	133,320	«	263,333
		Guise	100	«	90	4 id	id	12,708	«	26,683
2e	Ardennes	Mézières	4000	100	90	5 id	aux 3/4	416,046	«	959,133
		Philippeville	1800	30	180	1e id	aux 2/3	227,417	«	236,249
		Charlemont	6000	150	180	5 id	au tiers	730,022	«	1,095,549
		Ch'au de Bouillon	400	25	90	4 id	aux 3/4	29,682	«	73,199
		Marienbourg	«	«	«	1 id	au tiers	112,161	«	63,149
		Rocroi	1800	30	90	3 id	aux 3/4	184,939	«	97,816
		Sedan	2000	50	180	4 id	aux 3/4	305,605	«	423,183
	Meuse	Verdun	3000	50	180	29 Mai	aux 3/4	428,504	«	648,132
		Montmédy	1500	25	90	29 id	Au delà du complet	193,593	«	387,333
	Marne	Vitry sur Marne	«	«	«	«	«	«	«	«
16e	Nord	Lille	12,000	600	180	5 Juin	Grains et farines au complet, aux 3/4 pour le reste	2,340,360	«	2,917,602
		Valenciennes	6000	400	180	5 id	aux 3/4	940,344	«	319,800
		Maubeuge	5000	300	180	5 id	à 1/2	273,963	«	195,712
		Donai	5000	400	180	6 id	id	366,843	«	1,493,004
		Dunkerque	4000	300	180	1e id	au tiers	272,476	«	811,799
		Avesnes	3000	50	180	5 id	au quart	179,344	«	117,748
		Condé	3000	100	180	5 id	au tiers	403,673	«	158,466
		Cambray	2000	200	90	6 id	à 1/2	126,426	«	233,333
		Lequesnoy	2000	50	180	6 id	id	185,427	«	118,900
		Landrecies	2000	50	180	5 id	au tiers	101,205	«	115,616
		Bouchain	1500	50	180	5 id	id	94,590	«	316,033
		Berguès	1200	50	180	31 Mai	Grains et farines au complet; aux 2 tiers pour le reste	309,074	«	728,132
		Gravelines	1200	100	180	31 id	au quart	50,277	«	85,166
		St Omer	4000	150	180	1e Juin	id	437,148	«	«

Denrées existantes et Réduites en Rations					Observations
Viandes fraiche et salée	Avoine	Vin ou Bierre	Eau de Vie	Chauffage	
150,655	«	87,748	123,664	177,000	
13,732	1352	7468	11,456	18,000	
247,429	9071	108,212	266,528	92,100	
238,817	4963	51,340	125,552	219,150	
899,430	12,957	351,316	608,000	928,400	
59,523	2011	«	29,962	62,550	
93,260	894	«	15,632	33,750	
184,108	4829	5722	86,006	167,250	1°. On a calculé que l'Approvisionnement de siège était en
282,749	8756	40,808	199,120	167,250	général fait aux deux tiers.
400,572	37,300	192,096	340,272	486,375	2°. Les objets qui manquent principalement sont les
181,874	6450	126,232	191,280	229,650	liquides et les avoines.
«	«	«	«	«	3°. Avesnes est seulement au quart de on approvisionnement.
654,241	117,878	758,488	1,115,840	2,020,099	4°. Ardres : La situation n'est pas arrivée parcequ'il n'y a point de Commissaire des Guerres ; on sait par un Rapport de l'autorité civile que l'approvisionnement est
187,365	68,997	219,592	272,534	1,132,989	assez avancé : on a écrit plusieurs fois pour avoir cette
177,610	49,124	148,488	193,376	239,100	situation.
145,435	61,687	227,620	674,496	826,740	5°. Vitry : On n'a rien reçu, du Ministre de la Guerre sur
159,944	22,327	119,560	212,960	466,100	son approvisionnement ; il n'a pas encore répondu aux
97,666	8094	40,280	66,960	96,621	Lettres qui demandent des Renseignements.
207,049	16,141	112,236	82,736	376,511	
56,100	44,941	98,500	82,480	141,300	
94,480	5829	52.192	218,640	379,432	
23,997	5609	31,500	58,880	84,600	
28,054	6260	149,248	192,576	136,974	
46,435	4969	46,800	287,056	174,697	
26,527	4093	27,844	25,520	77,175	
«	18,788	117,144	118,928	180,000	

Divisions Militaires	Designation des			Nombre			Epoque des Situations	Hauteur des Approvisions	Denrées existantes...		
	Départements	Places		d'hommes	de Chevaux	de Jours			Grains et farines	Biscuits	Riz et légumes secs
16ᵉ	Pas de Calais	Calais		3000	100	90	30 Mai	aux 3/4	346,336	«	546,666
		Arras		3000	150	90	5 Juin	au tiers	226,137	«	17,433
		hesdin		1500	30	90	1ᵉ id	au quart	38,943	«	«
		Belhune		1500	50	90	1ᵉ id	aux 2/3	117,687	«	63,966
		Aire		1200	50	180	31 Mai	au tiers	146,793	«	«
		Ardres		1000	25	90	« id	«	«	«	«
		Sᵗ Venant		1000	25	90	30 id	Farines au complet ; le reste au sixième	85,149	«	31,000
		Montreuil		1000	50	90	1ᵉ Juin	aux 2/3	74,224	«	45,433
		Boulogne		1000	100	90	31 Mai	Farines au tiers, le reste au sixième	34,632	«	4050
				88,200	3840				9,967,248		12,793,618

Denrées existantes et Réduites en Rations					Observations
Viandes fraiche et salée	Avoine	Vin ou Bierre	Eau de Vie	Chauffage	
252,273	8866	143,668	261,440	79,225	
63,528	3186	89,100	124,544	14,850	
«	82	«	«	«	
40,908	4804	50,456	49,680	36,489	
30,400	6123	97,184	34,240	4200	
«	«	«	«	«	
833	4255	18,712	51,280	10,012	
72,846	3188	15,876	49,904	45,150	
3750	1541	11,696	16,512	20,520	
5,101,590	555,365	3,627,126	6,188,044	9,124,259	

N° 4.

Intendance Générale.

3me Section.

Subsistances militaires.

Armée du Nord.
Situation des Magasins de réserve au 10 Juin.

ଓଃ

Armée du Nord
Approvisionnemens de Réserve.
Etat de situation des Magasins de Réserve, dépendant de l'armée du Nord à l'Epoque du

Etat de Situation des Magasins de Réserve, dépendant de l'Armée du Nord à l'Epoque du

	Farines Brutes						Pain 1/2 Bisuité			Riz	
	De froment.			De Seigle.							
Places	fixation quint^x mét^es	Existant	À Verser	fixation quint^x mét^es	Existant	à Verser.	fixation Rationel	Existant	à Verser	fixation quint^x mét^es	Existant
Soissons	7650	7404	246	2550	2168	382	200,000	72,944	127,056	486	486
Laon	3750	2697	1053	1250	789	467	100,000	33,670	66,330	225	8
Guise	3750	3300	450	1.25	700	550	60,000	«	60,000	225	186
Maubeuge	750	300	450	250	100	150	«	«	«	45	«
Philippeville	750	750	«	250	100	150	«	«	«	45	45
Avesnes	3750	1280	2470	1.25	371	879	150,000	«	150,000	25	38
Totaux	20,400	15,731	4669	6.8	4222	2578	510,000	106,614	403,386	1251	763

Résultat.

		Farines Brutes.			Pain 1/2 Biscuité Rationel	Riz quintx métes	Sel quintx métes	Eau de Vie. Litres	Avoine. hecto-litres
		Froment	Seigle	Total. Quintaux mots					
fixation		20,400	6800	27,200	510,000	1231	625	132,600	80,000
Existant ...		15,731	4222	19,953	106,614	763	348	117,664	5269
Différence {	En moins	4669	2578	7247	403,386	488	277	14,936	74,737
	En plus.	«	«	«	«	«	«	«	«
Réduction en rations des Quantités existantes.......		2,831,580	759,960	3,591,540	106,614	2,542,700	2,088,000	1,882,624	221,040

Riz	Sel.			Eau de Vie.			Avoine.			
à Verser	fixation	Existant	à Verser	fixation	Existant	à Verser	fixation	Existant	à Verser	
	quint^x mét^es			Litres			hecto-litres			Observations.
«	200	84	116	51,000	51,000	«	«	«	«	(*) L'Approvisionnement de Pain biscuité n'avait pas
217	125	19	106	24,000	11,099	12,901	40,000	858	39,142	été Complettée à cause des réclamations auxquelles
39	125	125	«	24,000	24,000	«	«	«	«	il avait donné lieu ; les quantités existantes au 10 à
46	25	«	25	4800	3000	1800	«	«	«	Soissons et dans les autres Places, n'ont été dans le jour
«	25	25	«	4800	4565	235	«	«	«	& le lendemain distribuées aux troupes ainsi que le riz, le
187	125	95	30	24,000	24,000	«	40,000	4405	35,595	sel et partie de l'eau de vie.
488	625	348	277	132,600	117,664	14,936	80,000	5263	74,737	

N° 5

Intendance Générale

3ᵉ Section

Manutentions Militaires
Des 1ᵉʳᵉ, 2ᵉ, et 16ᵉ Divisions Militaires

ℭℬ

Manutentions.
Etat des Jours militaires existans dans les Places de l'arrondissement de l'Armée du Nord à l'Epoque du 5 Juin 1815.

1ᵉ Division Militaire (Paris)				2ᵉ Division Militaire (Mézières)	
		Nombre de			
Départemens	**Places**	**Jours**	**Rations en 24 heures**	**Départemens**	**Places**
Seine	Paris et Vincennes	15	50,000		Mézières
Seine et Oise	Versailles	4	16,000	Ardennes	Rocroi
Eure et Loi	Chartres	2	5120		Sedan
Seine et Marne	Meaux	3	7680		Givet et Charlemont
Oise	Beauvais	«	«		Montmédy
	Compiegne	7	28,000		Stenay
	Soissons	6	22,000		Verdun
	Laon	4	16,000	Meuse	Commercy
	Guise et Chau thiery	1	4000		Sᵗ Mihiel
Aisne	La Capelle	3	12,000		Sᵗ Menhoud
	Lafère	3	9600	Marne	Châlons
	St Quentin	2	6400	Ardennes	Philippeville
Loiret	Orléans	2	8000	Marne	Reims
		52	184,800		Vitry

Récapitulation

	Nombre de Jours	Rations en 24 heures
1ᵉ Division	52	184,800
2ᵉ	48	168,400
16ᵉ	96	357,520
	196	719,720

2e Division Militaire (Mézières)		16e Division Militaire Lille)			
Nombre de				Nombre de	
Jours	Rations en 24 heures	Départemens	Places	Jours	Rations en 24 heures
4	12,400	Nord	Lille	4	16,000
4	14,640		Douai	2	18,000
4	16,000		Valenciennes	3	12,000
2	8000		Avesnes	9	36,000
1	2400		Condé	2	6400
3	8400		Lequesnoy	2	6400
18	80,800		Dunkerque	6	28,000
2	5600		Cambray	8	27,600
«	«		Bouchain	«	«
2	8000		Maubeuge	6	22,400
2	4160		Landrecies	2	6400
6	8000	Pas de Calais	Arras	4	16,000
«	«		Citadelle	5	12,800
«	«		Calais	4	16,000
48	168,400		Montreuil	4	14,400
			Boulogne	9	33,120
			hestin	2	7200
			St Omer	7	28,000
			Aire	6	21,600
			Bethune	6	21,600
			St Venan	1	2400
		Nord	Bergues	2	7200
			Gravelines	2	8000
				96	357,520

N° 1.

Armée du Nord.
Distribution des 4 Jours de pain et d'une demi livre de Riz par homme.

CB

Intendance Générale

Armée du Nord.
Etat des Distributions à faire, à l'avance, aux Troupes des différens
Corps d'Armée du Nord, d'après les ordres de Sa Majesté l'Empereur.

Désignation des				Force Approximative des Corps d'Armée	Temps d'Approvisionnemt		Nécessaires	
Armes	Divisions	Corps d'Armée	Emplacemens		en pain Frais	en Riz	en pain Frais	en Riz
Infanterie	1ᵉ	1ᵉ	Valenciennes	25,000	4 Jours	8 Jours	100,000	200,000
	2ᵉ							
	3ᵉ							
	4ᵉ							
	5ᵉ	2ᵉ	Avesnes	25,000	4 id	8 id	100,000	200,000
	6ᵉ							
	7ᵉ							
	9ᵉ							
	8ᵉ	3ᵉ	Rocroi	15,000	4 id	8 id	60,000	120,000
	10ᵉ							
	11ᵉ							
	12ᵉ	4ᵉ	Metz	20,000	4 id	8 id	80,000	160,000
	13ᵉ							
	14ᵉ							
	19ᵉ	6ᵉ	Guise	20,000	4 id	8 id	80,000	160,000
	20ᵉ		Laon					
	21ᵉ		Arras					
	Division de Gardes Nᵃˡᵉˢ	idem	Ste Menhould	«	«	«	«	«
Cavalerie	1ᵉ	Divisions détachées	Valenciennes	8000	4 id	8 id	32,000	64,000
	2ᵉ		Avesnes					
	3ᵉ		Rocroi					
	6ᵉ		Metz					
	4ᵉ	1ᵉ	La Capelle	3000	4 id	8 id	12,000	24,000
	5ᵉ							
	9ᵉ	2ᵉ	Guise	3000	4 id	8 id	12,000	24,000
	10ᵉ							
	11ᵉ	3ᵉ	Vervins	3000	4 id	8 id	12,000	24,000
	12ᵉ							
	13ᵉ	4ᵉ	Cateau Cambrésy	3000	4 id	8 id	12,000	24,000
	14ᵉ							
				125,000			500,000	1,000,000

Quantités					
Distribuées		à Distribuer			
en pain Frais	en Riz	en pain Frais	en Riz		Observations.
100,000	200,000	«	«	Complet	
100,000	200,000	«	«	Complet	
60,000	«	«	«	Complet	
80,000	160,000	«	«	Complet	Nᵃ 1°. Les quantités distribuées ne sont que par approximation ; seulement on sait que tous ces Corps sont pourvus d'après le rapport des ordonnateurs en Chef.
80,000	160,000	«	«	Complet	2°. On ne connaît pas encore les distributions faites à la Garde Impériale ; la 21ᵉ Divon qui était à Arras n'a pas envoyé de rapport : elle pourra se completter à Avesnes s'il lui manque quelque chose.
«	«	«	«		3°. Les Régiments de Cavalerie qui faisaient partie du Cours d'Armée d'Infanterie y ont reçu les vivres : les autres recevront, s'ils n'en sont pas pourvus, des Magasins d'Avesnes.
32,000	48,000	«	«		
12,000	24,000	«	«		
12,000	24,000	«	«		
12,000	24,000	«	«		
12,000	24,000	«	«		
500,000	864,000	«	«		

N° 6.

Armée du Nord.

Tableau d'Organisation des Equipages militaires et Auxiliaires des Armées du Nord et de la Moselle.

CB

Leur destination	Emplacement	Etat actuel	Equipages affectés aux services		
			Total disponible		
			Caissons et voitures	Chevaux de base et haut le pied	Voitures auxiliaires
Equipages Militaires	Commercy	En bon état........16	89	«	«
		en réparation.......73			
	Laon	en service déja........	33	«	«
	Corps d'Armée	1er Corps.....27	146	«	«
		2e.....id.........27			
		3e.....id.........22			
		4e.....id.........38			
		6e.....id.........32			
	Paris	en réparations	25	«	«
	Chalons	En état.....80	280	«	«
		en réparations.....200			
	Sampigny	En bon état.........	38	«	«
Equipages auxil^res en état d'organisation		32 Compagnies	«	«	1280
Total des équipages			**611**	**«**	**1280**

Résultats de Comparaison

		Equipages		
		Militaires		Auxiliaires
		Caissons et Voitures	Chevaux de bas et haut le pied	Equipages auxiliaires
Equipages	Désignés	611	«	1280
	Nécessaires	561	120	1280
Différence	En plus	50	«	«
	En moins	«	120	«

Situation des Equipages au 10 Juin.

Réuinis à l'Armée et en Service	Caissons	278	918 Voitures ou caissons.
	Voitures auxiliaires	640	

Armée du Nord.
Intendance Générale
3ᵐᵉ Section
Subsistances à transporter
Nᵒ

Equipages affectés aux différens services de l'armée du nord.

Tableau récapitulatif de l'organisation général des Equipages affectés aux services des Ambulances et des réserves de subsistances à la suite des Corps d'Armée et du Grand Quartier Général dépendant de l'Armée du Nord. Savoir :

distinction des services	Répartition pour emploi et destination					Observations
	Indication des		Total nécessaire			
	Armes	Corps d'armée	Caissons et voitures	Chevaux de bas et haut le pied	Voitures auxiliaires	
Ambulances	Infanterie	1ᵉʳ Corps......	27	«		«	
		2ᵉ...idem.....	27	«		«	
		3ᵉ...idem.....	22	«		«	
		4ᵉ...idem.....	22	«		«	
		6ᵉ...idem.....	27	«		«	
		division détachée	«	40	120	«	
	Cavalerie	1ᵉʳ Corps......	«	20		«	
		2ᵉ....id......	«	20		«	
		3ᵉ....id......	«	20		«	
		4ᵉ....id......	«	20		«	
	Grand quartier Général		24	«		«	
Réserves de subsistance	Infanterie	1ᵉʳ....id. Corps	«	«		200	
		2ᵉ....id......	«	«		200	
		3ᵉ....id......	«	«		160	
		4ᵉ....id......	«	«		200	
		6ᵉ....id......	«	«		200	
	Cavalerie	1ᵉʳ Corps......	«	«		«	
		2ᵉ...idem.....	«	«		«	
		3ᵉ....id......	«	«		«	
		4ᵉ....id......	«	«		«	
	Grand quartier Général		412	«		320	
Total des équipages nécessaires			561	120	1280	

Note: in the Ambulances block "Caissons et voitures" subtotal = 149; in the Réserves block subtotal = 412; "Voitures auxiliaires" subtotal = 1280.

No 7.

Armée du Nord.

Situation des Equipages Militaires présens à l'Armée le 10 Juin 1815.

༷

Désignation des Corps d'Armée	Numéros des Divisions	Nombre des		Caissons & Voitures	Observations
		Escadrons	Compagnies		
1.	1ᵉ	4ᵉ	1ᵉ	27.	Complet
	2ᵉ	4ᵉ	1ᵉ		
	3ᵉ	4ᵉ	2ᵉ		
	4ᵉ	4ᵉ	2ᵉ		
	Quartier Général	4ᵉ	2ᵉ		
2ᵉ.	5ᵉ	1ᵉ	2ᵉ	29	2 en plus
	6ᵉ	3ᵉ	1ᵉ		
	7ᵉ	4ᵉ	2ᵉ		
	9ᵉ	4ᵉ	3ᵉ		
	Quartier Général	4ᵉ	3ᵉ		
3ᵉ.	8ᵉ	1ᵉ	4ᵉ	22	Complet
	10ᵉ	1ᵉ	4ᵉ		
	11ᵉ	1ᵉ	4ᵉ		
	Quartier Général	1ᵉ	4ᵉ		
4ᵉ.	12ᵉ	2ᵉ	1ᵉ	38	16 en plus
	13ᵉ	2ᵉ	1ᵉ		
	14ᵉ	2ᵉ	1ᵉ		
	Quartier Général	2ᵉ	1ᵉ		
6ᵉ.	19ᵉ	3ᵉ	1ᵉ	32	5 en plus
	20ᵉ	3ᵉ	1ᵉ		
	21ᵉ	3ᵉ	1ᵉ		
	Garde Nationale	3ᵉ	1ᵉ		
	Quartier Général	3ᵉ	1ᵉ		
Grand Quartier Général				26	2 en plus
Total pour les Ambulances				174	25 en plus

Armée du Nord.
Equipages Militaires

Situation des Equipages Militaires présens au 10 Juin à l'armée du Nord et au Grand Quartier Général pour le service des ambulances & des Réserves en Subsistances.

Réserve des Subsistances.

Laon	1ᵉ	4ᵉ	28	En chargement pour Avesnes.
idem	1ᵉ	3ᵉ	16	On a pris les chevaux de ces Cⁱᵉˢ pour l'artillerie de la garde ils ont été remplacés par les chevaux de réquisition.
idem	1ᵉ	1ᵉ	14	
En route pour Avesnes	3ᵉ	4	36	Est parti le 10 avec un chargement pour Avesnes.
Total des équipages Militaries disponibles			104	

Récapitulation

Aux Ambulances	174
Aux Réserve de Subsistances	104
Total	278

N° 8

Armée du Nord.
Situation des Equipages Auxiliaires

CB

Départemens qui doivent fournir	Corps d'armée où les voitures doivent être Employées	Nombre de voitures		Départemens qui ont fourni	Observations
		à fournir	en activité		
Nord	1ᵉ	40	«	«	Ces Compⁱᵉˢ seront prêtes au plus tôt le 20 en totalité.
		40	«	«	
		40	«	«	
		40	«	«	
		40	«	«	
Pas de Calais	2ᵉ	40	«	«	La 1ᵉʳᵉ Compⁱᵉ de ce Département était attendue au 2e Corps pr le 10, suivant l'avis de l'ordonnateur en chef.
		40	«	«	
		40	«	«	
		40	«	«	
Somme	2ᵉ	40	«	«	Elles seront rendues au plutôt le 20.
		40	«	«	
	Grand Quartier Général	40	«	«	
		40	«	«	
Ardennes	3ᵉ	40	40	Ardennes	
		40	40		
		40	40		
Mozelle	4ᵉ	40	40	Mozelle	Deux de Ces Cⁱᵉˢ sont restées, l'une à Nancy, l'autre à Metz.
		40	40		
		40	40		
Meurthe	4ᵉ	40	40	Meurthe	
		40	40		
		40	40		
Aisne	6ᵉ	40	40	Aisne	
		40	40		
		40	40		
		40	40		
Marne	Grand Quartier Général	40	40	Marne	Deux chargées de farine
		40	40		
		40	40		
Meuse	idem	40	«		On attendant d'un moment à l'autre ces Compⁱᵉˢ ; elles sont annoncées.
		40	«		
		40	«		
		1280	640		

Intendance Générale.
N°

Equipages auxiliaires

Etat des Equipages auxiliaires à fournir par les Départemens d'après
le Décret Impérial du 16 mai, et des organisations déjà en activité
de service.

Récapitulation			
Voitures	à fournir	en activité	reste à fournir
	1,280	640	640

———◆———

N° 9

Armée du Nord.
Ambulances.
N°

Etat des ambulances

☙

Hôpitaux Militaires

Etat numérique des ambulances qui éxistent, au Quartier Général, et aux Corps de l'Armée du Nord, et des moyens de pansement que présente chacune d'elles.

| Désignation des Corps. | Nombre | | | Observations |
| | D'ambulances | De Pansemens | | |
		En linge	En Charpie	
Quartier Général	4	12,800	19,200	L'Ambulance de Don d'Infie contient 3,200 pansements en grand & petit linge & 4800 en Charpie.
1er Corps.	5	16,000	24,000	
2e id.	5	16,000	24,000	
3e id.	5	16,000	24,000	L'Ambulance de Don de Cavalerie contient 1280, pansements en grand & petit linge & 1920 en Charpie
4e id.	4	12,800	19,200	
6e id.	5	16,000	24,000	
Corps de Cavalerie	10	12,800	19,200	Ces 10 ambulances, sont seulement en composition au magasin de Lille, on les porte ici à l'Effectif parce qu'on éspère que bientôt elles seront mises en état de Service.
	38	120,400	153,600	
Réserve à Paris	«	32,000	32,000	On a prié S.E. Le Ministre de la Guerre d'envoyer Cette Réserve sur Avesnes par des transports accélérés.
	38	152,400	185,600	

————•◆•————

N° 11
Intendance Générale
Armée du Nord
hôpitaux

Etat des hôpitaux Militaires et Civils dont on pourra disposer dans les 1e 2e 3e 15e et 16e Divisions Militaires, pour les Malades de l'Armée du Nord.

Divisions Militaires	Désigntion des Places où sont Situés les hôpitaux.	Nombre de Malades			Observations
		Que chaque Etablissement pourra contenir d'après Son organisation actuelle	Que chaque Etablissement pourra Contenir en plus, lors qu'il aura reçu l'extension dont il es susceptible	Existant dans chaque etablissement suivant les derniers mouvemens parvenus.	
16e	Lille	1400	600	3,000	On a été obligé de porter en masse et approximativement le nombre de malades existant dans les hôpitaux de la 16e Don parce que les mouvements particuliers de chaque Etablissement ne sont pas encore parvenus. D'après les données que l'on a le nombre des malades du 1e Corps, dans ces hôpitaux, peut s'élève à . . . . 1500 Celui des malades du 2e Corps à pareil nombre, ci . . . . 1500 Total Egal . . . . 3000.
	Douai	300	700		
	Dunkerque	200	800		
	Bergues	«	200		
	St Omer	300	300		
	Aire	100	20		
	Maubeuge	400	100		
	Landrecies	80	120		
	LeQuesnoy	30	170		
	Cambray	216	284		
	Bouchain	«	150		
	Calais	1000	«		
	Arras	700	100		
	Boulogne	300	500		
	Montreuil	300	«		
	Heading	100	50		
	Valenciennes	257	743		
	Bethune	100	50		
	Ardres	«	450		
	Condé	200	100		
	Avesnes	215	85		
	Gravelines	100	20		
		6298	5542		
		11,840			

Divisions Militaires	Désigntion des Places où sont Situés les hôpitaux.	Nombre de Malades			Observations
		Que chaque Etablissement pourra contenir d'après Son organisation actuelle	Que chaque Etablissement pourra Contenir en plus, lors qu'il aura reçu l'extension dont il es susceptible	Existant dans chaque etablissement suivant les derniers mouvemens parvenus.	
	Montmédy	180	«		
	Rocroi	150	30		
	Philippeville	75	105		
	Givet	200	100		
	Mézières	80	245		
	Charleville	«	160		
	Chateau-Porcien	«	90		
	Rhetel	30	130		
	Bouillon	«	28		
	Sedan	80	520		
	Mouzon	20	100		On a été obligé de porter en masse et approximativement le nombre de malades existant dans les hôpitaux de la 2ᵉ Dᵒⁿ parce que les mouvements particuliers de chaque Etablissement ne sont pas encore parvenus. D'après les données qu'on a le nombre des malades du 3ᵉ Corps, doit être Evalué à 1,200
	Bar sur Ornain	30	150		
	Commercy	30	170		
2ᵉ	Gondrecourt	25	115	1200	
	Ligny	25	75		
	Sᵗ Mihiel	40	140		
	Stenay	30	15		
	Jouis	«	600		
	Châlons	100	500		
	Wancouleurs	12	28		
	Verdun	100	500		
	Sᵗ Menhould	15	45		
	Vitry	15	135		
	Rheims	60	540		
	Epernai	10	25		
	Montmirail	10	15		
	Sezanne	10	110		
		1327	4671		
		5998		1200	

Divisions Militaires	Désigntion des Places où sont Situés les hôpitaux.	Nombre de Malades			Observations
		Que chaque Etablissement pourra contenir d'après Son organisation actuelle	Que chaque Etablissement pourra Contenir en plus, lors qu'il aura reçu l'extension dont il es susceptible	Existant dans chaque etablissement suivant les derniers mouvemens parvenus.	
3ᵉ et 4ᵉ	Bitche	150	«		On ignore quel est le nombre de Malades existant dans les hôpitaux de la 3ᵉ Dᵒⁿ; mais d'après la force du 4ᵉ Corps, on suppose qu'il peut y avoir laissé environ 1,500 Malades.
	Lougwy	240	«		
	Metz	1200	700		
	Sarre-Louis	300	«	1500	
	Thionville	300	«		
	Lunéville	160	340		
	Marsal	50	50		
	Nancy	500	1000		
	[Eoul]	80	420		
	Phalsbourg	250	50		
	Pont à Mousson	50	250		
	Sarre-Bourg	100	«		
		3380	2810		
		6190		1500	
15ᵉ	Nancy	250	50		On n'a pas les Mouvemens de ces hôpitaux, mais on doit les supposer à peu près Vuides puisqu'il n'y a aucun Corps d'Armée Nationale dans la 15ᵉ Dᵒⁿ Mʳᵉ.
	[Eoul]	50	50		
	Phalsbourg	250	1250	«	
	Pont à Mousson	140	«		
	Sarre-Bourg	240	760		
		930	2110		
		3040		«	
1ᵉ	Sᵗ Quentin	500	300		On évalue à 300 le nombre de Malades laissés dans ces hôpitaux par le 6ᵉ Corps. La 1ᵉ Divᵒⁿ offre de bien plus grandes ressources ; mais on n'a cru devoir porter ici que les Etablissemens les plus à proximité de l'Armée.
	Soissons	100	400		
	Laon	150	450		
	Lafère	125	25	300	
	Vervins	«	200		
	Marle	«	150		
	Chauny	«	200		
	Chateau-Thierry	200	100		
		1075	1826		
		2900		300	Récapitulation —>

Récapitulation.

Divisions	Nombre		Total
	Approximatif des places déja occupés	de places disponibles	
16ᵉ	3,000	8,840	11,840
2ᵉ	1,200	4,798	5,998
3ᵉ et 4ᵉ	1,500	4,690	6,190
15ᵉ	»	3,040	3,040
1ᵉʳᵉ	300	2,600	2,900
Totaux	6,000	23,968	29,968

N° 15

Intendance Générale.

Relevé des Malades existans dans les hôpitaux, au 10 Juin.

☙

Relevé des Malades existans dans les hôpitaux, d'après les mondemens reçus depuis le 1er Juin 1815.

Divisions	Etablissemens	Genre de Maladies				Total	Observations
		Fièvreux	Blessés	Vénérieux	Galeux		
	Val de Grace	«	«	«	«	548	
	Montaiguë	«	«	«	«	278	
	Maison des oiseaux	«	«	«	«	179	
	Charenton	«		«	«	35	
	St Quentin	«	«	«	«	17	
	Lafère	«	«	«	«	31	
	Laon	«	«	«	«	62	
	Marle	«	«	«	«	1	
	Soissons	45	23	«	«	68	
	Chateau-Thierry	«	«	«	«	9	
	Villers-Cotterets	«	«	«	«	2	
	Guise	15	7	«	«	22	
	Vervins	12	«	«	«	12	
	Beauvais	«	«	«	«	50	
	Senlis	«	«	«	«	7	
	Compiègne	«	«	«	«	8	
	Noyon	«	«	«	«	3	
	Breteuil	«	«	«	«	1	
1ère	Clermont	«	«	«	«	5	
	St Germain	«	«	«	«	2	
	Estampes	«	«	«	«	6	
	Nantes	«	«	«	«	4	
	Rambouillet	«	«	«	«	2	
	Pontoise	«	«	«	«	4	
	Beaumont	«	«	«	«	1	
	Melun	«	«	«	«	12	
	Coulommiers	«	«	«	«	2	
	Meaux	«	«	«	«	4	
	Fontainebleau	«	«	«	«	2	
	Provins	«	«	«	«	4	
	Chartres	«	«	«	«	16	
	Châteaudun	«	«	«	«	2	
	Dreux	«	«	«	«	1	
	Nogent le Rotron	«	«	«	«	1	
	Orléans	«	«	«	«	23	
	Montargis	«	«	«	«	7	
	Pithiviers	«	«	«	«	3	
	Gien	«	«	«	«	1	

Divisions	Etablissemens	Genre de Maladies				Total	Observations
		Fièvreux	Blessés	Vénérieux	Galeux		
1ère	Baugency	«	«	«	«	1	
	Rheims	«	«	«	«	110	
2^e	Mézières	64	14	«	«	78	
	Sedan	44	16	«	«	60	
16^e	St Omer	40	20	22	«	82	
	Donai	«	«	«	«	60	
	Amiens	29	21	13	12	75	
		«	«	«	«	1901	

Au quartier G^al à Valenciennes le 12 juin 1815 à neuf heures.

Monseigneur,

J'ai reçu le duplicata de l'ordre du jour que Votre Excellence m'a fait l'honneur de m'adresser et que m'avait envoyé S.E. le grand Maréchal du Palais.

Je ferai en sorte de me rendre demain à Pont sur Sambre et de m'étendre autant que possible sur Maubeuge, quoique la journée soit un peu [forte].

De ma personne je me rendrai à Avesnes conformément aux ordres de Sa Majesté l'Empereur.

Daignés agréer, Monseigneur, l'hommage de mon très profond respect.

Le Lieutenant général commandant en chef le 1er corps

D. Cte d'Erlon

S.E. le Maréchal Duc de Dalmatie Major général.

1ᵉ Corps D'armée

3ᵉ Division

[?]

Valenciennes le 13 juin.

Le treize du courant à sept heures précises du matin, la division devra être réunie à Jalin et se mettre immédiatement en marche dans l'ordre de colonne, ci après pour se porter à Pont sur Sambre, en passant par Villereaux où elle prendra position.

Formation de la colonne en partant de Jalin

1ᵉʳ brigade
- Les 2 compagnies de voltigeurs du 21ᵉ regᵗ sous les ordres du plus ancien capitaine formant l'avant-garde, et devant marcher à 150 pas en avant de la tête de la colonne.
- La 1ᵉʳᵉ compagnie de grenadiers du régᵗ
- Deux bouches a feu de 6 et deux caissons
- Les deux bataillons du 21ᵉ régᵗ
- Le 46ᵉ regᵗ

2ᵉ brigade
- Les deux compagnies du 25ᵉ regᵗ sous les ordres du plus ancien capⁿᵉ marchant a 100 pas de la tête de leur brigade
- La 1ᵉʳᵉ compⁱᵉ de grenadiers du regᵗ
- 2 bouches à feu de 6 et 2 caissons
- Les 2 bataillons du 25ᵉ regᵗ
- Le 4ᵉ régiment

Le surplus de la batterie d'artillerie ses reserves, les caissons à cartouches d'infanterie et les caissons d'ambulance, un détachement de 40 hommes du 45ᵉ régiment pour la garde de l'artillerie et de l'ambulance pendant la marche.

En arrivant a la position qui sera déterminée pour le 13 le commandant de ce détachement du 45ᵉ établira un poste d'un caporal et 8 hommes au parc d'artillerie

Les équipages de la division, dans l'ordre suivant, marcheront après l'artillerie et l'ambulance

Les équipages de l'état major de la division. Savoir
- Ceux du LᵗGénéral
- Du Chef de l'État major
- De l'inspecteur aux revues
- Du commissaire des guerres
- De l'administration
- Du general Commandant la 1ᵉʳ brigade

- Des regiments de la 1ère brigade
- Du général Commandant la 2e bde
- Des regiments de la 2e brigade

Les vivandiers et blanchisseurs marcheront a la suite des équipages de leur brigade

Les vivandiers sans equipages et utiles dans la marche pouront seuls suivre la troupe

Le Waguemestre de la don conformement aux reglements de campagne fera observer strictement observer [sic] l'ordre et la police prescrits par ces mêmes reglemens.

Chaque régiment aura a ses équipages la garde strictement necessaire, commandée par un sous officier

Le Lieutenant général Commandant la division

Bon de Marcognet

—◦◦◦—

2ᵉ Division de Cavalerie

Au quartier général d'Ecuelin, 12 juin 1815

Le Lieut. Général Comte de Piré demande à conserver dans sa division le 6ᵉ régᵗ de chasseurs à cheval attendu que les motifs qui avaient nécessité sa mutation de division n'existent plus

Monsieur le Maréchal,

Un évènement malheureux dont il a été rendu compte dans le tems, ayant inspiré à M. le Général Excelmans des impressions défavorables contre le 6ᵉ de chasseurs à cheval, le Colonel de ce regiment craignant, sans doute mal à propos, qu'il ne résultat des choses fâcheuses pour l'honneur de son corps des préventions qu'il supposait à son Général, avait sollicité directement de Sa Majesté et en avait obtenu son changement de division : Je viens de recevoir l'ordre de faire permuter le 6ᵉ de chasseurs avec le 12ᵉ de même arme qui appartient au 3ᵉ corps. M. le Lieut. Général Excelmans ayant passé au commandement du 2ᵉ corps de cavalerie, ayant été remplacé par moi dans son commandement, les motifs qui avaient paru nécessiter ce changement n'éxistent plus et M. le Colonel Baron de Faudoas, en ce moment chez moi, me prie de demander à Votre Excellence la revocation de l'ordre qu'il avait sollicité antérieurement. J'ai personnellement pour cet officier supérieur la plus haute estime et la plus parfaite confiance, ayant été à même de l'apprécier pendant plusieurs années que j'ai servi avec lui; j'ai la certitude que sa brillante valeur ne peut être égalée que par son dévouement et sa fidélité à l'Empereur; je tiens donc extrêmement à le conserver ainsi que son régiment qui vit dans la meilleure harmonie avec tous les autres de ma division; d'ailleurs toute l'Armée étant en mouvement et paraissant prête à manœuvrer, cette mutation serait difficile à éxécuter et entrainerait des délais nuisibles au bien du service de Sa Majesté.

Je supplie Votre Excellence de revoquer cette disposition, de m'autoriser à garder le 6ᵉregᵗ de chasseurs et je joins à l'appui une demande que M. le Colonel Baron de Faudoas avait cru devoir adresser à ce sujet à Monsieur le Maréchal Comte de Grouchy en sa qualité de commandant en chef la cavalerie de l'armée.

Je supplie Votre Excellence de me faire connaitre sa décision définitive pour que je puisse m'y conformer sans délai.

Je suis avec un profond respect,

Monsieur le Maréchal,

de Votre Excellence,
le très-humble et très-obéissant serviteur,
le Lieutenant Général des armées de l'Empereur
Commandant la 2ᵉ division de cavalerie
Comte de Piré

Son Excellence Monsieur le Maréchal Duc de Dalmatie, Major général

Accuser reception le [14]

Monseigneur,

Les rapports qui me parviennent me donnent les détails suivants.

Le 6 juin il y avait à Dinant 2,600 hommes à pied de la Landwehr Prussienne.

En avant de Dinant sur la route de Givet il y a un escadron de lanciers Prussiens.

Le 7 juin, il est arrivé à Dinant 400 douaniers hollandais.

Le camp de Cinay n'a en ce moment que 2 ou 3000 hommes. Le reste est parti pour Namur.

Il n'y a point d'artillerie à Dinant. La Landwehr qui s'y trouve est si pauvrement organisée en officiers que depuis huit jours, on en a reçu une vingtaine de l'âge de 12 à 15 ans. Il n'existe qu'un cri dans ces contrées, c'est l'invocation de l'Empereur de les délivrer de l'esclavage sous lequel elles gémissent.

Le lieutenant Général Bourke Gouverneur de Givet me rend compte que des renseignements certains lui apprennent que le camp de Ciney n'est presque composé que de cavalerie et qu'il y a beaucoup d'artillerie. Le Général qui commande en chef, a son quartier Général à [Conjour] à une lieue de Ciney.

J'ai l'honneur d'être,

Monseigneur,

de Votre Excellence,

le très-humble et très-obéissant serviteur
le Général Comte de l'Empire

Chimay 12 juin 1815.

D. Vandamme

———— ᴂ ————

Accuser reception le 14

Monseigneur,

J'ai l'honneur d'adresser à Vote Excellence plusieurs pamphlets qui ont été envoyés à M^r [Paulin] Contrôleur des douanes à Walcourt avec ordre de les faire afficher. Cette injonction étoit accompagnée de menaces très-violentes.

J'ai l'honneur d'être

Monseigneur,

de Votre Excellence,

le très humble et très obéissant serviteur
le Général Cte de l'Empire

Chimay 12 juin 1815

D. Vandamme

———◆———

Royalist print attached by Vandamme

Adresse d'un bon Français, a ses compatriotes.

Français! Napoléon vous a toujours trompé, il veut vous abuser encore, il vous dit qu'il n'y aura pas de guerre, pourquoi donc ces contributions de toute espèce dont il vous écrase? pourquoi demande-t-il aux femmes leurs maris, aux mères ceux de leurs enfans qui ont échappé aux campagnes d'Espagne, d'Allemagne, de Russie, de France.

Cependant il n'y aura pas de guerre! Napoléon vous en donne sa PAROLE IMPÉRIALE, qui oseroit la revoquer en doute? l'Europe entière, l'Europe qu'il a si long-tems outragée, qui l'année dernière a déclaré ne vouloir jamais traiter avec lui comme Empereur des Français, qui le 13 mars dernier encore l'a mis hors de la loi, a maintenant réconnu son erreur, l'Autriche entre'autres a conclu un traité avec lui, et pour preuve de sa sincérité, elle a fait quitter à l'Archiduchesse Marie-Louise, le titre d'Impératrice, et la retient au palais de Vienne avec son Fils, que Bonaparte vous promet depuis plus d'un mois et que vous attendrez long-tems encore, et pour preuve de sa sincérité et de son attachement à la famille IMPERIALE, elle vient de porter le dernier coup à Joachim Murat, que son digne beau frère Napoléon avait assis sur le trône de Naples; ni son audace personnelle, ni le courage de ses troupes n'ont pû le sauver, Dieu à protégé la bonne cause, et dans les journées mémorables du 2 et du 3 mai, l'armée Autrichienne à complétement anéanti la sienne, Murat perdu sans ressource a quitté l'Italie, et sa chûte n'est que le prélude de celle de Buonaparte.

Vous faut-il des preuves encore plus convaincantes de la réalité de ce traité entre l'Autriche et Napoléon, et de sa bonne intelligence avec l'Europe? vous n'en aurez que trop, quand cette armée Autrichienne triomphante en Italie, et forte de deux cent mille hommes, va refluer dans vos riches Provinces du midi, quand le territoire de cette belle France, qui sous le règne paternel de LOUIS XVIII, commençoit à réfleurir, va de nouveau être couvert d'une foule innombrable d'Autrichiens, de Prussiens, de Russes, d'Anglois, d'Espagnols, enfin de toutes les nations de l'Europe, qui déjà cernent vos frontières de toutes parts.

Français! n'en doutez pas. Les peuples de l'Europe savent trop ce qu'il en coûte pour être Alliés de Buonaparte, l'accord le plus parfait règne entre tous les Souverains, tous ils ont juré d'armer s'il le faut jusqu'au dernier de leurs sujets, non pour asservir ou demembrer la France; mais au contraire pour la délivrer pour la rendre au bonheur et à un gouvernement juste et légitime, qui assure le repos de l'Europe. En passant vos frontières, la plus stricte discipline sera observée, l'habitant paisible sera protégé, à plus forte raison celui qui se déclareroit ouvertement pour la bonne cause. Les Alliés ne feront la guerre qu'à Buonaparte et à ses adhérens. Si donc vous retrouviez assez dénergie pour rentrer dans les sentiers du devoir, pour chasser de votre sein celui avec lequel le monde ne peut être en paix, pas un étranger ne mettroit le pied sur le sol de France; ces immenses prépa-ratifs de guerre se dissiperoient aussitôt et vous seriez de nouveau l'objet des respects de l'univers.

———•———

Déclaration.

Louis, par la grâce de Dieu, roi de France et de Navarre, à tous nos sujets, salut :

La France, libre et respectée jouissait par nos soins, de la paix et de la prospérité qui lui avaient été rendus, lorsque l'évasion de Napoléon Buonaparte de l'île d'Elbe et son apparition sur le sol français ont entraîné dans la révolte la plus grande partie de l'armée. Soutenu par cette force illégale, il a fait succéder l'usurpation et la tyrannie à l'équitable empire des lois.

Les efforts et l'indignation de nos sujets, la majesté du trône et celle de la présentation nationale ont succombé à la violence d'une soldatesque mutinée que des chefs traîtres et parjures ont égarée par des espérances mensongères.

Ce criminel succès ayant excité, en Europe, de justes allarmes, des armées formidables se sont mises en marche vers la France, et toutes les puissances ont prononcé la destruction du tyran,

Notre premier soin, comme notre premier devoir ont été de faire reconnaître une distinction juste et nécessaire entre le perturbateur de la paix et la nation française opprimée.

Fidèles aux principes qui les ont toujours guidés, les souverains, nos alliés, ont déclaré vouloir respecter l'indépendance de la France et garantir l'intégrité de son territoire. Ils nous ont donné les assurances les plus solennelles de ne point s'immiscer dans son gouvernement intérieur : c'est à ces conditions que nous nous sommes décidés à accepter leurs secours généreux.

L'usurpateur s'est en vain efforcé de semer entr'eux la désunion, et de désarmer par une fausse modération leur juste ressentiment. Sa vie entière lui a ôté à jamais le pouvoir d'en imposer à la bonne fois. Désespérant du succès de ses artifices, il a voulu, pour la seconde fois, précipiter avec lui dans l'abîme, la nation sur laquelle il fait régner la terreur. Il renouvelle toutes les administrations, afin de n'y placer que des hommes vendus à ses projets tyranniques; il désorganise la garde nationale dont il a le dessein de prodiguer le sang dans une guerre sacrilege : il feint d'abolir des droits qui depuis long-temps ont été détruits; il convoque un prétendu champ de mai pour multiplier les complices de son usurpation; il se promet d'y proclamer, au milieu des baionnettes, une imitation dérisoire de cette constitution qui pour la première fois après vingt-cinq annnées [sic] de troubles et de calamités, avait posé, sur des bases solides, la liberté et le bonheur de la France. Il a enfin consommé le plus grand de tous les crimes envers nos sujets, en voulant les séparer de leur souverain, les arracher à notre famille, dont l'existence identifiée, depuis tant de siècles, à celle de la nation elle-même, peut seule encore aujourd'hui garantir la stabilité de la légitimité du gouvernement, les droits et la liberté du peuple, les intérêts mutuels de la France et de l'Europe.

Dans de semblables circonstances, nous comptons avec une entière confiance, sur les sentiments de nos sujets qui ne peuvent manquer d'apercevoir les périls et les malheurs auxquels un homme que l'Europe assemblée a voué à la vindicte publique, les expose. Toutes les puissances connaissent les dispositions de la France. Nous nous sommes assurés de leurs vues amicales et de leur appui.

Français! saisissez les moyens de délivrance offerts à votre courage! Ralliez-vous à votre Roi, à votre père, au défenseur de tous vos droits : accourez à lui pour l'aider à vous sauver, pour mettre fin à une revolte dont la durée pourrait devenir fatale à notre patrie, et pour accélérer, par la punition de l'auteur de tant de maux, l'époque d'une réconciliation générale.

Donné à Gand, le 2ᵉ jour du mois de mai de l'an de grâce 1815, et de notre règne le 20ᵉ.

Signé Louis.

Mon Général,

Je suis parti ce matin à 5 heures de Baillamont, et me suis dirigé sur Bosseval, en passant par [Vagy, grosfay], Charière, forest, gespomard, cons la granville et gernelle. Tous ces villages extrêmes frontières sont occupés par des postes de douaniers. J'ai rencontré la Semoy (rivière à charière et je l'ai passé au guet entre ce dernier village et forest.

Je n'ai plus rien à dire sur les routes elles sont trop bien connues depuis Baillamont à Bosseval, pays montagneux et boisé, ni propre à l'artillerie et coupé sur tous les points qui debouchent à l'étranger. J'ai donné l'ordre à tous les chefs des douanes, d'augmenter les abattis, et les coupures sur les routes, afin de les protéger d'avantage contre toute attaque, et empêcher le passage de l'artillerie et de la cavalerie. J'ai donné l'ordre aussi d'arreter tout individu qui dégraderait les ouvrages de defense ou qui volerait le bois des abattis, et même de faire feu dessus si le cas l'exigeoit.

Il m'a été très difficile aujourd'hui d'obtenir des renseignements parce que la majeure partie des postes des douanes sont nouvellement établis, dans les villages que j'ai parcourus, et qu'ils ne connaissent encore personne. Cependant j'ai vu avec plaisir que le drapeau tricolore flottait partout et que les paysans étaient animés du meilleur esprit. À gesponsard seulement le drapeau avait disparu on a voulu m'assurer que c'était l'effet du vent. Je crains bien qu'il ne soit au variable dans ce village, cependant la manière dont j'ai harangué le maire pourroit bien le fixer pour quelque temps, la menace de l'envoyer faire un tous à Mezières, n'a pas peu contribuer à le remettre sur la bonne voie.

J'ai fait prévenir les contrôleurs et les receveurs des douanes d'aller coucher tous les soirs avec leurs papiers aux postes de leurs villages ou se reuniront tous les soirs leurs employés.

Depuis avant-hier et d'après une decision du prefet des ardennes les villages de Hall, Bagimont et [Sugues] sont regardés comme faisant partie du dûché de Bouillon et ont été évacués par nos douaniers, auxquels on a donné l'ordre de ne plus laisser pénétrer en France aucune denrée, ni aucun habitant de ce duché. Même défense a été faite aux français dans leur pays. Ces villages nouvellement cédés gémissent deja de leur separation de la France, et regrettent de n'avoir pas fourni les requisitions qu'on leur avait demandées.

L'on assure que la baronne qui habite le château de baillamon, que je n'ai pas rencontrée chez elle hier au soir va très souvent à Palizeul, ou elle apporte des lettres ou papiers, et revient en france avec des journaux étrangers, si elle revient elle doit être fouillée.

J'ai recidivé l'ordre d'arreter les sieurs Wautier de Baillamont, Durand et Castillon s'ils se présentent sur notre territoire.

Nouvelles des frontières

Le 6 juin il y avait à Dinant 2,600 hommes à pied de la Landwehr prussienne.

En avant de Dinant sur la route de givet au village d'[auserenie], il y a un escadron de lanciers prussiens.

Il est arrivé à Dinant le 6 juin 400 douaniers hollandais.

Le camp de Ciney n'a en ce moment que 2 ou 3,000 hommes, le reste est parti pour Namur.

Il n'y a point d'artillerie à Dinant, la landwer qui s'y trouve est si pauvrement montée en officiers que depuis huit jours on en a reçu une vingtaine de l'age de douze à quinze ans. Il n'existe qu'un cri dans ces contrées c'est l'invocation à Sa Majesté l'empereur de les delivrer de l'esclavage sous le quel elles gemissent. Ces details m'ont été donnés et apportés par l'epouse de Mr Courdriguer contrôleur ambulant du canton de gedine qui est venue voir son mari à [Salminone] il y a deux jours elle habite dinant.

Monsieur Courdigner croit dans les circonstances actuelles, comme zélé serviteur de sa majesté, devoir offrir ses services à son Ex. le général en chef comte Vandamme, et en cas d'attaque générale, il se chargerait de diriger une colonne qui se porterait sur dinant, il parait connoitre parfaitement les localités, ce bon français habite le village Nafraiture.

J'esperais rencontrer à gesponsard le général qui commande les partisans, mais il était parti le matin avec une trentaine d'hommes, pour aller sur les bords de la meuse, ou devoit se joindre un fort détachement de forestiens.

Je n'ai pu arriver aujourd'hui à Bouillon, à cause du grand détour que j'ai été forcé de faire, pour eviter de passer sur le territoire du duché, et voulant visiter tous les postes des douanes. Nos chevaux sont sur les dents, le [?] étant de quinze livres, il m'en a couté mon cheval gris que j'ai du renvoyer très boiteux à mezières; ce ne sera rien si nous pouvons prouver à l'empereur combien nous mettons de zèle à le servir.

Agréez je vous pris mon général, l'assurance de mon sincère et respectueux attachement.

M^{al}de camp
Bon Saint Geniez

Bosseral le 10 juin à 10h ½

12 juin 1815.

Ordre du jour.

M^r l'adjudant commandant Lefevre [Desvains] est arrivé au q^{er} Général du 3e corps pour remplir les fonctions de chef de l'Etat major de la 11e div^{on} d'inf^{ie}.

M^r le Colonel [Von Lauten] qui occupait provisoirement cet emploi va commander le q^{er} g^{al}

M^r le chef de bat^{on} [Verneuil] sera adjoint à M^r le colonel [Van Landten]. Ces deux officiers superieurs s'entendront pour que personne ne passe ou n'arrive au q^{er} g^{al} sans être reconnu et interrogé s'il y a lieu. Ils veilleront à ce que le plus grand ordre regne partout. Ils doivent exercer une surveillance active et continuelle dès que la force publique destinée aux corps d'armée sera arrivée, elle sera mise à leur disposition.

Au q^{er} G^{al} à Chimay le 12 juin 1815. Par ordre du Général en chef comte Vandamme.

Le Lieut^t G^{al} chef de l'État major
G^{al} du 3e corps de l'armée du nord
en son absence l'adjoint commandant sous-chef
Trézel

Chimay le 12 juin 1815.

Monsieur l'ordonnateur en chef,

J'ai l'honneur de vous prévenir que son Excellence le Général en chef comte Vandamme, passera demain la revue du corps d'armée, près de Virelles, à 11 heures du matin.

Le parc de reserve et les equipages, n'assisteront point à cette revue.

Si le tems est beau, le prince Jérome assistera à cette revue.

Recevez Monsieur l'ordonnateur, l'assurance de ma considération bien distinguée.

Le Lieut^t G^{al} de l'État major
G^{al} du 2e corps de l'armée du nord.
En son absence l'adj^t command^t sous chef
Trézel

À Mr Douradon ordonnateur en chef à Couvin

16 Division Militaire

Lille le 12 juin 1815.

À Son Excellence le Duc de Dalmatie Major Général de l'armée.

Repond[u] et renvoyé [l'état] le 13 juin

Monseigneur,

J'ai l'honneur d'adresser à Votre Excellence l'État de la répartition en double expédition, arrêté par elle à son passage à Lille, de troupes des garnisons dans les places des 1re 2e et 3e ligne du Nord, je la prie de vouloir bien m'en renvoyer une revêtue de sa signature.

Votre Excellence m'avait prescrit de placer en subsistance dans le 1er bataillon du Nord la compagnie formée par Mr le Lieutenant Général Lapoype des hommes des 13e léger 17e et 51e de ligne, proposés pour la réforme ou la retraite, laissés à Lille comme susceptibles d'etre encore utilisés dans les places. Ce bataillon sera porté demain au grand complet et Mr le Maréchal de camp [Fernick], m'a prié de mettre ces hommes dans le 2e bataillon du Nord, dont l'organisation est achevée et qui sera bientot complet. J'ai cru devoir acceder à cette proposition.

Votre Excellence avait placé dans la garnison de Calais, deux bataillons du Pas de Calais non encore entierement organisés et sur lesquels on ne peut entierement compter.

Calais est un point important; le Comte de Lille y a débarqué et cette ville lui est toute devouée. Elle a besoin d'une garnison ferme et dans ce moment ci, il n'y existe que le 2e de l'Oise et le bataillon de Marius qui s'y forme et dont l'Empereur peut disposer d'un moment à l'autre. Cette place voisine de l'Angleterre a plus particulierement besoin d'etre surveillée.

J'ai cru devoir laisser à Arras le 10e bataillon du Pas de Calais et envoyer à Calais le 5e de L'yonne que je retire de Landrecies.

La lettre ci-joint que je reçois du commandant superieur de Calais, comme les rapports qui me parviennent sur l'esprit de cette place, m'ont aussi determiné à ce changement.

Je joins aussi ici l'analyse des mouvements que j'ai ordonnés d'apres cette répartition. Les bataillons les plus éloignés se rendront à leur destination par le moyen des transports accelerés je m'empresserai de rendre compte à Votre Excellence de l'execution de ces mouvements.

J'ai fait connaitre aux Préfets la nouvelle répartition des garnisons; je les ai invités à diriger de suite sur les bataillons de leur Département les hommes nécessaires pour les completter, à accelerer la confection de l'habillement et à expedier par les moyens les plus prompts, ces effets, à mesure même de leur confection.

J'ai adressé le double de cette répartition au Ministre de la Guerre.

Semblable envoi a été fait au Lieutenant Général Gazan et une au Maréchal de camp Grundler, chargé de la levée des bataillons d'elite dans les Départements de la Somme, du Nord et du Pas de Calais.

J'ai l'honneur de prier, Votre Excellence, d'agréer l'hommage de mon profond respect.

Le Lieutenant Général Commandant la 16ᵉ division militaire.

Cᵗᵉ Frère

16 Division Militaire

Bureau du Mouvement des troupes

Au quartier général à Lille le 12 juin 1815.

À Son Excellence le Maréchal Prince d'Eckmühl, ministre de la guerre.

Monseigneur,

J'ai l'honneur de rendre compte à Votre Excellence, que je reçois à l'instant seulement, quatre heures après midi, sa dépêche en date du 9 de ce mois, qui ordonne le départ pour aujourd'hui, des différents dépôts qui se trouvent dans la division. Cette lettre m'est venue par la poste de Valenciennes.

Je transmets les ordres de départ par estafette aux différens dépôts d'artillerie et d'ouvriers qui sont à Douai au dépôt de génie à St Omer à celui du 3e de lanciers qui est à Aire et au 20e de dragons à arras.

Au moyen de ce mouvement il ne restera plus aucun dépôt dans la division, à l'exception cependant, de celui du 7e régiment etrangers, qui est à Montreuil et pour lequel Votre Excellence, ne m'a point encore donné d'ordre; il restera donc dans sa garnison, jusqu'à ce que Votre Excellence, m'ait fait connoitre sur quel point il faudra diriger.

Je rendrai compte à Votre Excellence de l'exécution de ce mouvement et je lui ferai connaître en même tems, la situation de ces différens dépôts, au moment de leur départ.

Je prie Votre Excellence, d'agréer l'hommage de mon profond respect.

Le Lieutenant général commandant la 16e division m^{re}

Cte Frère

— ∞ —

16 Division Militaire

Bureau de l'inspections

Au quartier général à Lille le 12 juin 1815.

À Son Excellence le Maréchal Prince d'Eckmühl, ministre de la guerre

Monseigneur,

J'ai l'honneur de transmettre ci-joint à Votre Excellence au 12 courant, l'état du dépôt des militaires rentrés des prisons de guerre établi à la citadelle de Lille.

Je prie Votre Excellence d'agréer l'hommage de mon profond respect.

Le Lieutenant Général Commandant la 16ᵉ division militaire

Cᵗᵉ Frère

———◆———

Dépôt Général des prisonniers francais rentrés

Situation du 12 juin 1815

| Désignation des grades | Présens | | Absens Aux hopitaux | | | Effectif | Observations |
	Présent	Total	Du lieu	Exterieur	Total		
Sergent Major							
Sergent	1	1	1	1	2	3	
Caporaux	1	1				1	
[fourriers]							
Soldats	12	12	6		6	18	
Tambours							
Totaux	14	14	7	1	8	22	

Certifié véritable par moi capitaine command^t le dit dépôt

Lille le 12 juin 1815.

E. [Sommuret]

[Cap^e com^dt]

On the back of the page

À Monsieur
l'adjudant Command^t chef
d'État major de la 16^e
divis^on milit^re
à Lille

Amiens le 12 juin 1815

Monseigneur,

Voir l'état du Cte Frère et l'etat de garnison tenu par M. [Chappie]

L'officier que j'avois envoyé en dépêche auprès du général Charière à Calais, vient de rentrer et me remet la reponse de ce général à la lettre que je lui avois écrit, ainsi que l'état de situation des troupes qui forment sa garnison laquelle me paroit suffisante, si le bataillon de marine que l'on a formé dans cette ville reste à sa disposition. Au reste comme S Ex le major général a désigné le nombre de troupes qui doivent former les garnisons des places du Nord, il est présumable qu'il aura déterminé pour cette place le nombre qui lui est nécessaire pour sa défense. J'envoie cy joint à Votre Excellence la lettre du général Charière ainsi que son état de situation.

Agréez, Monseigneur, l'hommage de mon respect.

Le Lt Gal Command^t en chef les troupes
sur la Somme et les places du Nord.
Gazan

Amiens le 12 juin 1815.

Ministère de la guerre

Classer

Monseigneur,

En conformité de la lettre de Votre Excellence, en date du 9 de ce mois, j'avois envoyé un officier auprès du Gal Frère pour connoitre la répartition des troupes dans les places du Nord. Je remets cy joint à Votre Excellence copie de la réponse que je recois de ce général. Le major général ayant lui-même déterminé la force des garnisons des places dans la 16e division m^re, je ne m'occuperai point de cet objet ainsi que Votre Excellence me l'avoit prescrit.

Agréez, Monseigneur, l'hommage de mon respect.

Le Lt Gal Command^t en chef les troupes
sur la Somme et les places du Nord
Gazan

———•———

Attached to previous.

Amiens le 12 juin 1815

Copie de la lettre de M^r le général frère en dâte du 11 courant.

Lille le 11 juin 1815

Mon Général,

S Ex le Duc de Dalmatie major général a arrêté aujourd'huy la repartition des troupes (gardes nationales) de la 1ere 2eme et 3eme ligne des places qui composent la 16e division m^re. J'aurai l'honneur de vous en adresser la situation. Quant au mouvement du bataillon de l'Eure et [loire], de la place de Dunkerque à gravelines, il y a trois jours que j'avois donné l'ordre de faire partir un bataillon de Dunkerque sur Gravelines sans désigner le bataillon, de sorte que je crains que si ce n'est pas le b^on d'Eure et loire qu'on y ait envoyé il n'y ait [un double], du quel je vais m'assurer et remédier.

Le général Commandant à Calais va recevoir les troupes qui lui ont été désignées par S Ex le Major général

Signé Cte Frère

Certifié conforme à l'original par nous Lt Gal Command^t en chef les troupes sur la Somme et les places du Nord

Gazan

—~~—

Bureau de operations militaires
& art^e [?] (artillerie)

Écrire au Commandant sup^r d'herdin que
des précautions et une bonne police le
mettraient à même d'empêcher la désertion

[Herdin] le 12 juin 1815.

À Son Excellence, Monseigneur le Prince d'Eckmuhl, Ministre de
la Guerre.

Monseigneur,

J'ai l'honneur de rendre compte à Votre Excellence qu'il manque
soixante quatorze hommes de plus aux appels, depuis le dernier rapport, dans
le 9e bataillon du pas de Calais; ce qui porte le nombre des absents à 254!

J'attends toujours d'autres troupes pour former la garnison de cette
place. Je desirerais qu'elles fussent déjà arrivées car comment compter sur
un bataillon d'élite du pas de Calais, quand les 3/8e manquent aux appels?

Cy joint, le rapport de la situation de la place. Cinq canons du calibre
[de 4], de bataille, sont arrivés de St Omer sans [affuts], ni prolonges : il
conviendrait que cette batterie mobile, fut organisée au complet, et que
vingt cinq canonniers de la ligne, vinssent en station dans cette place, pour
adjoindre les vétérans de l'arme, aux 60 canonniers sedentaires de la ville
d'herdin, (formés en une demi comp^ie)

6e d^on env^é le 15 juin

C'est mon opinion, celle du Colonel Commandant supérieur, et du
Chef de bataillon commandant l'artillerie de la place : Votre Excellence
daignera juger si ma reclamation est fondée, pour le bien du service de
Sa Majesté.

Je suis avec le plus profond respect,

Monseigneur,
de Votre Excellence,
le très humble et très obéissant serviteur.
Le Commandant d'armes,
De la Salle

—～～—

À St Omer, le 12 juin 1815.

Monseigneur,

J'ai l'honneur de rendre compte à Votre Altesse que je suis toujours sans garnison, si n'est

22 officiers et . . . . 89 s. officiers	et soldats du dépot du 1er régiment du génie.
1 officier et . . . . . 59 sous officiers	et soldats de la 15e compagnie de canonniers vétérans
4 officiers et . . . . 76 s. officiers	et soldats du 5eme régiment d'artillerie à pied.
7 officiers et . . . . 195 s. officiers	et canonniers bourgeois de la ville de Saint Omer.
34 419	

Je suis avec le plus profond respect.

Monseigneur,

de Votre Altesse,

le très humble très obéissant et dévoué serviteur

le Maréchal de camp Command^t supérieur de St Omer

B^{on} d'Arnauld

———∞———

Ministère des Finances
Secretariat
Classer

Paris le 12 juin 1815.

Prince, j'ai reçu la lettre que Votre Excellence m'a fait l'honneur de m'adresser le 9 de ce mois. M. le Major Général m'avait informé la veille de l'ordre donné par S.M. l'Empereur, de faire cesser toute communication avec l'etranger sur les frontières du Nord et de l'Est, et je me suis empressé de prescrire de suite les mesures nécessaires aux directeurs généraux des postes des douanes.

Agréez, Prince, l'assurance de ma haute considération.

Le Ministre des Finances
le Duc de Gaëte
Gaudin

S.E. le Maréchal prince d'Eckmühl,
Ministre de la Guerre

À Son Excellence Monseigneur le Comte de Grouchy, Maréchal
de France.

Monseigneur,

Un accident malheureux arrivé au milieu d'une fête que je donnais à
mon régiment avait donné une impression défavorable à M^r le Lieutenant
Général Comte Excelmans qui commandait alors la division, sur l'esprit
de la troupe : mes représentations ne purent le faire revenir à des idées plus
équitables envers des braves que Votre Excellence a commandés et dont
elle a daigné faire des rapports avantageux : le 6e chasseurs au moment
d'entrer en campagne se trouvait en quelque sorte attaqué dans son honneur, et sa vieille réputation allait se perdre; je sollicitai alors directement
de Sa Majesté, l'autorisation de passer dans un autre corps d'armée avec
mon régiment ou dans quelqu'autre division de cavalerie; Je citai celle
du Général Piré, dont j'avois l'avantage d'être connu; Par de nouvelles
dispositions, l'Empereur vient d'appeler M^r le Général Excelmans à un
commandement en chef et donne sa division à M^r le Général Piré; Ce
nouveau changement m'est favorable, puisque c'était l'objet de mes sol-
licitations et je m'estime heureux de servir de nouveau sous un Général,
avec qui j'ai fait mes premières armes.

J'ose en conséquence supplier Votre Excellence de considérer comme
non avenus la demande que j'avois faite du changement de division pour
mon régiment et de laisser le 12e chasseurs à cheval sous les mêmes ordres;
Cette permutation me serait contraire et j'ose espérer que Votre Excellence
ne l'ordonnera pas.

Je suis avec le plus profond respect,

Monseigneur,

de Votre Excellence
le très humble et très obéissant subordonné le
Bon de Faudoas
Colonel du 6e chasseurs à cheval

Aibes près Maubeuge 12 juin 1815

Ministère de la Guerre

11 Division

1ᵉ Bureau de Recrutemens

Invitation de faire connaître tout ce qui a été fait dans la 1ᵉʳᵉ division militaire, concernant le rappel des militaires en retraite

[?] les etats conformément au modèle

M. le lieutenant général Commandant la 1ʳᵉ dᵒⁿ mʳᵉ

Mʳ Plantier est chargé de ce travail il faut qu'il y donne tous ses soins

Envoyé des modèles aux commandants du Départemᵗ le 16. Envoyé l'état demande par le Ministre le 23

Paris, le 12 juin 1815.

Général, d'après mes instructions du 13 mai, les militaires en retraite de la 1ʳᵉ division ont été rappelés et dirigés sur les places du Nord. La plupart d'entr'eux avaient été mis en route au 26 mai, date à laquelle j'ai prescrit de ramener les opérations de ce rappel à l'exécution du décret du 18 du même mois sur l'avis que me donna Mʳ le Comte de Lobau, que les départs étaient à peu près effectués, je décidai que les militaires en retraite de la 1ʳᵉ division continueraient leur marche pour le nord. J'invitai le général Comte Frère, commandant la 16ᵐᵉ division militaire, à recevoir ces hommes, à les passer en revue, à renvoyer chez eux ceux qui ne pourraient être d'aucune utilité pour la défense des places.

Je le chargerai de former, s'il était possible, avec les hommes restant, les quatre bataillons d'infanterie et les quatre compagnies de canonniers demandés à la 1ʳᵉ division militaire par le Décret du 18 mai.

Je l'engageai à répartir les bataillons dans les places de l'arrondissement de l'armée du nord, selon les besoins de ces places, et en ayant soin de diriger le plus grand nombre d'hommes sur Dunkerque, et notamment ceux du Département de la seine. Quant aux compagnies de canonniers, je lui ai prescrit d'en placer une à Dunkerque, une à Lille, une à Maubeuge, une à Valenciennes. Le 31 mai, j'ai donné avis de ces ordres à mʳ le Comte de Lobau, et je lui ai recommandé d'adresser à Mʳ le général Frère une situation complette des premières dispositions qu'il avait faites.

Je pense que les opérations du général commandant la 16ᵉ division sont sur le point d'être terminées, et je lui demande un compte détaillé, à cet égard.

De votre côté, Général, veuillez bien m'informer de suite de tout ce qui a été fait jusqu'à ce jour, dans la 1ʳᵉ division militaire, concernant ce rappel.

Le cadre de situation que vous trouverez ci-joint vous indiquera la nature des renseignements que vous avez à me fournir.

Agréez, Général, l'assurance de ma haute considération, pour le Maréchal, Ministre de la guerre, et par son ordre

le Lieutenant général Directeur génᵃˡ du recrutement

[B N] Fririon

—∿∿—

Gand le 12 juin 1815.

À Son Excellence Monseigneur le Duc de Feltre Ministre de la Guerre.

Jallot Lieutenant au 11ème régiment de chasseurs à cheval

Monseigneur,

Arrivé recemment des avant-postes je me fais un devoir de faire connoître à Votre Excellence, tout ce que je sais rélativement à la force et l'esprit du corps d'Armée dont je faisois partie. Heureux et mille fois heureux si je puis par ce rapport que je recommande à votre indulgence, Monseigneur, vous prouver tout le dévouement que je porte à Sa Majesté.

Le 3ème corps est fort de 17,000 hommes au plus.

Il se compose de 10 régiments d'infanterie, de 3 régiments de cavalerie legère et d'une compagnie d'artillerie legère.

Chaque régiment d'infanterie a deux bataillons dont la force est de 6, ou 700 hommes chaque.

Je ne connois l'esprit que du 33e qui est très mauvais. M^r le Maire qui en est Colonel est beau-frère de M^r le Général Morand aide de camp de Bonaparte.

Il existe aussi dans ce régiment un chirurgien qui ne se borne pas à être Napoléoniste mais fait le métier de dénoncer tous ceux dont l'opinion n'est pas conforme à la sienne.

Le 5e régiment de housards est fort de 500 chevaux, mais son esprit est des plus mauvais. Le colonel Mr Liegeard est un enragé Jacobin.

Le 2ème de Lanciers est aussi mauvais que le 5e de housards, le Colonel M^r [Sourd] est dévoué à Bonaparte, il a été au champ de Mai. Ce regiment a 500 chevaux.

Le 11ème régiment de chasseurs a 470 chevaux, mais il a reçu tout ce qui lui a été accordé pour remonte, son esprit est le moins mauvais des trois. Le Colonel Nicolasse est bien porté pour le Roi, mais il craint les évènements, et son opinion se trouve même comprimée par ses deux autres régiments. Jusqu'à châlons il s'est conduit d'une manière digne d'éloges.

L'artillerie legère a 40 ou 50 pièces attelées.

Le Général Vandamme commande le corps d'armée.

Le Général Guilleminot est chef de l'État major.

Le Général Dumonceau commande la 2ème division et habite mezières.

Le Général Abbé commande une brigade d'inf^ie (ce général est du parti de bonaparte)

Le Général Gengoult commande Idem.

Le Général Domon commande la division de cavalerie legère. Je ne sais s'il pense bien, mais devant les off^ers il tourne en dérision sa Majesté, sa famille, et son Excellence. Je l'ai entendu.

Le Général Merlin commande le 2ème de lanciers et le 5e de housards. Ce général fait comme le général Domon.

Le général Ameil commande le 11ème de ch^eurs il est suffisament connu.

Le Général Bourke commande Givet.

Le Général Charbonnier est à Givet sous command^t, il a été conduit à Paris comme soupçonné de trahison : il s'est justifié.

Le Général Duppuis commande Philippeville.

L'armée vit dans la plus profonde ignorance du Roi et de sa famille. Le général Vandamme pour soulever les esprits a fait mettre à l'ordre la Marseillaise. Il est peu estimé, ses soldats l'appelent le brigand.

L'armée se fie sur la première attaque, elle en espère même le Rhin. Elle est loin de croire, peut-être même encore aujourd-hui, que l'Autriche lui declare la guerre, que la Suisse ne reste neûtre ainsi que le Danemarck et la Suede. Elle est persuadée que les Turcs font la guerre à la Russie.

Le général Domon a reçu une lettre au nom du Roi il l'a envoyée à Bonaparte.

Le Colonel Nicolasse étoit tout surpris de n'en avoir pas reçu.

En France on a dit que le Maréchal Ney avoit été arrêté comme républicain.

Tous les chemins sont coupés ou barricadés, le pont de philippeville à Givet est coupé.

Les politiques disoient que si Bonaparte n'attaquoit pas, il se retireroit jusqu'à Laon.

Les Gardes nationaux ne sont ni habillés ni armés, ni payés. Presque tous sont partis malgré eux et dans tous ces pays frontières aucun n'a voulu partir. Ils ont abandonné leurs foyers.

On organise un corps franc a Charleville, un M^r [Descasseaux] inspecteur des eaux et forets le commande.

Il existe un autre corps de cavalerie composé du 1er de dragons, du 5e idem, du 8ème de cuirassiers, à mon départ, il étoit question de le faire avancer sur le 3e corps mais on a observé le manque de fourrage. Ce corps de reserve n'est attaché à aucun corps d'armée.

Voilà, Monseigneur, tous les renseignements que j'ai pû recueillir, je désire de tout mon cœur qu'ils puissent vous être utiles. Je me recommande de nouveau à la bienveillance de votre excellence et je la supplie de m'honorer de sa confiance, j'en suis vraiment digne.

J'ai l'honneur d'être, avec un profond respect,

de votre excellence,

Monseigneur,

le très-humble et très-obéissant serviteur
Jallot

Lille le 12 juin 1815.

Mon cher Général,

La commission de haute police a reçu communication des ordres que vous avez donné hier, contraires a ceux du Cte frère conforment a ceux de la commission. L'art^e [7] du décret impérial du 25 mai dernier est ainsi conçu. Les autorités civiles et militaires de la 16eme division milit^re correspondront avec la commission et les comités éxécuteront leurs ordres.

Je vous prie de me dire franchement et cordialement si votre intention est, ou n'est pas, de vous conformer à cet article du décret.

Recevez, mon Cher Général l'assurance de mon sincère attachement.

Le Lieutenant Général Présid^t la

Commisson de haute police

Allix

J'attends, mon cher g^al votre reponse cathegorique dans la soirée

M^r le Lieut^t Général Lapoype gouverneur de la place de Lille

Seconde Déclaration du Chef d'état-major de l'aile droite, Le Général Le Sénécal

From Grouchy's Relation Succincte de la Campagne de 1815, *Sénécal describes Napoleon's response to arriving at Laon and Grouchy's lack of orders. The date of 14 Juin is a mistake.*

Le 14 Juin, les premières paroles adressées au maréchal Grouchy par l'Empereur, lorsqu'il arrivait de Paris à Laon, furent pour lui demander si la cavalerie était réunie à la frontière. Sur sa réponse négative qu'elle ne l'était point, n'ayant pas reçu d'ordre à cet égard, Napoléon témoigna son étonnement que le major-général ne le lui eût pas encore adressé. Toute fois, ce retard fut réparé par les marches forcées de la cavalerie qui arriva à temps, mais extrêmement fatiguée.

Soldats Français de tout régiment, de toute arme, et vous sur-tout braves, chasseurs du quatrième, vaillants soldats du premier infanterie légère, à qui naguères il étoit permis de se glorifier du nom de régiment du Roi, c'est à vous que nous nous adressons : ce sont vos camarades qui vous appellent, qui vous invitent à les rejoindre sous le drapeau blanc.

Osez suivre notre exemple; rentrez dans le chemin de l'honneur celui que vous suivez maintenant vous mène à votre perte.

C'est le brave marquis de Castries, (nom que les chasseurs du quatrième ne peuvent avoir oublié) qui nous commande maintenant. Bien accueillis, bien traités, bien nourris, bien payés, nous n'avons plus qu'un désir : c'est de voir nos Camarades venir augmenter le nombre des fidels serviteurs qui auront l'honneur d'entourer notre bon Roi à sa rentrée dans son Royaume.

Signé Mc. Am. Lemagnan, maréchal de logis, au 4e chasseur.

François Cottin serj. : 1er inf. légère

Alex Levasseur : 1er inf. légère

etc. etc. etc. etc.

———~~———

Cet homme n'a jamais été M^{al} du logis. Il était [frater] de la compagnie

June 13

Sender	Recipient	Summary	Original
Napoléon	Soult	Countermands the order to send Vandamme back to Philippeville, original and draft	Private, draft @ Falck Inv. nr. 71
Napoléon	Soult	Orders equipages to HQ at Avesnes.	Private
Napoléon	Drouot	Dispositions of the Guard - draft	Falck Inv. nr. 71
Davout	Soult	Davout sends to Lille the camp equipment for 5000 men	SHD C15-5
Davout	d'Erlon	Approves of the distribution of retired officers in the North	SHD C15-5
Davout	Vandamme	Waiting for Napoléon's orders on demonstrations of the partisans' corps	SHD C15-5
Davout	Frère	Only the Emperor can give answers to Count Frère's demands	SHD C15-5
Davout	Frère	Reminds him of the instructions given on the way to establish positions	SHD C15-5
Davout	Gazan	Sends a copy of a letter from Frère on the means to take to defend the boarder	SHD C15-5
Soult - Mouvement 311	Vandamme	Orders Vandamme back to Philippeville for advance on Charleroi on the 14th. «...but the Emperor has again ordered execution of order of the 10th.»	SHD C17-193
Soult - Registre 1	Senior Genenerals of the Army	Position de l'armée le 14, 4 copies	SHD C17-193, SHD C15-5
Soult		Position of the army on the 14th	Private
Soult	Davout	Has given direct orders for troops to the north; asks the Minister to order more troops to the North	SHD C15-5
Soult	Girardin	Girardin will be Chief of the État-Major of cavalry of the *Armée du Nord* - Copy	SHD C15-5
Soult	Gazan	Precautionary measures must be taken for the safety of northern cities - Copy	SHD C15-5
Soult	Napoléon	Report mentions a squadron leader who has lost confidence in his colonel.	Private
Ruty		Report on the state of the artillery on June 13	AF IV 1938

Sender	Recipient	Summary	Original
Ruty		Report on the permanent supply depots of the Meuse	AF IV 1938
Radet		Provisional instruction for the commanding officers of the public force	SHD C15-5
Radet	Monthion	Asks for more officers for the État Major	SHD C15-5
Daure	Douradon	Order of movement for the 3rd corps	SHD C15-5
Lacroix	Jerome Bonaparte	The 2nd company of sappers will be part of the 6th division of infantry	SHD C15-5
Gérard	Soult	Indicates division locations; is marching to join Vandamme	SHD C15-11
Fouché	Davout	Arrests have been made in Stenay without informing the Prefect	SHD C15-5
Prefect of the Aisne	Davout	Has received the order placing Gazan as commander of the North	SHD C15-5
Dumonceau	Davout	Troops have left Châlons for Avesnes on the 10th	SHD C15-5
Lavoy	Soult	State of the armament in Valenciennes	SHD C15-5
Rippert	[S]arlot	General Piré will have the line visited	SHD C15-5
La Poype	Allix	Has received the May 25th decree but has doubts about its possible execution	SHD C15-5
Charrière	Davout	News of the enemy brought by the captain of a commercial boat	SHD C15-5
Charrière	Davout	Embargo established on all boats; Mayor of Calais wants smugglers to have the right to come in	SHD C15-5
d'Arnauld	Davout	Boats have been called back to the northern strongholds	SHD C15-5
Bourke	Davout	Situation of the garrisons in Givet and Charlemont	SHD C15-5

Mon cousin, puisque le général Vandamme1 est arrivé à <u>Beaumont</u>, je ne pense pas qu'il faille le faire retourner à <u>Philippeville</u>, ce qui fatiguerait ses troupes. Je préfère que ce général campe en première ligne à 1 1/2 lieue de Beaumont. J'en passerai la revue demain. Le 6ᵉ corps sera alors placé à 1/4 de lieue derrière. Dans ce cas l'armée de la Moselle se réunira demain sur Philippeville avec le détachement de cuirassiers qui vient d'Alsace. Faites ce changement à l'ordre général.

Avesnes le 13 juin 1815 à 6 heures

Napoléon

———— ♦ ————

Au Major Général.

Au Major général

Puisque le général Vandamme1 est arrivé à <u>Beaumont</u>, je ne pense pas qu'il faille le faire retourner à <u>Philippeville</u>, ce qui fatiguerait ses troupes. Je préfère que ce général campe en première ligne à 1 1/2 lieue de <u>Beaumont</u>. J'en passerai la revue demain.

Le 6ᵉ corps sera alors placé à 1/4 de lieue derrière.

Dans ce cas l'armée de la Moselle se réunira demain sur Philippeville avec le détachement de cuirassiers qui vient d'Alsace. Faites ce changement à l'ordre général.

———— ∿ ————

Draft found in papers captured after Waterloo
13 juin
au quᵉʳ gᵃˡ d'Avesnes

June 13

Napoléon to Soult

Orders equipages to HQ at Avesnes.

Expedié le 13 Juin

Pierre Bergé, BIBLIOTHÈQUE IMPÉRIALE DE DOMINIQUE DE VILLEPIN, 19 March 2008, Lot 277

Mon Cousin, donnez l'ordre que l'équipage de pont se rende ce jour derrière solre, route de Beaumont au quartier général d'Avesnes le 13 Juin 1815. à midi

Napoléon

—⁓—

à avesnes le 13 juin

Au Général DROUOT.

Donnez ordre que la division composée des Chasseurs et des Lanciers rouges se rende ce soir en avant de Solre, que toutes les divisions de Chasseurs se rendent également à Solre ;

Tous les Grenadiers à Avesnes ; les Grenadiers à cheval et les Dragons en avant d'Avesnes ; chaque corps aura avec lui son artillerie. L'artillerie de réserve en avant d'Avesnes.

———～～～———

Ministère de la Guerre

7 Division

Bureau de casernement

Campement

Paris le 13 juin 1815

Monsieur le Maréchal, Votre Excellence désirant être informé de toutes les expéditions qui ont eu lieu sur l'armée. J'ai l'honneur de la prévenir, que je donne aujourd'hui même l'ordre de diriger par voie accélérée, sur le magasin de Lille, une nouvelle quantité d'outils et d'ustensiles de campement, pour 5,000 hommes.

En prévenir l'int^{dt} pour qu'il dispose de ces effets.

Écrit, le 17 juin

J'ai l'honneur de vous saluer avec une haute considération

le Ministre de la guerre

Prince d'Eckmühl

Son excellence Monsieur le

Maréchal Major Général de l'armée au ~~Laon~~ qu^{er} g^{al} de l'[empereur]

———&———

MINUTE DE LA LETTRE ÉCRITE

par Le Ministre

au L^t G^al Cte d'Erlon commandant le 1er corps de l'armée du nord

MINISTÈRE DE LA GUERRE
3e DIVISION
BUREAU de la Corr. G^al

Le 13 juin 1815

Général, je vois par votre lettre du 10 juin, que vous avez réparti entre les places de Quesnoy, Bouchain, Cambray, Donay et Valenciennes [six] chefs de bataillons et 69 officiers en retraite de tous grades, qui se trouvaient dans cette dernière place.

J'approuve la destination que vous avez donnée à ces militaires; ils completeront d'une manière très utile l'État major des places où vous les avez envoyés

Exp^ée.

———— ~~~ ————

MINUTE DE LA LETTRE ÉCRITE

par Le Ministre

au Lᵗ Gᵃˡ Vandamme commandant le 3ᵉ corps de l'armée du Nord

Le 13 juin 1815.

MINISTÈRE DE LA GUERRE
3ᵉ DIVISION
BUREAU de la Corr. Gᵃˡ

Expédᵉ

Renvoyer la lettre

Général, j'ai reçu avec votre lettre du 10 juin, celle de M le Lᵗ Général Dumonceau qui demande l'autorisation de pouvoir disposer du tiers des garnisons des places de la 2ᵉ dᵒⁿ mʳᵉ, des corps francs et des douaniers, pour se porter sur la ligne au moment où les hostilités commenceront.

Maintenant que l'Empereur est à l'armée, il n'appartient qu'à lui de faire faire par son Major Général les dispositions qu'il jugera convenables pour assurer la défense de la patrie et des places et pour inquiéter l'ennemi par des corps de partisans; les ordres qui émaneraient d'une autre part pourraient produire de la confusion. Je vous invite donc, Général, a communiquer à M. le Duc de Dalmatie la demande du Gᵃˡ Dumonceau dont je vous renvoye, ci-joint, la lettre.

———— ∾∾ ————

MINUTE DE LA LETTRE ÉCRITE

MINISTÈRE DE LA GUERRE
3e DIVISION
BUREAU de la Correspondance g^{al}

Paris, le 13 juin 1815.

Général,

J'ai examiné les observ^{ons} contenues dans votre lettre du 8 juin, sur les disp^{ons} qu'il serait necessaire de faire pour la sureté de la frontiere.

Maintenant que l'Empereur est arrivé à l'armée, S.M. fera connaître par son Major G^{al} les mesures qu'il jugera convenable de prescrire les ordres qui émaneraient d'une autre part pourraient produire de la confusion, et je vous engage à prendre sur cet objet les ordres du M^{or} G^{al}. Mettez-vous aussi en correspondance avec M. le Gal Gazan dont le quartier Gén^{al} est à Amiens et à qui je donne communication de votre lettre.

Recevez, Général, l'assurance de ma parfaite considération.

Le Maréchal, Ministre de la guerre

À M. le Lieut^t Général Cte Frère
Commandant la 16e div^{on} m^{re} à Lille.

IV-103

MINUTE DE LA LETTRE ÉCRITE

MINISTÈRE DE LA GUERRE
3ᵉ DIVISION
BUREAU du Mouvement des Troupes

par Le Ministre

à Mʳ le Lieutᵗ Gᵃˡ Cᵗᵉ Frère, Commandᵗ la 16ᵉ divᵒⁿ milʳᵉ à Lille

Le 13 juin 1815.

Général,

J'ai adressé à diverses reprises des instructions sur la manière dont les États de situation doivent être rédigés et j'ai spécialement recommandé de porter sur la feuille des mouvemᵗˢ, les départs des régiments, détachemᵗ ou dépôts qui quittent la divᵒⁿ pour se rendre soit à l'armée, soit dans de nouvelles garnisons en indiquant leur force et les époques de leur départ.

Cependant les dépôts des 19ᵉ 25ᵉ 45ᵉ 46ᵉ 51ᵉ 54ᵉ 55ᵉ 95ᵉ 105ᵉ régᵗˢ de ligne 12ᵉ de cuirassiers, 13ᵉ de dragons, 4ᵉ de lanciers, 1ᵉʳ de chasseurs et 7ᵉ de hussards ont quitté la 16ᵉ divᵒⁿ milʳᵉ dans la dᵉʳᵉ quinzaine de Mai et l'État de situation de cette division, à l'époque du 1ᵉʳ juin, indique seulement qu'ils sont postés mais il ne me fait connaitre ni leur composition, ni leur force, ni l'époque à laquelle ils se sont mis en marche.

Je vous prie de donner des ordres positifs à votre chef d'État Major pour qu'à l'avenir on ne fasse plus cette omission sur les États qu'il me fera parvenir.

———～～～———

Paris, le 13 juin 1815.

MINISTÈRE DE LA GUERRE
3 DIVISION
BUREAU de la Corresopndance g^al

Exp^é

À M. le Lt Général Comte Gazan,
Command^t en Chef les places de la 16e d^on
m^re
de la Somme et de l'Oise.

Général, J'ai l'honneur de vous adresser copie d'une lettre du Général Frère relative aux moyens de défense qu'il conviendrait d'employer pour garantir les frontières de la 16e div^on militaire. Je lui ai recommandé de se mettre en correspondance avec vous et de prendre même directement les ordres du M^or G^al l'Empereur étant maintenant à l'armée

Je vous invite à prendre les mesures nécessaires pour assurer la défense des frontières de la 16e div^on milit^re

Recevez, Général, l'assurance de ma considération distinguée.

Le Maréchal, Ministre de la guerre.

Avesnes le 13 juin 1815.

À Monsieur le Lieutenant général Vandamme

Commandant en chef le 3ᵉ Corps de l'armée du Nord.

L'Intention de l'Empereur, Monsieur le Général, est que vous formiez votre corps d'armée en avant de Philippeville afin d'être pret à déboucher demain sur Charleroy, si des ordres vous sont envoyés à ce sujet.

L'Armée de la Moselle se dirigera aussi sur Philippeville & suivra votre mouvement ; J'envoye des ordres en Consequence à Mʳ le Lᵗ Gᵃˡ Gerard.

D'après les ordres que je vous ai envoyées hier, vous deviez reunir Votre Coprs d'Armée à Beaumont, mais l'Empereur a de nouveau ordonné l'éxecution de l'ordre du jour du 10 dont je vous ai envoyé ampliation, d'après lequel vous deviez vous former dans la journée du 13 en avant de Philippeville. Ainsi c'est la disposition de l'ordre donné par l'Empereur le 10 que vous devez suivre.

Si cependant lorsque ma lettre vous parviendra, vos troupes se trouvaient entre Philippeville & Beaumont vous les y laisseriez et vous les disposeriez de maniere à pouvoir demain déboucher sur Charleroy, en prenant votre ligne d'operations sur Philippeville.

Donnez des ordres pour qu'on cuise beaucoup de pain à Philippeville et pour que l'ordonnateur de votre corps y fasse arriver beaucoup de subsistance.

Instruisez-moi de suite de l'Emplacement de vos troupes et des dispositions que vous ferez pour l'éxecution de cet ordre.

Vous aurez soin, Général, d'envoyer un officier au devant du Général Gérard pour l'Informer de ces dispositions.

Le Maréchal d'Empire,

Major général

duc de dalmatie

~~~

Ordre du jour   Avesnes le 13 Juin 1815

Position de l'armée le 14.

Le grand quartier général à Beaumont.

L'infanterie de la Garde Impériale sera bivouaquée à un quart de lieue en avant de Beaumont et formera trois lignes; la jeune Garde, les chasseurs et les grenadiers. Monsieur le duc de Trévise reconnaîtra l'emplacement de ce camp. Il aura soin que tout soit à sa place, artillerie, ambulances, équipages, etc.

Le premier régiment de grenadiers à pied se rendra à Beaumont. La cavalerie de la garde impériale sera placée en arrière de Beaumont, mais les corps les plus éloignés, n'en doivent pas être à une lieue.

Le deuxieme prendra position à <u>Laire</u>, c'est-à-dire, le plus près possible de la frontière, sans la dépasser. Les quatre divisions de ce corps d'armée seront réunies et bivouacqueront sur deux ou quatre lignes. Le quartier général au milieu, la cavalerie en avant, éclairant tous les débouchés, mais aussi sans dépasser la frontière et la faisant respecter, par les partisans ennemis qui voudraient la violer.

Les bivouacs seront placés de manière que les feux ne puissent être aperçus de l'ennemi. Les G^{aux} empêcheront que personne ne s'écarte du camp, ils s'assureront que la troupe est pourvue de cinquante cartouches par homme, quatre jours de pain et une ½ livre de viande que l'artillerie et les ambulances sont en bon état, et les feront placer à leur [ordre] de bataille, ainsi le 2e corps sera disposé à se mettre en marche le 15 à 3 heures du matin, si l'ordre en est donné pour se porter sur Charleroi et y arriver avant neuf heures.

Le premier corps prendra position à Solre sur Sambre et il bivouacquera aussi sur plusieurs lignes; observant, ainsi que le 2e corps, que les feux ne puissent être aperçus de l'ennemi, que personne ne s'écarte du camp, et que les Généraux s'assurent de l'état des munitions, des vivres de la troupe, et que l'artillerie et les ambulances soient placées à leur ordre de bataille.

Le premier corps se tiendra également prêt à partir le 15, à 3 heures du matin, pour suivre le mouvement du 2e corps, de manière que dans la journée d'après demain, ces deux corps manoeuvrent dans la même direction et se protègent.

Le 3ᵉ corps prendra demain position à une lieue en avant de Beaumont, le plus près possible de la frontière sans cependant la dépasser, ni souffrir qu'elle soit violée par aucun parti ennemi. Le Général Vandamme tiendra tout le monde à son poste, recommandera que les feux soient cachés et qu'ils ne puissent être aperçus de l'ennemi. Il se conformera d'ailleurs à ce qui est prescrit au 2ᵉ corps pour les munitions, les vivres, l'artillerie et les ambulances, et pour être prêt à se mettre en mouvement le 15 à trois heures du matin.

Le 6ᵉ corps se portera en avant de Beaumont et sera bivouacqué sur deux lignes, à un quart de lieue du 3ᵉ corps. Monsieur le Comte de Lobau choisira l'emplacement et il fera observer les dispositions générales qui sont prescrites par le présent ordre.

Mʳ le Maréchal Grouchy portera les 1ᵉʳ, 2ᵉ, 3ᵉ et 4ᵉ corps de cavalerie en avant de Beaumont et les établira au bivouac entre cette ville et Walcourt, faisant également respecter la frontière, empêchant que personne ne la dépasse et qu'on ne se laisse voir, ni que les feux puissent être aperçus de l'ennemi, et il se tiendra prêt à partir après demain, à trois heures du matin, s'il en reçoit l'ordre pour se porter sur Charleroi, et faire l'avant-garde de l'armée.

Il recommandera aux Généraux de s'assurer si tous les cavaliers sont pourvus de cartouches, si leurs armes sont en bon état, si les quatre jours de pain et la ½ livre de riz, qui ont été ordonnés, ont été délivrés.

L'équipage de pont sera bivouacqué derrière le 6ᵉ corps et en avant de l'infanterie de la garde Impˡᵉ. Le parc central d'artillerie sera en arrière de Beaumont.

L'armée de la Moselle prendra demain position en avant de Philippeville. Mʳ le Comte Gérard la disposera de manière à pouvoir partir, après demain 15, à 3 heures du matin, pour rejoindre le 3ᵉ corps et appuyer son mouvement sur Charleroi, suivant le nouvel ordre qui lui sera donné, mais le Général Gérard aura soin de bien garder son flanc droit [et en] avant de lui sur toutes les directions de Charleroi et de Namur.

Si l'armée de la Moselle a des pontons à sa suite le Général Gérard les fera avancer le plus possible afin de pouvoir en disposer.

Tous les corps d'armée feront marcher en tête les sapeurs et les moyens de passage que les Généraux auront réunis.

Les sapeurs de la garde Impériale, les ouvriers de la Marine et les ouvriers de la réserve marcheront après le 6ᵉ corps et en tête de la Garde.

Tous les corps marcheront dans le plus grand ordre et serrés, dans le mouvement sur Charleroi, on sera disposé à profiter de tous les passages pour écraser les corps ennemis qui voudraient attaquer l'armée ou qui manoeuvreraient contre elle.

Il n'y aura à Beaumont que le grand quartier général aucun autre ne devra y être établi et la ville sera dégagée de tout embarras. Les anciens règlements sur le quartier général et les équipages, sur l'ordre des marche, la police des voitures et bagages et sur les blanchisseuses et lavandières seront remis en vigueur. Il sera fait à ce sujet un ordre général. Mais en attendant les Généraux commandant les corps d'armée prendront des dispositions en conséquence. Monsieur le grand prévôt de l'armée fera exécuter ces règlements.

L'Empereur ordonne que toutes les dispositions contenues dans le présent ordre, soient tenues secrètes par les Généraux.

Par ordre de l'Empereur
Le Maréchal d'Empire,
Major Général
duc de dalmatie

Ordre du Jour.

Avesnes le 13 juin 1815.

Position de l'armée le 14.

Le Grand quartier général à Beaumont.

l'infanterie de la garde impériale sera bivouaquée à un quart de lieue en avant de Beaumont et formeront trois lignes, la jeune garde, les chasseurs et les grenadiers. Mᵣ le Duc de Trevise reconnaîtra l'emplacement de ce corps ; il aura soin que tout soit à sa place, artillerie, ambulances, équipages, &ᵣᵃ

Le 1ᵉ Regᵗ des Grenadiers à pied ce rendra à Beaumont.

La cavalerie de la Garde Impériale sera placée en arrière de Beaumont ; mais les corps les plus éloignés n'en doivent pas être à un lieue.

Le 2ᵉ Corps prendra position à <u>Laire</u>, c'est à dire le plus près possible de la frontière, sans la dépasser ; Les 4 Divisions de ce corps d'armée seront réunies et bivouaqueront sur deux ou quatre lignes ; le quartier général au milieu ; la cavalerie en avant, – éclairant tous les débouchés, mais aussi sans dépasser la frontière et la faisant respecter par les partisans ennemis qui voudraient la violer.

Les bivouacs seront remplacés de manière que les feux ne puissent être aperçus de l'ennemi ; les Généraux empêcheront que personne s'écarte du camp ; ils s'assureront que le troupe est pourvu de cinquante cartouches par homme, quatre jours de pain et une demi-livre de riz, que l'artillerie et les ambulances sont en bon état et les feront placer à leur ordre de bataille ; ainsi le deuxième Corps sera disposé à se mettre en marche le 15 à trois heures du matin si l'ordre en est donnée pour se porter sur <u>Charleroi</u> et y arriver avant neuf heures.

Le premier Corps prendra position à <u>Solre sur Sambre</u> et il bivaquera aussi sur plusieurs lignes, observant, ainsi que le 2ᵉ Corps que ses feux ne puissent être apperçus de l'ennemi, que personne ne s'écarte du camp et que les généraux s'assurent de l'état des munitions, des vivres de la troupe et que l'artillerie et les ambulances soient placés à leur ordre de bataille.

Le 1ᵉ Corps se tiendra également prêt à partir le 15 à trois heures du matin pour suivre le mouvement du 2ᵉ Corps, de manière que dans la journée d'après demain, les [ces?] deux Corps manoeuvrent dans la même direction et se protègent.

Le 3ᵉ Corps prendra demain position à une lieue en avant de <u>Beaumont</u>, le plus près possible de la frontière, sans cependant la dépasser ni souffrir qu'elle soit violée par aucun parti ennemi. Le Général Vandamme tiendra tout le monde à son poste, recommandera que les feux soient cachés, et qu'ils ne puissent être apperçus de l'ennemi ; il se conformera d'ailleurs à ce qui est prescrit au 2ᵉ corps pour les munitions, les vivres, l'artillerie et les ambulances, et pour être prêts à se mettre en mouvement le 15 à trois heures du matin.

Le 6ᵉ Corps se portera en avant de <u>Beaumont</u> et sera bivaqué sur deux lignes à un quant de lieue du 3ᵉ Corps. Mʳ le Cᵗᵉ de Lobau choisira l'emplacement et il fera observer les dispositions générales qui sont prescrites par le présent ordre.

Mʳ le Maréchal Grouchy portera les 1ᵉ, 2ᵉ, 3ᵉ et 4ᵉ Corps de cavalerie en avant de Beaumont et les établira au bivac entre cette ville et Valcourt, fesant également respecter la frontière, empêchant que personne la dépasse et qu'on se laisse voir, ni que les feux puissent être apperçus de l'ennemi et il se tiendra prêt à partir après demain à 3 heures du matin s'il en reçoit l'ordre pour se porter sur Charleroi et faire l'avant-garde de l'armée.

Il recommandera aux Généraux de s'assurer si tous les cavaleries sont pourvus de cartouches, si leurs armes sont en bon état et s'ils ont les quatre jours de pain et la demi-livre de riz qui ont été ordonnés.

L'équipage de pont sera bivaqué derrière le 6ᵉ Corps et en avant de l'infanterie de la garde Impériale. Le parc central d'artillerie sera en arrière de <u>Beaumont</u>.

L'armée de la Moselle prendra demain position en avant de <u>Philippeville</u> ; Mʳ le Comte Gérard la disposera de manière à pouvoir partir après demain 15 à 3 heures du matin, pour joindre le 3ᵉ Corps et appuyer son mouvement sur <u>Charleroy</u>, suivant le nouvel ordre qui lui sera donné ; mais le Général Gérard aura soin de bien garder son flanc droit et en avant de lui, sur toutes les directions de <u>Charleroy</u> et de <u>Namur</u>.

Si l'armée de la Moselle a des pontons à sa suite, le Général Gérard les fera avancer le plus possible afin de pouvoir en disposer.

Tous les Corps d'armée feront marcher en tête les Sapeurs et les moyens de passage que les Généraux auront réunis.

Les sapeurs de la Garde Impériale, les ouvriers de la Marine et les Sapeurs de la réserve, macheront après le 6ᵉ Corps et en tête de la Garde.

Tous les Corps marcheront dans le plus grand ordre et serrés ; dans le mouvement sur <u>Charleroy</u> on sera disposé à profiter de tous les passages pour écraser les Corps ennemis qui voudraient attaquer l'armée ou manœuvrer contre elle.

Il n'y aura à <u>Beaumont</u> que le grand quartier général ; aucun autre ne devra y être établi et la ville sera dégagée de tout embarras ; les anciens réglemens sur le quartier général et les équipages, sur l'ordre de marche et la police des voitures et bagages et sur les blanchisseuses et vivandières [remis] en vigueur ; Il sera fait à ce sujet un ordre général mais en attendant, M.M. les Généraux Commandants les Corps d'armée donneront les dispositions en conséquence et le grand Prévôt de l'armée fera exécuté ses règlemens.

L'Empereur ordonne que toutes les dispositions contenues dans le présent ordre soit tenues secrètes par M.M. les Généraux

Par ordre de l'Empereur

Le Maréchal d'Empire
Major Général
duc de dalmatie

Third copy of the Ordre du Jour Position de l'Armée le 14

Le 13 juin 1815.

Avesnes le 13 juin 1815.

Ordre du jour

Position de l'armée le 14.

Le grand quartier général à Beaumont.

L'infanterie de la Garde Impériale sera bivouaquée à un quart de lieue en avant de Beaumont et formera trois lignes; la jeune Garde, les chasseurs et les grenadiers. Monsieur le duc de Trévise reconnaîtra l'emplacement de ce camp. Il aura soin que tout soit à sa place, artillerie, ambulances, équipages, etc.

Le 1er régiment de grenadiers à pied se rendra à Beaumont. La cavalerie de la garde impériale sera placée en arrière de Beaumont, mais les corps les plus éloignés, n'en doivent pas être à une lieue.

Le 2e corps prendra position à Laire, c'est-à-dire, le plus près possible de la frontière, sans la dépasser. Les quatre divisions de ce corps d'armée seront réunies et bivouacqueront sur deux ou quatre lignes. Le quartier général au milieu, la cavalerie en avant, éclairant tous les débouchés, mais aussi sans dépasser la frontière et la faisant respecter, par les partisans ennemis qui voudraient la violer.

Les bivouacs seront placés de manière que les feux ne puissent être aperçus de l'ennemi. Les G^{aux} empêcheront que personne ne s'écarte du camp, ils s'assureront que la troupe est pourvue de cinquante cartouches par homme, quatre jours de pain et une ½ livre de viande que l'artillerie et les ambulances sont en bon état, et les feront placer à leur [ordre] de bataille, ainsi le 2e corps sera disposé à se mettre en marche le 15 à 3 heures du matin, si l'ordre en est donné pour se porter sur Charleroi et y arriver avant neuf heures.

Le premier corps prendra position à Solre sur Sambre et il bivouacquera aussi sur plusieurs lignes; observant, ainsi que le 2e corps, que les feux ne puissent être aperçus de l'ennemi, que personne ne s'écarte du camp, et que les Généraux s'assurent de l'état des munitions, des vivres de la troupe, et que l'artillerie et les ambulances soient placées à leur ordre de bataille.

Le premier corps se tiendra également prêt à partir le 15, à 3 heures du matin, pour suivre le mouvement du 2e corps, de manière que dans la journée d'après demain, ces deux corps manoeuvrent dans la même direction et se protègent.

Le 3ᵉ corps prendra demain position à une lieue en avant de Beaumont, le plus près possible de la frontière sans cependant la dépasser, ni souffrir qu'elle soit violée par aucun parti ennemi. Le Général Vandamme tiendra tout le monde à son poste, recommandera que les feux soient cachés et qu'ils ne puissent être aperçus de l'ennemi. Il se conformera d'ailleurs à ce qui est prescrit au 2ᵉ corps pour les munitions, les vivres, l'artillerie et les ambulances, et pour être prêt à se mettre en mouvement le 15 à trois heures du matin.

Le 6ᵉ corps se portera en avant de Beaumont et sera bivouacqué sur deux lignes, à un quart de lieue du 3ᵉ corps. Monsieur le Comte de Lobau choisira l'emplacement et il fera observer les dispositions générales qui sont prescrites par le présent ordre.

Mʳ le Maréchal Grouchy portera les 1ᵉʳ, 2ᵉ, 3ᵉ et 4ᵉ corps de cavalerie en avant de Beaumont et les établira au bivouac entre cette ville et Walcourt, faisant également respecter la frontière, empêchant que personne ne la dépasse et qu'on ne se laisse voir, ni que les feux puissent être aperçus de l'ennemi, et il se tiendra prêt à partir après demain, à trois heures du matin, s'il en reçoit l'ordre pour se porter sur Charleroi, et faire l'avant-garde de l'armée.

Il recommandera aux Généraux de s'assurer si tous les cavaliers sont pourvus de cartouches, si leurs armes sont en bon état, si les quatre jours de pain et la ½ livre de riz, qui ont été ordonnés, ont été délivrés.

L'équipage de pont sera bivouacqué derrière le 6ᵉ corps et en avant de l'infanterie de la garde Impˡᵉ. Le parc central d'artillerie sera en arrière de Beaumont.

L'armée de la Moselle prendra demain position en avant de Philippeville. Mʳ le Comte Gérard la disposera de manière à pouvoir partir, après demain 15, à 3 heures du matin, pour rejoindre le 3ᵉ corps et appuyer son mouvement sur Charleroi, suivant le nouvel ordre qui lui sera donné, mais le Général Gérard aura soin de bien garder son flanc droit [et en] avant de lui sur toutes les directions de Charleroi et de Namur.

Si l'armée de la Moselle a des pontons à sa suite le Général Gérard les fera avancer le plus possible afin de pouvoir en disposer.

Tous les corps d'armée feront marcher en tête les sapeurs et les moyens de passage que les Généraux auront réunis.

Les sapeurs de la garde Impériale, les ouvriers de la Marine et les ouvriers de la réserve marcheront après le 6ᵉ corps et en tête de la Garde.

Tous les corps marcheront dans le plus grand ordre et serrés, dans le mouvement sur Charleroi, on sera disposé à profiter de tous les passages pour écraser les corps ennemis qui voudraient attaquer l'armée ou qui manoeuvreraient contre elle.

Il n'y aura à Beaumont que le grand quartier général aucun autre ne devra y être établi et la ville sera dégagée de tout embarras. Les anciens règlements sur le quartier général et les équipages, sur l'ordre des marche, la police des voitures et bagages et sur les blanchisseuses et lavandières seront remis en vigueur. Il sera fait à ce sujet un ordre général. Mais en attendant les Généraux commandant les corps d'armée prendront des dispositions en conséquence. Monsieur le grand prévôt de l'armée fera exécuter ces règlements.

L'Empereur ordonne que toutes les dispositions contenues dans le présent ordre, soient tenues secrètes par les Généraux.

Par ordre de l'Empereur le Mᵃˡ d'Empire, Major Gᵃˡ

Signé Duc de Dalmatie

Collationné

~~~

Certifié conforme à l'original communiqué en 1859 par la famille du Gᵃˡ Rogniat Paris, le septembre 1859. Le Colonel, Coordonateur des archives etc. du Dépôt de la Guerre, Brahaut

Fourth copy of the Ordre du Jour Position de l'Armée le 14

(Cet ordre a été adressé en outre à M^rs les L^ts G^aux d'Erlon, Reille, Vandamme, de Lobau, Gérard, Ruty, Rogniat, M^al duc de Trévise, et par extrait à M^rs le b^on d'Aure et le Lt Gal Radet.)

(Renseignement tiré du livre d'ordres imprimé du M^al Soult)

Positions qu'occupera l'armée du Nord le 14 juin. Instructions à ce sujet. Précautions à prendre pour tenir ce mouvement secret

Avesnes, le 13 juin 1815.

Le M^al duc de Dalmatie, Major g^al, au M^al Cte Grouchy

Ordre du jour

Position de l'armée le 14.

Le grand quartier général à Beaumont.

L'infanterie de la Garde Impériale sera bivouaquée à un quart de lieue en avant de Beaumont et formera trois lignes; la jeune Garde, les chasseurs et les grenadiers. Monsieur le duc de Trévise reconnaîtra l'emplacement de ce camp. Il aura soin que tout soit à sa place, artillerie, ambulances, équipages, etc.

Le 1er régiment de grenadiers à pied se rendra à Beaumont. La cavalerie de la garde impériale sera placée en arrière de Beaumont, mais les corps les plus éloignés, n'en doivent pas être à une lieue.

Le 2e corps prendra position à Laire, c'est-à-dire, le plus près possible de la frontière, sans la dépasser. Les quatre divisions de ce corps d'armée seront réunies et bivouacqueront sur deux ou quatre lignes. Le quartier général au milieu, la cavalerie en avant, éclairant tous les débouchés, mais aussi sans dépasser la frontière et la faisant respecter, par les partisans ennemis qui voudraient la violer.

Les bivouacs seront placés de manière que les feux ne puissent être aperçus de l'ennemi. Les G^aux empêcheront que personne ne s'écarte du camp, ils s'assureront que la troupe est pourvue de cinquante cartouches par homme, quatre jours de pain et une ½ livre de viande que l'artillerie et les ambulances sont en bon état, et les feront placer à leur [ordre] de bataille, ainsi le 2e corps sera disposé à se mettre en marche le 15 à 3 heures du matin, si l'ordre en est donné pour se porter sur Charleroi et y arriver avant neuf heures.

Le premier corps prendra position à Solre sur Sambre et il bivouacquera aussi sur plusieurs lignes; observant, ainsi que le 2e corps, que les feux ne puissent être aperçus de l'ennemi, que personne ne s'écarte du camp, et que les Généraux s'assurent de l'état des munitions, des vivres de la troupe, et que l'artillerie et les ambulances soient placées à leur ordre de bataille.

Le premier corps se tiendra également prêt à partir le 15, à 3 heures du matin, pour suivre le mouvement du 2e corps, de manière que dans la journée d'après demain, ces deux corps manoeuvrent dans la même direction et se protègent.

Le 3ᵉ corps prendra demain position à une lieue en avant de Beaumont, le plus près possible de la frontière sans cependant la dépasser, ni souffrir qu'elle soit violée par aucun parti ennemi. Le Général Vandamme tiendra tout le monde à son poste, recommandera que les feux soient cachés et qu'ils ne puissent être aperçus de l'ennemi. Il se conformera d'ailleurs à ce qui est prescrit au 2ᵉ corps pour les munitions, les vivres, l'artillerie et les ambulances, et pour être prêt à se mettre en mouvement le 15 à trois heures du matin.

Le 6ᵉ corps se portera en avant de Beaumont et sera bivouacqué sur deux lignes, à un quart de lieue du 3ᵉ corps. Monsieur le Comte de Lobau choisira l'emplacement et il fera observer les dispositions générales qui sont prescrites par le présent ordre.

Mʳ le Maréchal Grouchy portera les 1ᵉʳ, 2ᵉ, 3ᵉ et 4ᵉ corps de cavalerie en avant de Beaumont et les établira au bivouac entre cette ville et Walcourt, faisant également respecter la frontière, empêchant que personne ne la dépasse et qu'on ne se laisse voir, ni que les feux puissent être aperçus de l'ennemi, et il se tiendra prêt à partir après demain, à trois heures du matin, s'il en reçoit l'ordre pour se porter sur Charleroi, et faire l'avant-garde de l'armée.

Il recommandera aux Généraux de s'assurer si tous les cavaliers sont pourvus de cartouches, si leurs armes sont en bon état, si les quatre jours de pain et la ½ livre de riz, qui ont été ordonnés, ont été délivrés.

L'équipage de pont sera bivouacqué derrière le 6ᵉ corps et en avant de l'infanterie de la garde Impˡᵉ. Le parc central d'artillerie sera en arrière de Beaumont.

L'armée de la Moselle prendra demain position en avant de Philippeville. Mʳ le Comte Gérard la disposera de manière à pouvoir partir, après demain 15, à 3 heures du matin, pour rejoindre le 3ᵉ corps et appuyer son mouvement sur Charleroi, suivant le nouvel ordre qui lui sera donné, mais le Général Gérard aura soin de bien garder son flanc droit [et en] avant de lui sur toutes les directions de Charleroi et de Namur.

Si l'armée de la Moselle a des pontons à sa suite le Général Gérard les fera avancer le plus possible afin de pouvoir en disposer.

Tous les corps d'armée feront marcher en tête les sapeurs et les moyens de passage que les Généraux auront réunis.

Les sapeurs de la garde Impériale, les ouvriers de la Marine et les ouvriers de la réserve marcheront après le 6ᵉ corps et en tête de la Garde.

Tous les corps marcheront dans le plus grand ordre et serrés, dans le mouvement sur Charleroi, on sera disposé à profiter de tous les passages pour écraser les corps ennemis qui voudraient attaquer l'armée ou qui manoeuvreraient contre elle.

Il n'y aura à Beaumont que le grand quartier général aucun autre ne devra y être établi et la ville sera dégagée de tout embarras. Les anciens règlements sur le quartier général et les équipages, sur l'ordre des marche, la police des voitures et bagages et sur les blanchisseuses et lavandières seront remis en vigueur. Il sera fait à ce sujet un ordre général. Mais en attendant les Généraux commandant les corps d'armée prendront des dispositions en conséquence. Monsieur le grand prévôt de l'armée fera exécuter ces règlements.

L'Empereur ordonne que toutes les dispositions contenues dans le présent ordre, soient tenues secrètes par les Généraux.

> Par ordre de l'Empereur
> Le Maréchal d'Empire,
> Major Général
> (Signé) Duc de Dalmatie
> P.C.C. à l'original communiqué
> par le comdᵗ du Casse en juin 1865.
> Le commis chargé du travail
> [D. Huguenin]

Gros & Delettrez, Autographes & Manuscrits, 17 May 2006, Lot 166

Ordres préparatoires à la bataille de Waterloo

Ensemble de quatorze documents comprenant ordres, rapports et notes dictés par Napoléon concernant les prises de décisions pour l'Armée du Nord en vue de sa formation et de son établissement dans différentes places quelques jours avant l'ultime bataille de Waterloo. Les ordres sont corrigés de la main du Maréchal Soult et dictés par Napoléon 1er.

2ème document : Ordre du jour daté du 13 juin 1815. Double feuillet entièrement manuscrit. Il est signé de la main du Maréchal Soult, « Duc de Dalmatie », et précédé de la mention importante « Par ordre de l'Empereur. 4 pages in-folio. . Le rapport est titré « Position de l'armée le 14 », et il a été écrit depuis « Le Grand quartier Général à Beaumont ». Il y est décrit les positions que doivent prendre les différents corps et principalement autour de Beaumont, Charleroi et près de la frontière pour la garder. Pliures. Légère tâche d'encre.

~~~

Le G^{al} d'Hastrel s'entendra avec le Gal Fririon et M. Salamon pour que l'on me propose des ordres pour l'exécution de toutes ces dispositions. Le G^{al} d'Hastrel ira chez ces deux chefs de d^{on} le 15 juin

Avesnes le 13 juin 1815.

Monsieur le Maréchal, M. le Lieutenant général Comte Frère, Commandant la 16e div^{on} m^{re} a du adresser à votre Excellence l'État de la composition des garnisons des places de la 16e div^{on} m^{re} telle que je l'ai arrêtée de concert avec lui.

M. le Général Leval n'ayant pas encore exécuté l'ordre qui lui avait été donné par le Gal Frère d'envoyer de Dunkerque un bataillon de gardes nationales à Gravelines, je viens de lui en réitérer l'ordre en le rendant responsable de l'exécution de ce mouvement. Je le charge aussi de faire passer à [Bergens] les troupes qui doivent en former la garnison en les tirant de celle de Dunkerque, et de prendre toutes les mesures pour assurer la défense de cette Place.

Je donne l'ordre au 5e bataillon d'[Eure] du dépa^t de Seine et Marne qui vient de partir de Condé pour Valenciennes, de continuer sa marche sur Aire où il tiendra garnison; et à un bataillon de Gardes Nationales de ceux qui se trouvent à Laon, d'en partir sur le champ, pour aller tenir garnison à Bethune.

Je réitère aussi l'ordre aux 1er et 2e bat^{ons} de partir de Soissons pour se rendre, à marches forcées, à St Omer où ils tiendront garnison. J'ai en outre ordonné au 4e bataillon de l'Yonne qui était à [Landrein], d'aller tenir garnison au Quesnay.

Je prie votre Excellence de prendre des mesures pour qu'il soit pourvu sans délai au complétement des garnisons de Laon, Vitry, Soissons et de toutes les places de la Somme et je l'engage à me tenir informé des dispositions qu'elle aura prescrites à cet égard.

Recevez, prince, l'assurance de ma plus haute considération.

Le Maréchal d'Empire Major Général Duc de Dalmatie

M. le Maréchal
Prince d'Eckmühl
Ministre de la Guerre

Avesnes, le 13 juin 1815.

Le M^{al} duc de Dalmatie, major g^{al}, au Lt Gal Cte Girardin

Je vous préviens, Général, que l'Empereur vous a désigné pour remplir les fonctions de Chef de l'État-major général de la cavalerie sous les ordres de M^r le M^{al} Cte de Grouchy, commandant en chef de cette arme.

Je demande au Ministre de la Guerre vos lettres de service en cette qualité; en attendant leur expédition, la présente vous servira de titre provisoire.

Le M^{al} d'Empire major général;
(Signé) Duc de Dalmatie
P.C.C. à l'original communiqué par le comd^t du Casse en juin 1865.
Le commis chargé du travail D. Huguenin

—∼∼∼—

Il remplira les fonctions de chef de l'État-major g^{al} de la cavalerie de l'Armée du Nord, sous les ordres du M^{al} Grouchy

Vu. Le Conservateur des archives du Dépôt de la Guerre

Copie d'une lettre écrite au Gal Gazan par le M^al Soult

Avesnes le 13 juin 1815

À M^r le Lieut^t Gal Comte Gazan

Je vous préviens M^r le Comte, que l'armée va entrer en opérations, en se portant sur la Basse Sambre, en conséquence il ne serait pas extraordinaire que l'ennemi essayat quelques insurrections et n'envoyat des parti[es] dans les dép^ts du Nord, et du pas de Calais, vous devez vous mettre en mesure de déjouer toutes ses tentatives. Les garnisons des places, surtout celle de Lille étant fortes, vous pouvez en tirer quelques détachements pour tenir le pays, y faire régner le bon ordre et repousser ses agressions.

Si notre mouvement réussit, l'Empereur pense que le corps que vous aurés formé en tirant des garnisons une partie des troupes, vous mettrait à même de vous porter en avant et d'entrer dans le pays ennemi, en ayant soin d'agir avec toute la prudence et les précautions nécessaires.

Il y à un corps de partisans a [Cassel] vous pouvez le jetter en Belgique, lorsque vous le jugerés convenable, l'intention de Sa Majesté étant de disposer en tems et lieu d'une partie des garnisons pour former le blocus des places de la Belgique, et y tenir campagne vous devez vous préparer a l'exécution de ces ordres, en formant et organisant deux bonnes batteries pour les troupes qui seroient destinées à entrer en campagne

Je vous prie de me rendre compte de toutes vos opérations par de fréquents rapports.

Le M^al d'Empire Major Gal Duc de Dalmatie signé

P.S. Je vous prie Général de tenir le plus grand secret sur les dispositions de cette lettre.

Pour Copie Conforme le Lt Gal Command^t en chef la ligne de la Somme et les places du nord Cte Gazan

June 13

Soult to Napoléon

Report mentions a squadron leader who has lost confidence in his colonel.

Gros & Delettrez, Autographes & Manuscrits, 17 May 2006, Lot 166

Ordres préparatoires à la bataille de Waterloo

Ensemble de quatorze documents comprenant ordres, rapports et notes dictés par Napoléon concernant les prises de décisions pour l'Armée du Nord en vue de sa formation et de son établissement dans différentes places quelques jours avant l'ultime bataille de Waterloo. Les ordres sont corrigés de la main du Maréchal Soult et dictés par Napoléon 1er.

3ème **document** : Rapport pour l'Empereur daté du 13 juin 1815 et écrit d'Avesnes. Double feuillet à en-tête. 1 page in-folio. Ce rapport manuscrit est signé par le Maréchal Soult. Le document fait mention d'un chef d'escadron nommé Milet à qui son commandant, le colonel Jacqueminot, semble ne faire aucune confiance. Le colonel propose que le chef d'escadron « soit renvoyé au dépôt, ou dans ses foyers » en raison des doutes qu'il inspire et sur la conduite qu'il pourrait tenir pendant les combats à venir. Le colonel propose le Capitaine Combe pour le remplacer.

Artillerie
Armée du Nord
Gal Ruty

Rapport sur la Situation

De l'artillerie de l'armée à l'époque du 13 juin 1815.

———•———

Matériel

Batteries

Le nombre des batteries qui se trouvent en ligne, est de 51, dont 22 à pied, 18 à cheval, & 11 de réserve.

Ces 51 batteries forment ensemble 370 bouches à feu dont 116 sont attachées à la garde, & 254 à l'armée.

Les bouches à feu ont à leur suite un approvisionnement simple, dont la force moyenne est d'à peu près 200 Coups par pièce ; et tout ce matériel est en très bon état de service.

On ne comprend point dans ce Calcul une batterie à pied formée à Ste Menchould pour une division de gardes nationales qui devoit faire partie du 6e Corps, cette batterie n'ayant point encore rejoint le 6e Corps.

Parcs.

Trois parcs ont dû être formés à la suite de l'équipage :

- Le 1er, de 200 voitures, à Lafère, pour l'armée.
- Le 2e de 100 voitures, à Vincennes, pour la garde
- Le 3e de 154 voitures, à Vincennes, pour l'armée.

Ces trois parcs renferment ensemble un demi approvisionnement pour toutes les bouches à feu, & 1,444,000 cartouches d'infanterie.

Le 1er Parc a mis en mouvement, le 10 de ce mois, au moyen de ses trains de poste, 100 voitures, qui sont en ce moment parquées sur le glacis en avant d'avesnes. Sur les 100 voitures restant à Lafère, 75 pourront être mises en mouvement du 12 au 13, et les 25 dernières du 16 au 17 ; au moyen des remontes d'artillerie qui doivent s'effectuer dans cette place. Des ordres sont donnés pour que les deux dernières positions du parc de Lafère suivent le mouvement de la première, et la rejoignent le plutôt possible.

Le matériel du 2e, ainsi que celui du 3e parcs sont formés ; mais leur mouvement est subordonné à l'arrivée à Vincennes des soldats nécessaires pour prendre les chevaux destinés à les atteler. Cette arrivée paroit devoir éprouver des délais considérables, le Ministre de la guerre étant obligé de faire venir les soldat en question des dépôts actuellement stationnés en Alsace, parceque celui de Troyes, sur lequel on avait d'abord compté, n'a pu les fournir.

Ainsi l'armée n'a en ce moment à sa suite, en outre de l'approvisionnement simple des bouches à feu, et d'environ 20 cartouches par homme que transportent les caissons des batteries, qu'une réserve d'environ le neuvieme de l'approvisionnement simple de ses bouches à feu, en — 300,000 cartouches d'infanterie.

D'après cela, S.M. jugera peut-être convenable de faire provisoirement mouvoir les deux parcs restés à Vincennes par des chevaux de réquisition, jusqu'à ce que les trains d'artilleries qui leur sont destinés puissent être formés. Ce parti seroit d'autant plus convenable qu'il permettroit de porter des approvisionnemens mobiles sur la meuse, où les dépôts permanans sont en petit nombre et ne se trouvent point encore organisés.

Le matériel de tous les parcs est en très bon état.

La situation des dépôts permanans fera l'objet d'un rapport particulier.

Equipage de ponts.

L'armée a deux équipages de ponts, l'un formé à Guise, de 30 pontons en cuivre et 10 bateaux d'avant-garde ; l'autre, de 30 pontons, à la suite de l'armée de la Moselle.

Ce dernier équipage marche avec l'armée de la Moselle ; le premier a dû partir hier de Guise ; mais son mouvement est subordonné à l'arrivé d'une remonte de 350 chevaux faite à Donay pour son service. Le g^{al} jouffroy, chargé de cette remonte, avoit donné l'assurance qu'elle seroit rendue, au moins pour moitié, dès le 11 ; et que le surplus arriveroit le 12 à Guise pour y prendre l'équipage. J'apprens par un officier, qui a quitté Guise hier matin, qu'alors il n'y étoit encore rien arrivé de la remonte. Trois autres officiers ayant été envoyés hier et aujourd'hui sur Guise, dont un de Laon, et 2 d'avesnes, je pense recevoir des nouvelles positives du mouvement de l'équipage avant la nuit.

Les bateaux et pontons de l'équipage de Guise sont dans un état satisfaisant. Les baquets ont en général besoin de grandes réparations. On a demandé le remplacement à neuf de la moitié de ces voitures. Je n'ai point encore reçu le rapport de détail que j'ai demandé sur l'équipage de l'armée de la Moselle ; mais cet équipage ayant été formé à l'arsenal de Metz, où il y avoit des ressources pour une semblable opération, il est vraisemblable qu'il se trouve en bon état.

Personnel.

hommes

Les compagnies de Canonniers n'ont que le nombre d'hommes stricte-ment nécessaire pour servir le nombre de bouches à feu dont se composent les batteries. Les Compagnies à cheval arrivent même à peine à ce nombre. Les premières pertes que l'on [fut] obligeront donc de diminuer le nombre de bouhes à feu de la ligne, si l'on ne prend des mesures pour en assurer le remplacement. J'ai appellé plusieurs fois l'attention du Ministre de la guerre sur cet objet. Les Canonniers sont en général bons, bien tenus, et suffisamment instruits.

Les Compagnies de pontonniers sont assez fortes pour faire le service des équipages de ponts de l'armée. Elles sont bien tenues et bien disciplinées.

Les compagnies de train n'ont qu'un soldat pour 2 chevaux. Il n'y a peut-être pas 30 soldats démontés sur tout l'équipage. Il résultera néces-sairement de cet état de choses des embarras et des inconvéniens pour le service dès le début de la Campagne. Les anciens soldats du train sont en général bons et bien tenus. Les nouveaux, qui forment la plus grande partie de ce personnel, on très peu d'expérience, et peu de bonne volonté. 600 environ de ces derniers, fournis par les corps de la ligne, se trouvent totalement dépourvus d'habillement. Ce dénuement d'objets de première nécessité en a déjà fait déserter plusieurs ; et il est à craindre que la même cause en fasse de perdre un beaucoup plus grand nombre lorsque l'état de guerre la rendra plus pénible. Sur mes représentations réitérées à ce sujet, le Ministre de la guerre a accordé 500 habillemens complets. 50 seulement ont été fournis et vont être distribués ; j'ignore quand arrivera le surplus.

Les postillons employés à l'équipage d'artillerie non mais Capottes ni marteaux. Je crois indispensable de leur en fournir si on veut les conser-ver. Je propose de prendre à cet effet 200 capottes des cavaliers dans les magasins de l'armée pour les donner aux postillons dont il s'agit ; sauf à leur retenir ensuite la valeur de ces Capottes dans leur solde journalière.

Chevaux

Les chevaux n'existent dans les diverses parties de l'équipage d'ar-tillerie qu'à raison de 4 1/2 à peu près par voiture. Cette proportion, qui est insuffisante, mettra dans le cas d'abandonner des voitures dès que les pertes de chevaux deviendront tant soit peu considérables. Les chevaux sont en général de bonne qualité, et bien harnachés.

Résumé.

L'équipage entrant en Campagne est de 370 bouches à feu pour les batteries, et de 70 pontons ou bateaux pour les ponts.

Le matériel de cet équipage, à l'exception d'une quinzaine de baquets à pontons, est en bon état.

L'effectif en hommes (à l'exception des pontonniers) ainsi qu'en chevaux, ne présentant que le nombre des uns et des autres strictement nécessaire pour assurer le service en entrant en Campagne ; l'équipage ne peut se soutenir sur le pied actuel si l'on ne pourvoit à des moyens de recrutement.

Dans les Compagnies de cononniers et de pontonniers l'espèce d'hommes est bonne; les individus sont bien tenus et suffisamment ins-truite. Les Compagnies du train se composent, à peu près par moitié, d'anciens soldats, bien tenus et convenablement instruits, et d'hommes nouveaux, sans instruction et de peu de bonne volonté. Il manque, pour habiller ces derniers, un peu plus de 500 habillemens complets, qu'il est instant de fournir si on veut obtenir un service quelconque des hommes à qui ils sont dûs.

Les chevaux sont de bonne qualité et bien harnachés.

Au quartier-général d'avesnes, le 13 juin 1815.

Le Lieut^t Gal Command^t en chef l'art^{ie} de l'armée.

le Cte Ruty

———∾∾———

au moment où je termine ce rapport, je reçoit la nouvelle que l'équipage de pont arrivera ce soir à avesnes, conduit en partie par des chevaux d'artillerie, et en partie par des chevaux de réquisition.

Rapport

Sur les dépôts permanens à former sur la ligne de la Meuse, pour l'approv de l'armée.

———————

On suppose qu'il suffira d'avoir dans les dépôts permanent de la meuse 25 cartouches par homme et un tiers d'approvisionnement pour les bouches à feu ; parceque cet apprtovisionnement, joint à celui que transportent les caissons d'infanterie de l'armée et les caissons à canons du parc, donnera environ 50 cartouches par homme et un demi-approvisionnement de recharge pour les bouches à feu sur la ligne de la meuse, dans le cas où l'armée y porteroit ses opérations.

Dans cette hypothèse, il faudroit réunir dans les dépôts permanens de la meuse 2,500,000 cartouches d'infanterie, & 24,000 coups de canon.

Les trois seuls points où ces dépôts puissent être établis sont Mezières, Givet et Philippeville.

On propose de distribuer l'approvisionnement projetté entre ces trois points de la manière suivante :

à Philippeville	6000 coups de canon	& ...	500,000 cart. d'inf'ie
à Givet	9000 id	& ...	1,000,000
à Mézières	9000 id	& ...	1,000,000
Totaux	24,000 coups de canon ..	& ...	2,500,000 cart. d'infie

Pour former ces dépôts sans diminuer celui d'avesnes, que l'on pense devoir laisser intact, on propose :

1º d'ajouter au dépôt de philippeville, qui, d'après les dispositions précédemment prises doit être de 4000 Coups de Canon, 2000 Coups de Cannon, et 5000 000 Cartouches d'infanterie tirés de Lafère.

2º d'ajouter au dépôt de Givet, où l'on a déja donné des ordres our 4000 Coups de Canon, 5000 Coups de Canon tirés Soissons, et 1,000,000 de Cartouches d'infanterie, tiré, à moitié de Lafère & moitié de Soissons.

3º de former à Mézières l'approvisionnement indiqué pour cette place en tirant les munitions à Canon de Chateau Thierry, et les

Cartouches d'infanterie, moitié de cette dernière place, et moitié de Laon.

4° On feroit remplacer par le produit des constructions de Donay ce que l'on prendroit dans la place de Lafère, et par celui des Instructions de Vincennes ce que tireroit de Soissons, Laon et Chateau Thierry, pour approvisionner la ligne de la Meuse.

Pour pouvoir exécuter ces dispositions, il faudroit fournir aux places de Givet et philippeville les fonds qu'exigent les commandes qui y ont été faites, lesquels ne se monteroient pas à plus d'un millier de francs pour chacune de ces place ; et faire effectuer par l'administration des transports, ou par réquisition, les mouvemens indiqués. Cette derniere voie seroit la plus courte, et pourroit permettre d'effectuer l'approvisionnement des places de la Meuse dans un délai de six à sept jours ; l'autre exigeroit deux ou trois jours de plus.

Avesnes le 13 juin 1815.

Le Lieutenant Général Commandant en chef

l'art de l'armée ./

le Cte Ruty

———~~~———

13 juin 1815

Instruction provisoire

Pour les commandants de la force publique détachés aux corps d'armée

Le service de la gendarmerie de force publique consiste principalement,

À maintenir l'ordre dans le grand quartier général, dans les camps, les cantonnements, et sur les routes

À escorter l'ensemble des bagages et des équipages

À faire réunir les prisonniers de guerre

À faire transporter les blessés et enterrer les corps morts

À rallier les fuyards dans les combats, et à faire parvenir des cartouches aux corps qui en manquent

À maintenir l'ordre dans les défilés et à indiquer les passages

À faire de fréquentes patrouilles autour des camps, des cantonnements et sur les derrières pour y empêcher le désordre, la maraude, y arrêter les traîneurs, les vagabonds, les espions et les gens sans aveu, qui suivent l'armée, et à y prévenir les incendies par l'éloignement et l'extinction des feux, enfin à y empêcher les devastations de toute espèce

À surveiller la qualité des vivres et fourrages, à en protéger l'arrivage et les distributions et à prévenir le pillage des magazins.

À surveiller également les employés subalternes des administrations les vivandiers, les blanchisseuses, les domestiques et à arrêter ceux qui ne seraient pas munis de leur livret ou carte de sureté.

À faire le service de la Prévôté

À conduire les prisonniers de guerre, les prisonniers d'état, les prévenus et les condamnés

À faire respecter les postes aux chevaux et les maisons ou propriétés qui sont spécialement désignées par le général en chef et sur son ordre par écrit

À faire respecter les fonctionnaires, les magistrats et à leur prêter main forte dans l'exercice de leurs fonctions

À surveiller les routes et les chemins pour en empêcher l'obstruction et en prévenir les dangers

Enfin à faire le service ordinaire et extraordinaire dont elle est réquise et qui fait partie de ses attributions institutives.

Le Commandant de la gendarmerie reçoit directement les ordres du général en chef ou du chef de l'état major général du corps d'armée.

Défenses sont faites par l'Empereur à tout individu de la gendarmerie de conduire des chevaux de mains ou de servir de palfrénier à qui que ce soit, sous peine de dégradation. Défenses lui sont également faites de suivre, comme ordonnance permanente aucun général, officier de troupe ou de l'administration de l'armée sous peine d'être mis à pied.

Avesnes le 13 juin 1815.

Le Lieutenant général commandant en chef de la gendarmerie grand
Prévôt B Radet

Avesnes le 13 juin 1815.

À Monsieur le Lieutenant général Comte Monthion Chef de l'État Major Général

Monsieur le Comte,

J'ai l'honneur de vous informer que je n'ai encore rien reçu d'officiel sur la demande que j'avais formée de quatre officiers pour l'état major de la grande Prévôté.

Je ne puis donc monsieur le Comte, vous donner d'autres états de situation des officiers de mon état major, que celui de mes aides de camp et d'un interprête dont les noms suivent

M[al] Mr De Beaufort, chef d'escadron : cet officier était employé à l'état major de la 9e don mre et doit être en route pour me joindre, d'après les ordres directs, qu'il a reçu de S.E. le Ministre de la guerre

M[al] Mr Granier, Lieutenant de cavalerie : Cet officier sert près de moi depuis le 8 juin 1815

M[al] Mr Junck, Sous-Lieutenant de cavalerie : Cet officier sert près de moi en qualité d'interprête de la grande Prévôté, du consentement de S.E. le Ministre de la guerre, dont j'attends la lettre de service que j'ai sollicité pour cet officier

J'ai l'honneur de vous adresser ci-joint l'état sommaire de la situation de la gendarmerie de la force publique de l'armée du Nord.

J'ai l'honneur de vous informer que n'ayant pas un seul officier à envoyer dans les corps d'armée, je prends le parti de faire partir aujourd'hui quatre détachements composés chacun d'un Maréchal intelligent qui le commande, de deux brigadiers et douze gendarmes. J'envoie ces détachements aux premier, second, troisième et sixième corps d'armée et je préviens Mrs les généraux qui commandent en chef qu'ils recevront les officiers de gendarmerie, que chacun doit avoir, pour composer la Prévôté de son corps d'a[rmée] dès que ceux que j'ai demandé seront arrivés à l'armée.

Je vous prie monsieur le Comte d'insister près de S.E., le Major général, pour que les officiers que j'ai demandé par mon rapport du   me soient envoyés de suite par mr le Duc de Rovigo, à qui j'ai eu l'honneur d'en écrire.

Je vous prie également Monsieur le Comte d'agréer le nouvel hommage de ma haute considération et de mes sentiments affectueux

B Radet

Gendarmerie impériale

Situation du détachement composant la force publique de l'armée, à l'époque du 13 juin 1815.

Colonel : 1
Chef d'escadron : 1
Capitaines : 2
Lieutenants : 2
M^{aux} des logis : 12
Brigadiers :. 25
Gendarmes : 159
Gendarmes trompettes : . . 2
Total :. 204

Certifié par le Lieutenant général commandant B Radet

À Monsieur Monsieur le Lieutenant Général Comte Monthion Chef de l'État Major Général à Avesnes le grand Prévot B Radet

———∽∾∽———

Quartier-Général à Avesnes le 13 juin 1815.

Mon cher Camarade,

Je vous préviens que, d'après les intentions de l'Empereur, je donne ordre à l'ordonnateur de la 2ᵉ dᵒⁿ militaire de faire fournir par les Départements qui composent cette division le pain et les denrées de toute espèce, telles que riz, légumes secs, eau de vie, et viande sur pied, nécessaires à une consommation journalière de cent [mille] rations.

Les envois partant de ces départements suivront la ligne de Rheims, Rhethel, Mézières, Rocroi et Philippeville, ils pourront prendre directement de Rhethel sur Rocroi.

Cette masse d'approvisionnemens qui se réunira à Philippeville servira d'abord à alimenter les troupes du 3ᵉᵐᵉ corps et l'excédent des denrées et des bestiaux pourvoira à la consommation des divers corps d'armée suivant la direction que je lui donnerai.

Je donne aussi ordre au commissaire des guerres de la place de Philippeville de pousser par tous les moyens possibles la fabrication du pain de manière à ce qu'avec les secours qu'il recevra des places de la 2ᵉᵐᵉ division mʳᵉ il ait constamment un approvisionnement de cent mille rations.

Recevés, Mon cher Camarade, l'assurance de ma considération distinguée et de mon sincère attachement

l'Intendant Général
Daure

Mʳ l'ordonnateur en chef du 3ᵉ corps d'armée à Philippeville

———— ∼∼∼ ————

Mon Prince,

J'ai l'honneur d'annoncer à Votre Altesse que la 2e compagnie de sapeurs du génie est envoyée à la 6e division d'infanterie dont elle fera désormais partie ainsi que les officiers qui la commandent.

J'ai l'honneur d'être avec le plus profond respect, Mon Prince, de Votre altesse impériale le très humble et très obéissant serviteur et le lieutenant général chef de l'état major g^{al} du 2e corps Baron Pamphile Lacroix

Solre sur Sambre le 13 juin 1815

Le capitaine du génie Leroux Douville a reçu l'ordre de se rendre à votre quartier général pour être employé dans la 6e division

Armée de la Moselle

Au Quartier général à Rocroi le treize Juin 1815.

à Son Excellence
Le Maréchal Duc de Dalmatie,
Major Général,   à Avesnes

Vu

Monseigneur,

Je reçois la dépêche de Votre Excellence en date du douze de ce mois.

la division Bourmont est en marche pour se rendre de Mézières à Rocroi elle continuera sa marche et se portera aujourd'hui à Chimay et, demain quatorze, à Beaumont.

la division Pêcheux qui arrive à Rimogne reçoit l'ordre de continuer sa marche pour se porter également aujourd'hui à Chimay et, demain quatorze à Beaumont.

la division Vichery qui arrive à Mézières se portera aujourd'hui à Rimogne. Elle arrivera, demain quatorze, par Chimay sur beaumont.

la Sixième division de Cavalerie aux ordres du Lieutenant Général Maurin est en marche pour se rendre à Sedan. Elle recevra ce matin l'ordre de continuer de marcher et arrivera aujourd'hui treize à Mézières et, demain quatorze, par Rocroi, en avant de Chimay.

le parc de l'Armée arrive ce matin à Stenay. Il recevra l'ordre de Continuer sa marche aujourd'hi et de l'accélérer pour arriver le plutôt possible à Rocroi, où il trouvera de nouveaux ordres pour me rejoindre.

Ainsi que le prescrit Votre Excellence, je joindrai le troisième corps d'armée commandé par le Lieut^t Général Comte Vandamme et je me formerai en deuxième ligne, un peu en arrière de lui.

Je prie Votre Excellence de se faire remettre sous les yeux l'ordre qu'elle m'a adressée, le cinq Juin, pour le mouvement de l'armée de la Moselle.

elle verra qu'il m'a été prescrit de faire partir d'abord mes divisions d'Infanterie, de faire suivre par le parc d'artillerie les divisions d'Infanterie et enfin de ne faire partir la cavalerie que la dernière.

en me conformant à cet ordre, qui n'a été modifié que par la dépêche de Votre Excellence en date du douze que je viens de recevoir, il est evident que l'armée de la Moselle ne pouvait avoir, le treize Juin à Rocroi, que sa tête et ne pas y être réunie.

Cependant, elle sera demain, conformément aux intentions de L'Empereur, près de beaumont, formant la deuxième ligne du troisième corps d'armée. La sixième division de Cavalerie qui d'après l'ordre du cinq, aurait dû, jusqu'aujourd'hui, marcher après le parc, sera, demain quatorze rendue à chimay.

Votre Excellence ayant reçu mon rapport, daté de Metz, le dix Juin, sera déja informée que l'Armée de la Moselle avait accéléré sa marche, depuis le onze et cela uniquement parceque le Général Gressot m'annonça qu'il portait l'ordre au Général Delort de hâter son mouvement.

Je prie Votre Excellence d'agréer l'hommage de mon Respect.

Le Lieut^t Gal Comd^t en chef

Cte Gérard

—— ∼∼∼ ——

Paris, le 13 Juin 1815.

Renvoyé à Mr Besson pour me faire un rapport; il recherchera toutes les [preuves] 14 juin

Monsieur le Maréchal,

le Préfet de la Meuse faisait surveiller plusieurs individus de Stenay dont les opinions et l'influence lui paraissaient dangereuses sur cette frontière.

En vertu d'un ordre qu'on dit être émané de Votre Excellence, le 24 Mai dernier, le Lieutenant de Gendarmerie de Montmédy, à la tête de 400 hommes, s'est rendu aux portes de Stenay, dans la nuit du 28 au 29 du même mois, pour arrêter 22 habitants de cette place : 19 ont été pris; les 3 autres étaient absouts. On a saisi leurs armes et leurs papiers dans lesquels on n'a trouvé que deux lettres assez insignifiantes.

L'autorité administrative n'a point été appelée à concourir à cette opération dans une ville qui n'était pas en état de siége; elle n'a pas même été prévenue.

Votre Excellence ne pensera-t'elle pas avec moi que l'officier chargé de ses ordres, aurait pû, dans les convenances des attributions respectives et dans l'intérêt de la bonne intelligence entre les autorités, se concerter avec le Préfet pour l'exécution? Je me borne à lui soumettre cette observation; et je la prie de me faire connaître son opinion.

Veuillez agréer, Monsieur le Maréchal,

l'assurance de ma haute considération.
Le Ministre de la police générale Fouché
À S. Ex. le Ministre de la Guerre

Laon, le 13 juin 1815.

Classer

Monseigneur,

J'ai reçu la lettre de Votre Excellence du 9 de ce mois, par laquelle elle me fait l'honneur de me prévenir que M^r le Lieutenant général Gazan nommé par Sa Majesté au Commandement en chef de la défense des places des 1ere 15e et 16e divisions militaires.

Je m'empresserai de seconder de tous mes moyens M. le Général, en ce qui concerne les ordres qu'il croira convenable de donner.

Je suis avec respect, Monseigneur, de Votre Excellence, le très humble et très obéissant serviteur le Préfet B^{on} [Denicourt]

Son Excellence le Ministre de la Guerre

—∾—

Mézières le 13 juin 1815.

À Son Excellence le ministre de la Guerre

Bureau du mouvement des troupes

Monseigneur,

J'ai l'honneur de rendre compte à Votre Excellence que les trois dernières compagnies du 3ᵉᵐᵉ bataillon du 12ᵉᵐᵉ léger fortes de 302 hommes sont parties de Châlons le 10 de ce mois pour rejoindre les bataillons de guerre à avesnes.

Ces compagnies, à l'exception de 150 hommes, auxquels il n'a point été délivré d'habits étaient munies de tous les effets de grand et petit équipement et les habits qui manquent seront éxpédiés par le Dépôt avant dix jours.

Ci-joint, Monseigneur, un etat de situation sommaire de la force et de la composition de ces compagnies.

Je suis avec le plus profond respect, Monseigneur,
de Votre Excellence le très-humble et très obéissant serviteur
le Lieutᵗ gᵃˡ commandᵗ la division
Cᵗᵉ Dumonceau

———— ✦ ————

12ᵉ régiment d'infanterie légère

Situation sommaire des trois compagnies du 3ᵉ bataillon parties de Châlons le 10 juin pour se rendre au 2ᵉ corps d'observation savoir :

Officiers : 9
Capitaines : 3
Lieutenants : 3
Sous Lieutenants : . . 3
    Troupe : . . . 302
Adjudant : 1
Musicien : 1
Sergents majors : . . 3
Sergents : 12
Fourriers : 3
Caporaux : 24
Tambours : 6
Chasseurs : 252
Total de l'effectif : . 311

> Tous les sous officiers et soldats étaient pourvus au moment de leur départ, des effets de grand et petit équipement et d'habillement, voulus par les reglements, à l'exception de 150 soldats auxquels il n'avait pas été distribué d'habits qui seront envoyés sous dix jours aux batons de guerre

Certifié par nous Major Commandant le dépot la présente situation présentant un effectif de neuf officiers et de trois cent deux sous officiers et soldats.

Chalons le 10 juin 1815.

Maingarnaud
pour copie conforme
l'adjudant commandant
chef de l'état major de la 2ᵉ dᵒⁿ mʳᵉ

Valenciennes le 13 juin 1815.

À Son Excellence Monseigneur le Duc de Dalmatie Major Général de l'armée

Monseigneur,

J'ai l'honneur d'adresser à Votre Excellence l'état de l'armement de Valenciennes, avec un plan croquis de la place, indiquant les ouvrages de fortifications et les lignes de feu des batteries. Veuillez me pardonner, s'il n'est pas mieux soigné, il a été fait en toute hate, pour vous être envoyé de suite.

Quarante conscrits sont constamment occupés à réparer le matériel et à confectionner les effets manquants; car le matériel existant n'est pas de grande resistance.

J'ai l'honneur d'être, Monseigneur, Votre très humble et très obéissant serviteur le Colonel Directeur d'artillerie le [ch^er] Lavoy

—~~—

Followed by a detailed table on Valenciennes'
artillery and a map of the city, which have not
been transcribed

Au q^{er} g^{al} à Ha[n]tes le 13 juin 1815 à 7 h^{es} du soir

Mon Cher Colonel

M^r le Lieutenant Général Comte de Piré Commandant la 2e d^{on} de cavalerie du 2e corps a pris connaissance de la lettre que vous avez écrit à M^r le M^{al} de camp Huber; M^r le Comte de Piré me charge de vous dire qu'il va faire la visite de la ligne sur le point que vous lui désignez et particulierement de la ferme de Dansonprenne qu'après le rapport qui lui sera fait il la fera occuper convenablement s'il trouve que cela soit nécessaire.

Je vous prie d'agreer, Monsieur le Colonel, l'assurance de ma parfaite considération. Le Chef d'État major de la 2e d^{on} Bon Rippert

Monsieur l'adj^t com^{dt} Sarlot
Chef d'État m^{re} de la 6e div^{on} à Montignet

—◦∾◦—

Lille le 13 juin 1815

Monsieur le général,

Je viens de prendre connaissance du décrèt impérial du 25 mai que vous me faites l'honneur de me communiquer seulement aujourd'hui et dont la signification aurait dû m'être faite, je pense, même avant la prémière séance de la commission de haute police institué par l'article 4 du dit décrèt. Cette marche eut été plus réguliere; puisque dans les places en État de siège qui font exception à toutes les loix et réglements particuliers, rien de cc qui tient, tant au service militaire intérieur et extérieur des places dans le rayon indiqué par les décrèts et reglements sur l'état de siège, que dans ce qui concerne la police dans l'interieur et dans le même rayon extérieur des dittes places ne peut être ni ordonné, ni exécuté, qu'en vertu des dispositions faites par les dits gouverneurs nommés et patentés par S.M. Soult responsable des places qui leur sont confiées.

Vous voyés, Monsieur le général, que d'après les principes que je viens d'établir et qui sont consignés dans le décrèt du 24 décembre 1811 qui sert de regle aux gouverneurs des places faites dans les divers états de paix, de guerre et de siège, je ne pense pas qu'aucun des articles du décrèt impérial du 25 mai dernier même l'article 7 puissent être applicables au chef de l'autorité militaire dans une place en État du siège.

Après avoir établi des principes dont j'espère vous reconnaîtrés l'évidence, je dois vous dire que rien de ce que je pourrai faire pour contribuer au succès de vos importantes opérations ne sera négligé, nous les concerterons ensemble, avec nôtre cher et estimable camarade le comte Frère, et aussi avec M^r le préfet dont nous connaissons les talents et le zèle pour le service de S.M.I. ainsi Monsieur le général, vous pouvéz être assuré que vous ne trouverés en moi qu'un homme dévoué, et qui s'en rapportera souvent à vos lumières pour l'exéution des dispositions que prendra la commission, et qu'elle voudra bien me communiquer.

À présent, je me bornerai à vous prier de vouloir bien me donner connaissance des dénonciations dirigées contre les divers particuliers de cette ville, afin que je puisse les prendre moi-même en considération; de cette manière nous marcherons régulièrement au même but : le salut de la France, le triomphe de nos armées et de l'empereur sur les puissances coalisées, enfin la paix et le bonheur de nôtre chère patrie.

Agréez Monsieur le président et cher camarade, l'assurance de ma très haute considération,

le lieutenant général gouverneur de lille en État de siège

Signé Lapoype

Calais le 13 juin 1815.

À Son Excellence Monseigneur le ministre de la guerre, à Paris.

Monseigneur,

J'ai l'honneur d'informer Votre Excellence qu'il m'a été rapporté hier par un capitaine de batiment marchand arrivant de Douvres, que dans la nuit du 10 au 11 on a embarqué à Douvres pour Ostende, un régiment de vétérans arrivé seulement depuis quatre jours d'amérique en angleterre. Ce régiment fort d'environ 900 hommes, était augmenté d'autant par le grand nombre de femmes et d'enfants qu'il avait à sa suite, ces vétérans étant presque tous mariés.

Ce Capitaine m'a dit encore qu'a la bourse de Londres, plusieurs négociants avaient manifesté hautement leur opinion en faveur de l'Empereur, que l'esprit public est très agité sur le résultât de la guerre qui va commencer, qu'on accuse Lord Castelreagh d'y avoir donné lieu, et que le peuple s'est promis de faire justice de ce Lord, si l'armée anglaise éprouve des défaites.

J'ai l'honneur d'être avec respect,

Monseigneur,

de Votre Excellence
le très humble et très
dévoué serviteur.
Le M^{al} de camp command^t supérieur à Calais
Bon Charrière

P.S. un négociant francais qui arrive de Londres m'apprend à l'instant que les anglais ont embarqué deux cents mille fusils pour France; ce même négociant ajoute qu'on fabrique en angleterre dix huit mille fusils par semaine, et qu'on paye ces armes deux livres sterling chacune.

En passant à douvres, ce négociant a rencontré deux officiers francais, qu'il a reconnu pour avoir fait partie de la garde impériale; ces officiers venaient de la Belgique et on les disait porteur de dépêches pour le duc D'orléans.

Calais le 13 juin 1815.

À Son Excellence Monseigneur le ministre de la guerre à Paris.

Conformément aux ordres de Votre Excellence du 10 de ce mois, je vais ordonner l'embargo le plus rigide, afin de ne laisser absolument rien sortir du port; M^r le Commissaire de marine m'informa hier, qu'il avait reçu cet ordre.

2 – 15 juin. Lui répondre conformément à ma lettre au Commandant de Boulogne dont on lui enverra copie. Quant aux smogleurs il n'y a pas de doute que l'on en abusera et que l'on passera par la des [?] [? d'armes] malveillantes; que je l'engage a prendre des mesures et à se faire remettre les lettres et les journaux [? qu'eux] le maire et les négociants [? ?] calomni[es], lui [donner] leur parole d'honneur de les [?] [fidelement].

Jusqu'à ce jour, des smogleurs anglais venaient de Londres pour apporter des [guinées] à plusieurs négociants; M^r le maire de la ville est venu me prier de laisser continuer d'arriver ces smogleurs pour cette opération qui ne peut que nous être avantageuse, attendu que l'or qui est exporté de l'angleterre, doit nécessairement faire baisser leur change.

J'ai aussi le projet de me servir de smogleurs pour me faire rendre compte des mouvements que pourraient effectuer les ennemis comme aussi de procurer au directeur de la poste, les papiers anglais qu'il est chargé d'envoyer aux différents ministres.

Répondre qu'il pourra donner l'autorisation; il y ajoutera les conditions que le Maire et les premiers habitants montreront du dévouement à la cause de la patrie; enfin qu'il emploie leur influence sur le peuple pour l'électriser et lui rappeler cet amour de la patrie et de l'honneur, dont les habitants de cette ville ont donné dans tous les tems de grandes preuves. Calais est une des villes les plus illustres sous ce rapport. Le M^al

J'ai l'honneur de prier Votre Excellence de me donner ses ordres à ce sujet, et en attendant j'empêcherai l'arrivée des smogleurs.

J'ai l'honneur d'être avec respect, Monseigneur,
de Votre Excellence le très humble et très dévoué serviteur
le M^al de camp Comm^t supérieur à Calais
Baron Charrière

———— ∾∾∾ ————

Classer

Monseigneur,

J'ai l'honneur de rendre compte à Votre Altesse, que Monsieur le Lieutenant général Comte d'Erlon a ordonné le 8 du courant que toutes les embarcations, [macilles], bacs et autres moyens de passage qui existaient sur les rivières, dans l'etendue de son commandement, rentrassent de suite dans les places fortes, avant le 12 du courant. Je n'ai reçu cet ordre qu'aujourd'huy 13 juin et je me suis empressé de le communiquer aux autorités civiles avec ordre de le faire éxécuter, je m'assurerai de son éxécution lorsque j'aurai des troupes.

Ma garnison est encore diminuée par le départ du dépôt du 1er régiment de génie qui se met en route demain 14 pour Amiens il ne me reste plus que

- 1 officier – 59 s. officiers et soldats de la 15e comp^{ie} de canonniers vétérans
- 4 officiers – 76 s. officiers et soldats de la 6me comp^{ie} du 5e d'artillerie à pied
- 7 officiers – 195 canonniers [bourgeois]
- Total 12 officiers – 330 s. officiers et soldats

Je suis avec un profond respect, Monseigneur, de Votre Altesse le très humble et très obéissant serviteur

le Maréchal de camp Command^t supérieur de St Omer B^{on} d'Arnauld

St Omer le 13 juin 1815

Classer

Monseigneur,

J'ai l'honneur d'adresser à Votre Excellence le rapport de la situation de la garnison des places de Givet et Charlemont au 13 du cᵗ.

J'ai fait aujourd'hui commencer l'exercice à feu aux bataillons de la Garde nationale on le continuera jusqu'au 17 inclus, je leur ferai ensuite tirer quelques coups à la sible.

J'ai l'honneur d'être avec respect, Monseigneur, de Votre Excellence le très humble et très obéissant serviteur

le Lᵗ Gᵃˡ Bᵒⁿ Bourke Gᵉᵘʳ des places de Givet et Charlemont

June 14

Sender	Recipient	Summary	Original
Davout	Napoléon et Soult	38 men will leave Versailles for Avesnes on June 15th and will arrive on June 22nd, Itinerary attached.	SHD C15-5
Davout	Soult	Troops will leave Paris for Avesnes on June 15th to join their divisions, with draft.	SHD C15-5
Davout		Itinerary of troops from Paris towards Avesnes on June 15th	SHD C15-5
Davout	Margaron	132 well-equipped men will leave Versailles for Beauvais on June 15th	SHD C15-5
Davout	Margaron	A detachment left Caen on June 11th for Rocroi: keep it in Beauvais when it gets there	SHD C15-5
Davout	Multiple officers	2000 horses of the Gendarmerie will be used by the cavalry	SHD C15-5
Davout	Bourcier	6th squadron of lacners must leave Versailles on the 15th for Beauvais	SHD C15-5
Davout	Bourcier	The 4th corps of artillery must leave on June 15th from Versailles to La Fère	SHD C15-5
Davout	Amiens' Commander	Davout has transferred the royalist print posted in Amiens to the police	SHD C15-5
Davout	Bergues' Commander	Sends a National Guard batallion in Bergues	SHD C15-5
Davout	Bethune's Commander	Backup arrives from the Pas de Calais and the Eure; Bethune's commander must choose men for foreign operations	SHD C15-5
Davout	Hesdin's Commander	Advises him to take precautions against desertion	SHD C15-5
Davout	Hulin	1000 guns will be sent from Soissons to Laon	SHD C15-5
Davout	Frère	Troops must be divided between Dunkerque and Bergues; Dunkerque must give a garrison to Bergues	SHD C15-5
Davout	Gazan	Dunkerque must give a garrison to Bergues	SHD C15-5
Davout	Leval	Dunkerque's garrison will have to insure Bergues' safety	SHD C15-5
Davout	Caffarelli	Detachments of the 84th and 72nd from Paris must leave for Avesnes on June 15th - draft included	SHD C15-5

Sender	Recipient	Summary	Original
Davout	Commissioner Ordonnateur of the 1st division	Provide for the needs of the 84th and 72nd marching to Avesnes.	SHD C15-5
Davout	Caffarelli & Commissioner of the 1st division	Detachment of 4th reg artillerie à cheval will leave Versailles for Beauvais. Ord given itinerary to provide for troops	SHD C15-5
Davout	Cafarelli	132 Lancers of the 6th Regiment to Beauvais.	SHD C15-5
Davout	Cafarelli & ordonnaeur of the 1st division	132 Lancers of the 6th Regiment to Beauvais.	SHD C15-5
Davout	Allix	Has received the June 1st decree of the high police commission	SHD C15-5
Davout	Fouché	A print from Amiens encourages the National Guard to rebel	SHD C15-5
Davout	Dumonceau	Supplies in the Departement of the Marne are running late	SHD C15-5
Davout	Marne's prefect	Supplies in the Department of the Marne are running late	SHD C15-5
Chief de division de Cavalerie	Salamon	Cavalry assembled at Versailles by Bourcier will move to Beauvais	SHD C15-5
Soult - Mouvement 338	Lieutenant Generals of the Army	Send disposition report every evening with officer - the original to Vandamme	SHD C15-5
Soult	Vandamme	Ordre du Mouvement - original sent to Vandamme	SHD C17-193
Soult	Rogniat	Ordre du Mouvement - Copy	SHD C15-5
Soult - Registre 2	Grouchy	Ordre du Mouvement - Copy	SHD C15-5
Soult		Order of movement dated June 14. Note, the auction summary is "amusing," as in wrong.	Private
Soult - Registre 3	Vandamme	Itinerary toward Charleroi should be modified; enemy posted in Jamioulx - Copy	SHD C15-5
Soult - Registre 4	Grouchy	How to approach Charleroi - Copy	SHD C15-5
Soult - Registre 5	Gérard	Prussian troops in Jamignon - Copy	SHD C15-5
Soult	Grouchy	How are the adjutants actually used - Copy	SHD C15-5
Soult	Grouchy	Grouchy will send officers with reports who will return with orders - Copy	SHD C15-5
Soult		Notes dictated by Napoléon.	Private
Daure	Soult	Report: Provisions made upon receiving the order of movement	AF IV 1938

Sender	Recipient	Summary	Original
Topography Svc		Detail of practicable routes, Beaumont to Charleroi	SHD C15-5
Grouchy	Napoléon	Sends a letter from General Pajol with information on the enemy - Copy	SHD C15-5
Grouchy	Soult	Artillery troops are in a deplorable state - Copy	SHD C15-5
Grouchy	Soult	The 4 cavalry corps are missing officers - Copy	SHD C15-5
Grouchy	Soult	Positions of the 4 cavalry corps; Headquarters in Bossus; Rumors of an attack on June 15th - Copy	SHD C15-5
Grouchy	Kellerman	If he had known the positions of the Guard, he would have shared them - Copy	SHD C15-5
Grouchy	Pajol	Pajol must move to Bossus; soldiers' luggage; precautions against the enemy - Copy	SHD C15-5
Reille	Soult	What to do about the deserters signaled by Bachelu - reports follow	SHD C15-5
Vandamme	Davout	Arrived in Beaumont & will execute orders received. Transmission of 4 attachments.	AF IV 1938
Vandamme	Davout	Has received his letter assuring him that the service of the 3rd corps will be maintained	SHD C15-5
Vandamme	Davout	Movements made by the 3rd corps and those that should be made	SHD C15-5
Vandamme		Encouragements for the French troops of the 3rd corps against the enemy	SHD C15-5
Guyardin	Douradon	Supplies to send to Beaumont; Headquarters of the 3rd corps will be sent to Clermont; Produce a lot of bread	SHD C15-5
Trézel		A man must be sent every evening to headquarters; he must know it well in order to deliver orders fast & Distribution of the inspection service	SHD C15-5
Lemoine	Davout	Dumonceau has left for Dinant on June 14th; Only 900 men remain in Mezières	SHD C15-5
Gérard	Soult	Cannot execute order to send officers to Metz for info on enemy mvmt; no funds; margin notes	SHD C15-11
Gérard	Soult	Positions occupied by the various divisions	SHD C15-11
Frère	Soult	Asks for guns for 150 volunteers stationed in Lille	SHD C15-5
Frère	Soult	Has operated the modifications on the northern garrisons asked by Davout	SHD C15-5
Durand	Davout	Measures taken to insure the embargo and to be lenient with fishermen; Is missing troops and guns	SHD C15-5
Durand	Davout	Established an embargo on boats including fishing boats: causes trouble with the fishermen	SHD C15-5
Langeron	Hulin	A National Guard battalion arrives in Laon from Soissons; Dragoons leaves for St-Dizier	SHD C15-5

Sender	Recipient	Summary	Original
Dumonceau	Davout	Napoléon has ordered him to leave for Charlemont with the third of the garrison from Mezières	SHD C15-5
Ducos	Davout	A spy has brought news of the enemy	SHD C15-5
Kail	Davout	Has set an embargo on all boats in the port of Gravelines	SHD C15-5
Allix	Davout	Wants to take back the commandment of his division; Complains about Lapoype	SHD C15-5
Allix	Davout	Forwards copies of 7 letters detailing interactions with Lapoype	SHD C15-5
Bigarne	Davout	Measures taken against deserters of the National Guard	SHD C15-5
Leclerc des Essarts	Belliard	Will name commanders for the Forest of Argonne; How many National Guards will he have; Exposes his positions	SHD C15-5

3ᵉ Divᵒⁿ
Bᵃᵘ du Mouvement des Troupes

Expᵉ

En prevenir et donner ordre au commandᵗ
d'Avesnes de réunir plusieurs détachᵗˢ et
compagnies bᵒⁿˢ ou escadrons de marche
et de les diriger sur l'armée en leur faisant
faire l'itinéraire par Beaumont et Charleroi
en chargeant l'officier plus elevé en garde de
commandement et lui prescrivant de marcher
très [militairement] à la guerre. Ecrit le
17 juin

Le 14 juin 1815.

Rapport à S. M. l'Empereur

Sire,

J'ai l'honneur de rendre compte à V M. que je donne l'ordre à un détachement de 38 hommes montés du 4ᵉ régᵗ d'artⁱᵉ à cheval qui se trouve disponible au dépôt général [de remonter] à Versailles d'en partir le 15 de ce mois, pour se diriger sur le parc [génᵃˡ] d'artⁱᵉ en passant par Lafère et avesnes où ce détachement arrivera le 22.

À S. Ex. Mʳ le Mᵃˡ Duc de Dalmatie Major Général Mʳ le Mᵃˡ j'ai l'honneur d'informer V. Ex. que je donne etc. arrivera le 22 en suivant l'itinéraire dont je joins ici copie.

————◆————

Paris, le 14 juin 1815.

Monsieur le Maréchal,

J'ai l'honneur d'informer Votre Excellence que je donne l'ordre à un détachement de 38 hommes montés du 4ᵉ régiment d'artillerie à cheval, qui se trouve disponible au dépôt général des remontes à Versailles, d'en partir le 15 de ce mois pour se diriger sur le parc général d'artillerie en passant par la Fère et Avesnes où ce détachement arrivera le 22, en suivant l'itinéraire dont je joins ici copie.

Agréez, Monsieur le Maréchal, l'assurance de ma haute considération.

Le Maréchal
Ministre de la guerre
Prince d'Eckmühl

À Son Excellence Monsieur le Maréchal Duc de Dalmatie, Major général.

Du 14 juin 1815

MINISTÈRE DE LA GUERRE
BUREAU du Mouvement

Itinéraire que suivra un détachement du 4ᵉ régiment d'artillerie à cheval composé de 38 hommes montés. Pour se rendre à Avesnes.

Départemens	Époque de passage	Partira de Versailles le 15 juin et ira loger à
Seine	15	Sᵗ Denis
Oise	16	Senlis
	17	Compiègne
	18	Noyon
Aisne	19	Lafère
	20	Sᵗ Quentin
	21	Guise
Nord	22	Avesnes

Paris, le 14 juin 1815.

Monsieur le Maréchal,

Le 3ᵉ batᵒⁿ du 84ᵉ régᵗ de ligne, fort de 20 offᵉʳˢ 409 hᵉˢ, arrivé à Paris le 10 juin venant de Clermont (auvergne) et le détachement du 72ᵉ régiment de ligne fort de 6 offᵉʳˢ 140 hᵉˢ venu de Rouen à Paris, ayant reçu tous les effets d'habillement et d'équipement, ainsi que l'armement dont ils avaient besoin, je leur ordonne de partir, demain 15 juin, réunis en une seule colonne pour se rendre à Avesnes en suivant l'itinéraire dont je joins ici copie.

Je vous prie, Monsieur le Maréchal, de faire parvenir à ces troupes de nouveaux ordres pour rejoindre leur régiment respectif savoir le 3ᵉ bataillon du 84ᵉ de ligne à la 19ᵉ division d'infanterie du corps de réserve de l'armée du Nord et le détachement du 72ᵉᵐᵉ régiment d'infanterie à la 5ᵉ division d'infanterie du 2ᵉ corps d'Armée.

Agréez, Monsieur le Maréchal l'assurance de ma haute considération

le Maréchal
Ministre de la Guerre
Prince d'Eckmühl

À M. le Maréchal Duc de Dalmatie, Major Général

———— ♦ ————

En prevenir et donner ordre au comdᵗ d'armes de le diriger sur l'armée par Charleroi et Beaumont en recommandᵗ au Commandant de [marcher] très [?] cette mesure doit d'ailleurs etre généralisée. Ecrit le 17 juin

Draft of the previous letter.

MINISTÈRE DE LA GUERRE
    DIVISION
BUREAU

E^{ée}

MINUTE DE LA LETTRE ÉCRITE

par le Ministre

a M. le M^{al} Duc de Dalmatie, Major Général

Le 14 juin 1815.

M. le Maréchal,

Le 3e b^{on} du 84e rég^t de ligne, fort de 20 off. 409 hommes, arrivé à Paris le 10 juin venant de Clermont (auvergne) et le détach^t du 72e rég^t de ligne, fort de 6 off^{ers} 140 h^{es} venu de Rouen à Paris, ayant reçus tous les effets d'habillement et d'equipement, ainsi que l'armement dont ils avaient besoin, je leur donne l'ordre de partir demain le 15 juin reunis en une seule colonne pour se rendre à avesnes, en suivant l'itineraire dont je joins ici copie.

Je vous prie, M^r le M^{al}, de faire parvenir à ces troupes de nouveaux ordres pour rejoindre leur régiment respectif savoir le 3e b^{on} du 84e de ligne à la 19e d^{on} d'inf^{ie} du corps de reserve de l'armée du Nord et le détach^t du 72e rég^t d'inf^{ie} à la 5e d^{on} d'inf^{ie} du 2e corps d'armée.

~~Je prie aussi V.E. de m'instruire et la réunion de ces troupes à leurs régimens respectifs.~~

—✺—

MINISTÈRE DE LA GUERRE
BUREAU du Mouvement

Du 14 juin 1815.

Itinéraire que suivra une colonne de troupes composée du 3ᵉ bᵒⁿ du 84ᵉ de ligne et d'un détachᵗ du 72ᵉ de ligne, composée d'environ pour se rendre à Avesnes

Départemens	Époque de passage	Partira de Paris le 15 juin et ira loger à
Seine et Marne	15	Dammartin
	16	Villers Cotterets
Aisne	17	Soissons
	18	Laon
	19	Vervins
Nord	20	Avesnes

Le 14 juin 1815.

À M^r le Lieut^t Gén^{al} Margaron Command^t le dépôt Gén^{al} de Cavalerie
à Beauvais

Gén^{al}

Je vous préviens que je donne l'ordre à un détachement de 6 off 132 hommes montés, armés, habillés et équipés du 6e rég^t de lanciers de partir de versailles le 15 de ce mois pour se rendre à Beauvais où se réunissent tous les détachemens de lanciers destinés à former des rég^{ts} de marche et où il arrivera le 17.

Instruisez-moi de son arrivée à la destination qui lui est prescrite.

À M^r le Commd^t ord^{eur} de la 15e division mil^{re} à Rouen

M^r l'ordonnateur, je vous préviens etc jusqu'à la fin

———~~———

Exp^é

id

Le 14 juin 1815.

À M^r le Lieut^t Gal Margaron Command^t le dépôt Génal de cavalerie à Beauvais

G^al il resulte d'un rapport qui me parvient à l'instant qu'un détachement composé de 2 off 66 hommes [montés] du 9e rég^t de chasseurs et parti de caen le 11 de ce mois se dirige[ant] sur Rocroi.

Je pense que ce détachement arrivera à Beauvais vers le 18 de ce mois. Je vous prie de l'y retenir pour entrer dans la composition des régiments de marche que vous êtes chargé d'organiser.

Dans le cas où ce détachement, en partant de Rouen, aurait pris la route de Roquemont au lieu de celle de [Ry] qui conduit directement à Beauvais, j'ai donné des ordres pour qu'il change de direction et pour qu'il se rende à Beauvais.

Instruisez-moi de son arrivée dans cette ville et prescrivez au comm^re des guerres de contremander les subsistances de ce détachement sur la route qu'il devrait suivre pour se rendre à Rocroi

~~~

Exé

MINISTÈRE DE LA GUERRE
DIVISION de la Cavalerie
BUREAU des Remontes et Harnchement
N. 1746

Paris, le 14 Juin 1815.

La Ministre de la Guerre,

À MM. les Lieutenans généraux commandant les Divisions militaires;

Les Maréchaux de camp commandant les départemens;

Les Préfets des départemens;

Les Colonels des Légions de la Gendarmerie impériale;

Les Commissaires ordonnateurs et ordinaires des guerres.

2000 chevaux de la Gendarmerie employés à la remonte de la cavalerie

Messieurs, l'Empereur, par un décret du 31 mai dernier, a ordonné à la Gendarmerie impériale de remettre encore deux mille de ses chevaux, tant pour compléter la remonte des régimens de cuirassiers et de dragons, que pour celle des régimens de cavalerie légère.

L'état no 1er, que je joins à la présente, vous fera connaître les légions de Gendarmerie et les compagnies de ces légions qui sont appelées à contribuer à cette fourniture de deux mille chevaux, ainsi que le contingent que j'ai assigné à chaque légion.

Cet état vous fera aussi connaître les corps auxquels est destinée une partie de ces chevaux, et les différens dépôts où les autres devront être conduits.

Conformément au décret de Sa Majesté, MM. les Colonels des légions appelées à contribuer, devront déterminer le nombre de chevaux à livrer par chacune des compagnies sous leur commandement, de manière, toutefois, que les contingens des compagnies complètent le contingent de la légion.

Dans les 4e et 9e légions, où une seule compagnie est appelée à fournir des chevaux, les Colonels ne pourront répartir le nombre de chevaux fixé pour ces compagnies, sur les autres compagnies de la légion qui sont dispensées d'en fournir.

Lorsque ces Colonels auront arrêté le nombre de chevaux à fournir par chaque compagnie de leurs légions, ils en adresseront l'état, en ce qui les concerne, à MM. les Lieutenans généraux commandant les divisions militaires dans lesquelles se trouvent compris les arrondissemens des légions. Ils feront connaître aussi à MM. les Maréchaux de camp commandant les départemens, et à MM. les Préfets, le nombre de chevaux à livrer par les compagnies de chaque département.

Les chevaux demandés aux 7e, 8e, 9e, 10e, 11e, 12e, 13e, 14e, 15e, 16e, 22e et 23e légions étant appliqués à la remonte des régimens de cavalerie désignés dans l'état ci-joint, les Colonels de ces légions devront faire connaître également le nombre de chevaux qu'ils auront assigné à chacune des compagnies de leurs légions;

Savoir :

Le Colonel de la 7e légion, dont les chevaux sont destinés aux 4e, 16e et 17e régimens de dragons à Poitiers, à M. le Lieutenant général Clément de la Roncière, Inspecteur général à Poitiers;

Les Colonels des 8e, 15e, 16e et 22e légions, dont les chevaux sont destinés au 18e de dragons à Lyon, et au 10e de chasseurs à Valence, à M. le Lieutenant général Saint-Germain, Inspecteur à Lyon;

Les Colonels des 9e, 10e et 14e légions, dont les chevaux sont destinés au 5e de chasseurs à Libourne, à M. le Lieutenant général Mermet, à Libourne;

Les Colonels des 13e et 23e légions, dont les chevaux sont destinés au 14e de chasseurs au Pont-Saint-Esprit, à M. le Lieutenant général Saint-Germain, à Lyon;

Et enfin les Colonels des 11e et 12e légions, dont les chevaux sont destinés au 15e de chasseurs, à Carcassonne, à M. le Lieutenant général Mermet, à Libourne.

Chaque compagnie appellée à contribuer devra, pour la remise du contingent qui lui aura été assigné par le Colonel de la légion dont elle fait partie, faire conduire au chef-lieu du département de sa résidence la moitié des chevaux existant à son effectif.

MM. les Lieutenans généraux commandant les divisions militaires, MM. les Maréchaux de camp commandant les départemens, et MM. les Colonels des légions, donneront les ordres nécessaires à cet égard, et veilleront à leur prompte exécution.

Ils tiendront, d'ailleurs, la main à ce que les chevaux qui seront conduits soient pris parmi les meilleurs des compagnies, et sur-tout à ce qu'il n'en soit point présenté qui aient été déjà refusées comme impropres au service de la cavalerie, lors de la première remise faite par la gendarmerie impériale pour la remonte des cuirassiers et des dragons.

Ceux qui n'ont été refusés que pour défaut de taille, pourront être conduits et admis, si d'ailleurs ils ont les qualités convenables, parce qu'ils serviront à la remonte de la cavalerie légère.

Pour les compagnies de gendarmerie dont le contingent en chevaux devra être dirigé sur les différens dépôts désignés à l'état ci-joint, MM. les Maréchaux de camp commandant les départemens fixeront le jour où ces chevaux devront être rendus au chef-lieu du département, aussitôt qu'ils auront été informés par les Colonels de légions du nombre à livrer par chacune de ces compagnies.

Pour les compagnies dont les chevaux sont spécialement destinés à la remonte de régimens, le jour de l'arrivée de leurs chevaux aux chefs-lieux des départemens de leur résidence, sera déterminé par MM. les Officiers généraux ci-dessus dénommés, qui donneront aussi les ordres pour le départ des détachemens de chaque corps, chargés d'aller les prendre, et MM. les Maréchaux de camp commandant les départemens prendront les mesures nécessaires pour que les chevaux soient arrivés aux chefs-lieux le jour qui leur aura été indiqué par lesdits Officiers généraux.

Aux jours fixés, ainsi que je viens de le dire, pour le rassemblement et la remise des chevaux, MM. les Maréchaux de camp commandant les départemens en feront l'inspection en présence de MM. les Préfets, des Capitaines des compagnies et des Gendarmes qui les auront amenés, et, si les chevaux sont destinés à des régimens, en présence aussi des Officiers de ces régimens. Ils feront le choix de ceux qu'ils jugeront les plus propres au service des différentes armes de la cavalerie, et les mettront en réserve jusqu'à concurrence du nombre à fournir par chaque compagnie.

Dans les départemens où les chevaux des compagnies de Gendarmerie sont spécialement affectés à la remonte des régimens désignés, MM. les Maréchaux de camp prendront de préférence les chevaux qui conviendront à l'arme de chacun de ces régimens. Si cependant la totalité des contingens des compagnies ne peut être livrée en chevaux propres aux armes aux quelles ils ont été destinés, ces contingens ne devront pas moins être complétés en chevaux propres à la cavalerie, sans distinction d'armes, et être emmenés par les détachemens envoyés en remonte. MM. les Lieutenans généraux inspecteurs d'armes prononceront ultérieurement sur l'emploi des chevaux impropres à l'arme du corps qui les aura reçus.

Lorsqu'un corps aura reçu des chevaux qui ne seront pas propres à son arme, la remarque en sera faite dans les procès-verbaux de réception.

Aussitôt après que MM. les Maréchaux de camp commandant les départemens auront choisi dans les compagnies de Gendarmerie les chevaux destinés à la remonte de la cavalerie, l'estimation en sera faite en leur présence et en celle des Préfets, des Commissaires des guerres, des Capitaines des compagnies de Gendarmerie, et des Gendarmes qui auront amené les chevaux, par trois Experts vétérinaires désignés, l'un par les Préfets, un autre par le Commissaire des guerres, et le troisième par les Capitaines de gendarmerie.

(Si les chevaux sont remis des régimens, le premier Vétérinaire expert devra être choisi par les Officiers de ces régimens envoyés en remonte, et le concours de MM. les Préfets deviendra inutile.)

Les chevaux devant, au moment de leur remise, être munis d'un licol en cuir, et être en bon état de ferrure, l'estimation devra comprendre la valeur du licol et du ferrage.

Il est à désirer que les chevaux qui doivent être remis à des détachemens des corps, soient aussi munis d'un bridon d'abreuvoir, afin d'en faciliter la conduite. Dans ce cas, la valeur de ce bridon fera aussi partie de l'estimation.

La remise des chevaux par les gendarmes de chaque compagnie, ainsi que leur valeur estimative, seront constatées par un procès-verbal dressé, conformément au modèle ci-annexé, no 2, par le Commissaire des guerres, ensuite des ordres qui lui auront été transmis par le Commissaire ordonnateur de la division; ce procès-verbal énoncera le sexe, l'âge, la taille et le signalement de chaque cheval, les noms et prénoms du gendarme qui l'aura remis, ainsi que la brigade dont il fait partie. Il m'en sera envoyé directement une expédition par le Commissaire des guerres, dans les vingt-quatre heures de sa rédaction : il en sera remis deux expéditions au Commandant de la compagnie de gendarmerie; et si les chevaux sont remis à un régiment, il en sera aussi délivré une expédition au Commandant du détachement qui les recevra.

Le Commissaire des guerres mettra son mandat de paiement au bas d'une des expéditions qu'il remettra au Capitaine de la compagnie de gendarmerie; et celui-ci, muni de ce mandat, se présentera chez le Payeur du département, qui lui comptera, en échange de cette pièce, et sur quittance, une somme égale à la valeur estimative des chevaux remis.

Pour assurer l'exactitude de ces paiemens, l'Empereur a chargé, par son décret, Son Exc. le Ministre du trésor, de faire réaliser, dans les caisses des Payeurs des chefs-lieux de chaque légion de gendarmerie, les sommes représentatives de la valeur des chevaux qu'elles livreront, et de faire les dispositions nécessaires pour que le Payeur de chaque chef-lieu de légion reverse, dans les caisses des Payeurs des départemens de l'arrondissement de cette légion, les sommes nécessaires pour le paiement des chevaux qui seront remis par chaque compagnie, d'après l'état certifié que le Colonel de la légion lui en remettra.

Pour que ces reviremens de fonds puissent se faire à temps, MM. les Colonels devront, aussitôt qu'ils auront réglé le contingent de leurs compagnies, en adresser au Payeur du chef-lieu de la légion, l'état indiquant le nombre de chevaux à livrer par chaque compagne, et la somme à verser, en conséquence, par ce Payeur à celui de chaque département, en calculant le prix des chevaux sur le pied de 480 francs l'un.

Si le montant des estimations de chevaux présente un résultat supérieur à ce prix commun, Son Exc. le Ministre du trésor est aussi chargé, par le décret de Sa Majesté, de faire le supplément de fonds qui sera nécessaire.

Ainsi les gendarmes, au moyen de ces dispositions, n'éprouveront aucun retard dans le paiement des chevaux qu'ils auront remis.

Cela est, en effet, d'autant plus essentiel, que Sa Majesté a ordonné qu'ils fussent remontés quinze jours après qu'ils auront été payés de leurs chevaux.

MM. les Colonels de légions et les Commandans des compagnies tiendront sévèrement la main à ce que les fonds délivrés pour le prix des chevaux soient employés jusqu'à due concurrence au remplacement immédiat de ces chevaux, conformément aux instructions qui leur seront données par M. le premier Inspecteur général de l'arme. Ils seront responsables de l'exécution de cette disposition, et ils me rendront compte successivement de ses progrès.

Les chevaux destinés à des régimens seront naturellement remis aux détachemens chargés de les recevoir, et qui les conduiront à leurs dépôts; mais ceux qui doivent être envoyés dans les dépôts centraux de cavalerie que j'ai désignés, devront y être conduits, sans aucun retard, par les soins de MM. les Préfets, qui, de concert avec MM. les Maréchaux de camp commandant les départemens, prendront toutes les mesures convenables pour la conservation et le bon entretien de ces chevaux pendant leur route.

MM. les Préfets choisiront, pour mettre à la tête des convois, des hommes fermes, intelligens et ayant la connaissance des chevaux, et mettront sous leurs ordres un nombre de palefreniers suffisant, qu'ils muniront des ustensiles nécessaires au pansement des chevaux.

Ils fixeront les salaires de ces conducteurs en chef et palefreniers, et la dépense en sera remboursée sur les états qu'ils en arrêteront.

Les fourrages seront fournis aux chevaux pendant leur route, des magasins militaires, et les conducteurs et palefreniers auront droit à la ration de pain et à une indemnité de quinze centimes par lieue, qui leur sera payée tant pour l'aller que pour le retour, sur mandats des Commissaires des guerres, à l'instar de l'indemnité de route payée aux militaires isolés. Le taux de leur salaire sera fixé en conséquence de ces allocations.

Les conducteurs en chef seront porteurs du contrôle signalétique des chevaux qui leur seront confiés, et ils devront représenter ce contrôle à leur arrivée au dépôt central de cavalerie vers lequel ils auront été dirigés. Ils seront responsables de toutes les substitutions de chevaux qui seront reconnues.

Les frais d'expertise et d'estimation des chevaux remis par les compagnies de Gendarmerie, seront également remboursés, ainsi que les autres frais, sur des états arrêtés par MM. les Préfets.

Pour cette seconde remise, comme pour la première, les rations de fourrages seront fournies aux chevaux amenés par les Gendarmes, à compter du jour de leur départ de leur résidence pour se rendre aux chefs-lieux de leurs départemens. A partir aussi du même jour, ces Gendarmes jouiront du traitement alloué pour service extraordinaire, et il leur sera payé de plus une indemnité de quinze centimes par lieue pour le chemin qu'ils auront à parcourir, tant pour se rendre de leur brigade au chef-lieu du département, que pour rejoindre leur brigade : cette indemnité leur sera pareillement payée sur mandats des Commissaires des guerres.

Je recommande particulièrement à MM. les Lieutenans généraux commandant les divisions, à MM. les Maréchaux de camp commandant les départemens, à MM. les Préfets et à MM. les Colonels de gendarmerie, d'apporter la plus grande célérité dans l'exécution des mesures que je viens de leur prescrire, conformément aux ordres de Sa Majesté; de donner la plus grande attention au choix des chevaux qui seront remis pour la remonte de la cavalerie, et de veiller à ce que, dans leur estimation, les intérêts du Gouvernement soient conservés, sans que les Gendarmes aient à se plaindre.

MM. les Commissaires ordonnateurs et Commissaires des guerres voudront bien aussi, de leur côté, se conformer exactement aux dispositions de la présente, en ce qui les concerne.

Recevez, messieurs, l'assurance de ma considération distinguée.

Le Ministre de la guerre,
Maréchal Prince d'Eckmuhl.

Pour ampliation : le Conseiller d'état, Secrétaire général du Ministre, Baron Marchant.

Detailed table of the 2000 horses, their destination, their cost, etc. follows

———————•———————

Modèle de procès-verbal de remise et d'estimation des Chevaux remis par la Gendarmerie, en exécution du Décret du 31 Mai 1815.

Le [blank] 1815, nous Commissaire des guerres employé à [blank] en vertu des ordres de son Excellence le Ministre de la guerre, du [blank] qui nous ont été transmis par M. le Commissaire ordonnateur de la [blank] division militaire, le [blank] nous sommes rendus à [blank] avec M. le Maréchal-de-camp commandant le département d [blank] M. le Préfet de ce département, M. [blank] commandant la [blank] compagnie de la gendarmerie impériale, faisant partie de la [blank] légion, M. [blank] du [blank] régiment de [blank] nous nous sommes fait assister par le sieur [blank] vétérinaire choisi par M. le Préfet (ou bien par M. [blank] dudit régiment), le sieur [blank] vétérinaire choisi par M. [blank] commandant ladite compagnie de gendarmerie, et le sieur [blank] vétérinaire choisi par nous, à l'effet de constater la remise faite par les gendarmes de ladite compagnie de [blank] chevaux, ainsi que la valeur de ces chevaux, d'après leur estimation, contradictoirement faite par les trois vétérinaires experts ci-dessus dénommés.

Nous avons trouvé rassemblés [blank] chevaux qui y ont été conduits par les gendarmes auxquels ils appartenaient; et sur ce nombre de chevaux, M. le Maréchal-de-camp commandant le département en ayant choisi [blank] qu'il a reconnus être les plus propres à la remonte de ce régiment (ou de la cavalerie), nous avons constaté, ainsi qu'il suit, l'âge, le sexe, la taille et le signalement de ces chevaux, ainsi que leur valeur, d'après l'estimation qui en a été faite en notre présence, celle de l'officier général, et des autres personnes ci-dessus désignées, ainsi que des gendarmes de la [blank] compagnie, propriétaires de ces chevaux.

Savoir :

———— ♦ ————

Nota. Si les chevaux sont pour être remis à des régimens, le premier vétérinaire expert sera choisi par les officiers des régimens envoyés en remonte.

S'ils doivent être dirigés sur un dépôt central de cavalerie, ce vétérinaire doit être choisi par M. le Préfet, dont l'assistance dans le premier cas est inutile.

Il sera fait un procès-verbal pour les chevaux remis à chaque régiment, par chaque compagnie de la gendarmerie.

Il sera fait un procès-verbal pour les chevaux remis à chaque régiment, par chaque compagnie de la gendarmerie.

Les procès-verbaux doivent être rédigés en raison de la destination des chevaux.

An empty model of a table follows

En foi de quoi nous avons dressé le présent procès-verbal, duquel il résulte :

Que les gendarmes qui y sont dénommés ont remis les chevaux ci-dessus désignés;

Que la valeur estimative de ces chevaux s'élève à la somme de Qu'ils ont été reçus par M. [blank] du régiment de [blank] (ou bien par nous Commissaire des guerres, pour être dirigés sur le dépôt central de cavalerie de [blank])

Et qu'enfin, sur ce nombre de chevaux reçus par M. [blank] du [blank] régiment d [blank] sont propres à l'arme de ce régiment, et [blank] sont propres à l'arme de [blank]

Et toutes les personnes qui nous ont accompagné ou assisté dans cette opération, ont signé avec nous ledit procès-verbal, dont la minute reste entre nos mains, et dont une expédition sera envoyée dans les vingt-quatre heures à son Excellence le Ministre de la guerre; deux autres seront remises à M. [blank] commandant la [blank] compagnie (et une autre à M. [blank] du [blank] régiment d [blank], auquel les chevaux ont été remis, pour être par lui rapportée au Conseil d'administration de ce régiment.)

Fait à [blank] les jour et an que dessus.

———— ◆ ————

Mandat de Paiement.

Vu le procès-verbal ci-dessus, nous mandons à M. le Payeur de [blank] de payer sur-le-champ à M. [blank] commandant la [blank] compagnie de gendarmerie faisant partie de la [blank] légion, la somme de [blank] pour le prix estimatif des chevaux que cette compagnie a remis (soit au [blank] régiment de [blank], soit pour la remonte de la cavalerie).

Laquelle somme sera imputée sur l'ordonnance du Ministre de la guerre en date du [blank] n° [blank] et sera passée en compte audit Payeur, en rapportant le présent avec la quittance dudit officier.

À [blank] le [blank] 1815.
Le Commissaire des guerres,

MINISTÈRE DE LA GUERRE
3ᵉ DIVISION
BUREAU du Mouvement des Troupes

Expédiée

MINUTE DE LA LETTRE ÉCRITE

par le Ministre

a Mʳ le Lieutenant Gᵃˡ Cᵗᵉ Bourcier Conseiller d'État chargé des remontes à Versailles

Le 14 juin 1815.

Gᵃˡ en réponse à votre lettre en date du 13 je vous envoie, ce jour, un ordre de route pour le détachement de 6 off et 132 hᵉˢ montés, armés, habillés et équipés du 6ᵉ régᵗ de lanciers qui se trouve au dépôt génᵃˡ à Versailles.

Faites le partir le 15 de ce mois pour se diriger sur Beauvais où se réunissent tous les détachemens de lanciers destinés à former des régᵗˢ de marche.

Prescrivez au commʳᵉ des guerres à Versailles de prendre toutes les mesures qui le concernent et de donner tous les avis de passage nécessaires pour assurer les différents services sur la route de ce détachement jusqu'à Beauvais et instruisez-moi de son départ pour cette destination.

Le 14 juin

À M^r le Lieut^t Gén^al Cte Bourcier Conseiller d'État chargé des remontes
à Versailles

G^al je vous envoye en réponse à votre lettre du 13 un ordre de route
pour le détachement de 38 h^es montés du 4e rég^t d'art^ie à cheval qui se trouve
disponible à Versailles.

Faites le partir de cette ville le 15 de ce mois pour se diriger sur le parc
général d'art^ie [par] Lafère et avesnes.

Prescrivez au commd^t des guerres à Versailles de prendre toutes les
mesures qui le concernent et de donner tous les avis de passage nécessaire
pour assurer les différens services sur la route de ce détachement jusqu'à
avesnes et instruisez-moi de son départ pour cette destination.

—⁓—

Exp^é

MINISTÈRE DE LA GUERRE
3ᵉ DIVISION
BUREAU de la Corr. Gᵃˡ.

MINUTE DE LA LETTRE ÉCRITE

par le Ministre

à M le Commandant supérieur de la place d'Amiens.

Le 14 juin 1815.

Mʳ le Colonel, j'ai reçu avec votre lettre du 8 de ce mois la copie de l'ecrit séditieux tendant à armer les gardes nᵃˡᵉˢ contre l'armée.

J'en donne communication au Mᵗʳᵉ de la police générale en le priant de faire seconder par l'action de la police les recherches que vous faites vous-même pour en découvrir les auteurs et ainsi que les perturbations de la tranquilité publique.

———— ∞ ————

MINUTE DE LA LETTRE ÉCRITE

par le Ministre

au commandant supérieur de la Place de Bergues

MINISTÈRE DE LA GUERRE
3ᵉ DIVISION
BUREAU de la Corr. Gˡᵉ·

Expᵉ

Le 14 juin 1815.

Monsieur le commandant, j'ai reçu votre lettre du 10 juin, par laquelle vous demandez qu'il vous soit envoyé des troupes, pour renforcer la garnison de Bergues, affaiblie par le départ des 4 compagnies de militaires en retraite qui s'y trouvaient. J'ai invité M. le Lᵗ Gᵃˡ commandant la 16ᵉ dᵒⁿ mʳᵉ à vous fournir les forces qui vous sont nécessaires, j'ai même chargé directement le Gouverneur de Dunkerque de vous envoyer de suite un bon bataillon de gardes nationales.

———∾∾———

MINISTÈRE DE LA GUERRE
3ᵉ DIVISION
BUREAU du la Corr. Gᵃˡᵉ.

MINUTE DE LA LETTRE ÉCRITE

par Le Ministre

a M le Commandant supérieur de la Place de Béthune

Le 14 juin 1815.

M le Colonel, par votre lettre du 11 juin vous me représentez que les bataillons de gardes nationales qui sont destinés pour Bethune, n'y sont pas encore arrivés, ce qui ne vous permet pas de disposer, ainsi que je vous l'ai prescrit d'une partie de la garnison de cette place pour concourir aux operations de Mʳ le Lieutⁿᵗ Gᵃˡ Gazan.

Vous me faites egalement observer que les 360 hᵉˢ que vous avez actuellement appartenant au depᵗ du pas de Calais, il serait imprudent de les faire sortir soit pour tenir la campagne soit faire rentrer les approvisionnements de siège, attendu qu'un grand nombre chercherait à rentrer dans leurs foyers.

Votre garnison d'apres un etat que m'a adressé Mʳ le Lieutⁿᵗ Gᵃˡ Comte Frère, doit se composer de deux bataillons dont un du pas de Calais et l'autre de l'Eure.

Vu [Signature]

Vous avez déjà reçu une portion du premier, et le second ne tardera pas à vous arriver.

Lorsque vous aurez réuni tous vos moyens il vous sera facile en faisant un bon choix dans le bᵒⁿ du pas de calais et en désignant pour les operations à l'exterieur des hommes du bᵒⁿ de l'Eure de repondre aux demandes que pourra vous faire Mʳ le Gᵃˡ Gazan et d'envoyer des garnisaires dans les Communes environnantes.

Au surplus, les mouvements de Mʳ le Gᵃˡ Gazan etant subordonnés aux circonstances il jugera d'apres les forces et la composition de votre garnison, jusqu'a quel point il pourra en requérir une partie.

Faites lui connaitre vos besoins et rendez lui compte de tout ce qui vous paraitra de nature à lui etre communiqué de suite dans l'interet du service et pour la sureté de la place qui vous est confiée.

———— ᨔ ————

MINISTÈRE DE LA GUERRE
3ᵉ DIVISION
BUREAU de la Corr. Gᵃˡᵉ

Expᵉ.

MINUTE DE LA LETTRE ÉCRITE

par le Ministre

a M le Commandᵗ supʳ de la place de hesdin

Le 14 juin 1815.

M le Colonel je vois par les rapports journaliers qui me sont adressés que la désertion se propage de plus en plus dans la garnison d'hesdin. Le dernier rapport annonce qu'il s'en est evadé 74 hommes.

Je ne puis croire qu'une semblable défection ne puisse être prévenue, faites epier les militaires dans leurs [remises], dans leurs chambres, ou chez l'habitant s'ils logent [? ?] et si quelques uns d'entr'eux ou des habitants usent de leur influence pour detourner les soldats de leurs obligations n'hesitez pas à les faire arrêter et punir severement.

Prenez d'ailleurs toutes les précautions que vos pouvoirs vous mettent à portée de prendre pour maintenir le soldat dans le devoir et prevenir desormais la desertion.

———∾∾———

Ministère de la Guerre
6ᵉ Division Artillerie

à Classer [Signature]

Paris, le 14 juin 1815.

Général, j'ai reçu votre lettre du 11 de ce mois par laquelle vous m'informez du rapport que vous a fait Mʳ le Mᵃˡ de camp Langeron, commandant le Département de l'Aisne sur les fusils qu'il serait nécessaire d'avoir à Laon, pour l'armement des hommes de la levée en masse et qui doivent être jettés dans cette place si elle était menacée.

J'ai l'honneur de vous prévenir que des ordres ont été donnés pour qu'il soit envoyé de suite de Soissons sur Laon 1000 fusils d'infanterie qui seront mis à la disposition de Mʳ le Général Langeron qui a été prévenu de cette mesure.

Agréez, Général, l'assurance de ma parfaite considération.

Le Ministre de la Guerre.
Pour le Ministre et par son ordre
le Mᵃˡ de camp chef de la 6ᵉ divᵒⁿ
[Bᵒⁿ Evanes]

Mʳ Plantier. Ecrire au Gᵃˡ Langeron pour qu'il fasse connaitre l'arrivée de ces fusils, et qu'il rende compte de l'emploi qui en sera fait

À Mʳ le Lieutᵗ gᵃˡ comte Hulin commandant la ville de Paris.

—~~—

MINISTÈRE DE LA GUERRE
3ᵉ DIVISION
BUREAU de la Corr. Gˡᵉ

Expéᵉ

Vu [Signature]

MINUTE DE LA LETTRE ÉCRITE

par le Ministre

au Lᵗ Gᵃˡ commandant la 16ᵉ dᵒⁿ mʳᵉ

Le 14 juin 1815

Général,

Les 4 compagnies de militaires en retraite qui viennent d'être tirées de la garnison de Bergues et envoyées à Lille, ont laissé la place de Bergues sans moyens suffisants de défense. Le commandant de cette place vient de m'ecrire à ce sujet; il vous aura sans doute adressé le même rapport. Je vous invite à diviser entre Dunkerque et Bergues les forces [destinées] pour ces deux places qui sont actuellement à Dunkerque et à les répartir proportionnellement aux besoins de chacune d'elles. Je prescris en attendant au gouverneur de Dunkerque d'envoyer de suite à Bergues un bon bataillon de gardes nationales.

J'informe de ces dispositions M le Lᵗ Gᵃˡ Comte Gazan.

———~~~———

MINISTÈRE DE LA GUERRE
3ᵉ DIVISION
BUREAU de la Corr. Gᵃˡᵉ

Expᵉᵉ

Vu [Signature]

MINUTE DE LA LETTRE ÉCRITE

par le Ministre

au Lᵗ Gᵃˡ Gazan commandant en chef de la défense des places de la 16ᵉ dᵒⁿ mʳᵉ etc

Le 14 juin 1815

Général, les 4 compagnies de militaires en retraite qui viennent d'être tirées de la garnison de Bergues et envoyées à Lille, ont laissé la place de Bergues sans moyen suffisant de défense. J'ai charge le Lᵗ Gᵃˡ commandᵗ la 16ᵉ dᵒⁿ mʳᵉ de diviser entre Dunkerque et cette derniere place les forces destinées à composer les deux garnisons qui sont actuellement à Dunkerque, et de les repartir entre ces deux places, proportionnellement aux besoins de chacune d'elles. J'ai prescrit en attendant au Gouverneur de Dunkerque d'envoyer de suite à Bergues un bon bataillon de gardes nationales.

J'ai cru devoir, Général, vous informer de ces dispositions, afin que vous puissiez en surveiller l'exécution.

———~~~———

MINUTE DE LA LETTRE ÉCRITE

par le Ministre

au Lᵗ Gᵃˡ Leval Gouverneur de Dunkerque

Le 14 juin 1815

Général, J'ai chargé, M le Lᵗ Gᵃˡ commandant la 16ᵉ dᵒⁿ mʳᵉ de repartir proportionnellement entre Bergues et Dunkerque, les forces destinées à former les deux garnisons qui se trouvent actuellement [? derrière] de ces places. Comme Bergues est maintenant sans moyen suffisant de défense, par suite du départ pour Lille de 4 compagnies de militaires retraités qui composaient presque toute sa garnison, envoyez y sur le champ un bon bataillon de gardes nationales si cela n'est déjà fait d'après les ordres qu'à du donner le major général.

Ces lettres télégraphiques doivent être [converties] en lettres ministérielles

—∿∿—

Reçu le 15 à 5ʰ ½ du matin
Ministère de la Guerre
3ᵉ Div^on
Bureau du Mouvement

M^r [Clement] donnera sur le champ
les ordres pour ces deux mouvements
[Signature]

Envoyé de suite au Gal Cte Hulin l'ordre de
route qui était joint à cette lettre de laquelle
je lui ai aussi donné connaissance. Ce 15 juin
7ʰᵉˢ [Signature].

Exécuté le 15

Paris, le 14 juin 1815

Général, d'après le compte que m'a rendu en votre nom le chef d'État Major de la 1ʳᵉ D^on M^re que le 3ᵉ bataillon du 84ᵉ régiment d'infanterie, qui est en ce moment à Paris a reçu les armes dont il avait besoin et se trouve complétement habillé et équipé; donnez-lui l'ordre de se mettre en marche demain 15 juin, pour se rendre à Avesnes, conformément à l'ordre de route ci joint, d'où il rejoindra ses 2 premiers bataillons à la 19ᵉ division d'infanterie du corps réserve de l'armée du Nord.

Donner l'ordre au détachement de 6 officiers 140.hᵉˢ du 72ᵉ Régiment de Ligne qui est disponible à Paris de partir aussi demain 15 juin, avec le 3ᵉ bataillon du 84ᵉ pour se diriger également sur Avesnes et rejoindre ensuite des bataillons de guerre à la 5ᵉ division d'infanterie du 2ᵉ Corps de l'armée du Nord.

J'informe M. le M^al Duc de Dalmatie Major Général de la marche de ces troupes, en le priant de leur faire parvenir de nouveaux ordres pour leur destination ultérieure.

Instruisez moi de l'exécution de ce mouvement.
Recevez, Général, l'assurance de ma parfaite considération.

Le Maréchal, Ministre de la Guerre
Prince d'Eckmühl

À M^r le Lt Gal Comte Caffarelli aide de camp de l'Empereur Command^t la 1ʳᵉ d^on m^re.

———— • ————

MINISTÈRE DE LA GUERRE
DIVISION
BUREAU

E^{ée}

This is a draft of previous letter.

MINUTE DE LA LETTRE ÉCRITE

par le Ministre

a M^r le Lt Gal Caffarelli, aide de camp de l'Empereur Command^t la 1ere d^{on} mil^{re}.

Le 14 juin 1815.

D'après le compte que m'a rendu en votre nom le chef d'Etat major de la 1re d^{on} m^{re} Général, que le 3e b^{on} du 84e rég^t d'inf^{ie} qui est en ce moment à Paris, a reçu les armes dont il avait besoin et se trouve complettemt habillé et équipés, donner lui l'ordre de se mettre en marche demain 15 juin, pour se rendre à Avesnes, conformément à l'ordre de route ci-joint d'où il rejoindra ses 2 premiers b^{ons} à la 19e d^{on} d'inf^{ie} du corps et reserve de l'armée du Nord.

Donner l'ordre au détach^t de 6 off et 140 h^{es} du 72e rég^t de ligne qui est disponible à Paris, de partir aussi demain 15 avec le 3e b^{on} du 84e pour se diriger egalement sur Avesnes, et rejoindre ensuite ses bataillons, de guerre à la 5e d^{on} d'inf^{ie} du 2e corps de l'armée du Nord. J'informe M^r le M^{al} Duc de Dalmatie Major g^{al} de la marche de ces troupes, en le priant de leur faire parvenir de nouveaux ordres p^r leur destination ultérieure.

Instruisés moi et l'execution de ce mouvement.

—— ∼∼∼ ——

Le Ministre

à M^r le Commiss^re ord^r de la 1er d^on m^re

Le 14 juin 1815.

M^r l'ord^r, Je vous previens que j'adresse à M^r le Lt Gal Cte Caffarelli, l'ordre de faire partir de Paris demain 15 juin, le 3e b^on du 84e rég^t de ligne et le détach^t du 72e rég^t qui ont été mis en état de rejoindre leur b^on de guerre, et de les faire diriger sur Avesnes, suiv^t l'itinéraire dont je joins ici copie.

Prescrivés en conséquence toutes les mesures nécessaires pour assurer la subsistance et les divers autres services pendant la marche de ces troupes et jusqu'à destination suiv^t leur force exacte.

exp

———— ∿ ————

MINISTÈRE DE LA GUERRE
3ᵉ DIVISION
BUREAU du Mouvement des Troupes

Exp

MINUTE DE LA LETTRE ÉCRITE

par le Ministre

a Mʳ le Lieutᵗ Gᵃˡ Cᵗᵉ Caffarelli commandᵗ la 1ᵉʳᵉ divᵒⁿ milʳᵉ à Paris.

Le 14 juin 1815.

Gᵃˡ je vous préviens que je donne l'ordre à Mʳ le Gᵃˡ Cᵗᵉ Bourcier Commandᵗ le dépôt général de remonter à Versailles de faire partir de cette ville le 15 de ce mois un détachement de 38 hᵉˢ montés du 4ᵉ régᵗ d'artᶦᵉ à cheval pour se diriger sur le parc général d'artᶦᵉ en passant par Lafère et Avesnes

———— • ————

À Mʳ le Commʳᵉ ordᵉᵘʳ de la 1ᵉʳᵉ divᵒⁿ milʳᵉ à Paris

Mʳ l'ordᵉᵘʳ je vous préviens etc.

Je joins ici copie de son itinéraire prenez toutes les mesures qui vous concernent et donnez tous les avis de passage necessaires pour assurer les différents services sur la route de ce détachement jusqu'à Avesnes et rendez-moi compte de son départ pour cette destination.

———— ∿ ————

MINISTÈRE DE LA GUERRE
3ᵉ DIVISION
BUREAU du Mouvement des Troupes

à classer [Signature]

Paris le 14 Juin 1815

Général, je vous préviens que je donne l'ordre au lieutenant Gén^al Comte Bourcier, Commandant le Dépôt Général des remontes à Versailles, de faire partir de cette ville, le 15 de ce mois un détachement de 6 off^ers 132 h^es montés du 6ᵉ régiment de lanciers, pour se rendre à Beauvais, où se réunissent tous les détachemens de lanciers, destinés à former des régiments de marche.

Recevez, Général, l'assurance
de ma parfaite considération
le Marechal, Ministre de la Guerre
Prince d'Eckmühl

M^r le Lieutenant Général
Cte Caffarelli, Commandant la 1ere
division militaire à Paris

————— ∿ —————

Le 14 juin 1815

a M^r le Lieut^nt Général Cte Caffarelli, Command^nt la 1ere Division Mil^re à Paris

Général, Je vous préviens que je donne l'ordre au lieutenant Gén^al Comte Bourcier, Commandant le Dépôt Général des remontes à Versailles, de faire partir de cette ville, le 15 de ce mois un détachement de 6 off^ers 132 h^es montés du 6e régiment de lanciers, pour se rendre à Beauvais, où se réunissent tous les détachemens de lanciers, destinés à former des régiments de marche.

————◆————

À M^r. Le Commd^nt Ord^eur de la 1ere Div^on Mil^re à Paris

M l'ordonnateur, je vous préviens & je joins ici copie de son itinéraire.

Prenez tous les mesures qui vous concernent et donnez tous les avis de passage nécessaires pour assurer les différens services sur la route de ce détachement jusqu'à Avesnes et rendez-moi compte de ce que vous aurez prescrit pour l'exécution de cette disposition.

————∾∾∾————

N° 1558
MINISTÈRE DE LA GUERRE
8ᵉ DIVISION
BUREAU de la Police Mʳᵉ

Accusé de réception

MINUTE DE LA LETTRE ÉCRITE

par le Ministre

à Mʳ le Lᵗ Gᵃˡ Allix, Président de la Comᵒⁿ de haute police de la 16ᵉ dᵒⁿ mʳᵉ

Le 14 juin 1815.

Général, j'ai l'honneur de vous accuser réception de votre lettre du 16 de ce mois à laquelle étoient joints deux exemplaires de l'arrêté pris le 1ᵉʳ du même mois, par la commission de haute police de la 16ᵉ dᵒⁿ mʳᵉ.

Je vous remercie de cet envoi. Recevez etc.

—◦∿◦—

MINISTÈRE DE LA GUERRE
3ᵉ DIVISION
BUREAU de la Corr. Gᵃˡᵉ

Faire copie de la declaration de la garde natˡᵉ d'Amiens, ci-incluse

Vu [Signature]

MINUTE DE LA LETTRE ÉCRITE

par le Ministre

a S.E. le Ministre de la police générale

Le 14 juin 1815.

Mʳ le Duc, J'ai l'honneur de transmettre à V.E. copie d'un ecrit incendiaire tendant à armer les Gardes Nationales contre l'armée, et qui parait avoir été imprimé à Amiens. Le Commandant de cette place qui me l'a adressé m'annonce qu'en vertu des pouvoirs qui lui sont délégués par l'etat de siege ou elle se trouve il va faire rechercher activement les auteurs de cet ecrit, ainsi que les colporteurs du Journal du Lys pour lequel il pense qu'il existe un bureau d'abonnement dans cette ville.

Cette communication mettra V.E. a portée de donner les ordres qu'elle jugera convenable pour faire seconder par l'action de la police les poursuites exercées à cet egard par commandant de la place d'amiens.

———⁓———

MINISTÈRE DE LA GUERRE
3ᵉ DIVISION
BUREAU de la Corr. Gᵃˡᵉ

Expée

Baron Salamon, chef de la 3ᵉ Division.

MINUTE DE LA LETTRE ÉCRITE

par le Ministre

à M le Lieutⁿᵗ Gᵃˡ Dumonceau Commandᵗ la 2ᵉ dᵒⁿ mʳᵉ.

Le 14 juin 1815.

Général, J'ai reçu avec votre lettre du 11 de ce mois copie de lettres que vous avez ecrite le même jour au Prefet de la Marne pour faire cesser le retard qu'il met dans la fourniture des denrées d'approvisionnement et des effets d'habillement et d'equipement des Gardes Nationales de ce depᵗ. J'approuve les reclamᵒⁿˢ que vous avez faites et j'ecris moi-même de la [manière] la plus prompte au Prefet de la Marne. Je lui rappelle ainsi que vous l'avez fait la nécessité de ne pas perdre un seul instant pour s'acquitter des obligations qui lui ont été imposées, et je lui fais connaitre que j'en rends compte à Sa Majesté.

———∾———

MINISTÈRE DE LA GUERRE
3ᵉ DIVISION
BUREAU de la Corr. Gᵃˡᵉ

Exᶜᵉ

MINUTE DE LA LETTRE ÉCRITE

par le Ministre

a M le Préfet du depᵗ de la Marne.

Le 14 juin 1815.

M le Prefet, J'ai sous les yeux une lettre dans laquelle m le Lieutⁿᵗ Gᵃˡ Dumonceau Commandᵗ la 2ᵉ division mʳᵉ m'instruit du retard qu'apporte le depᵗ de la marne dans la fourniture de denrées et d'approvisionnemens des places et dans celles des effets d'habillement et d'equipement des bataillons de Gardes nationales. C'est avec raison que cet officier General insiste sur l'execution de vos obligations en ce genre; tout delai peut etre très prejudiciable les circonstances où nous nous trouvons n'en admettent aucun.

M le Général Dumonceau vous ecrit de nouveau le 11 du courant. J'approuve les observations qu'il vous adresse à cet egard et dont j'en ai rendu compte à l'Empereur.

Je sens toutes les difficultés que vous pouvez avoir à vaincre [mais] il est de la plus haute importance de les surmonter; je ne puis trop vous engager à vous occuper sans relache de completer les approvisionnemens que vous avez à faire rentrer dans les places, ainsi que l'envoi de l'habillement et de l'equipement des bataillons de gardes Nᵃˡᵉˢ de la Marne; [?] de [necessaire] de [nuit] essentiellement à leur bon service et ne peut que produire un decouragement funeste.

Vous m'en ferez connaitre le resultat et si comme j'ai lieu de l'espérer il est satisfaisant, je le [rapellerai] sous les yeux de Sa Majesté.

———∾∾∾———

Son Altesse a décidé que les détachements de cavalerie remontés à Versailles par M. le Gal Cte Bourcier et ceux qui le seront dans les dépôts des 1er de lanciers à Chartres, 4ème cuirassiers à [Evieux], et 9e chasseurs à Caen seraient dirigés sur Beauvais, où le G^{al} margaron, Commandant le Dépôt g^{al} de cavalerie de l'armée du nord, les réunira aux régiments de marche qu'il doit organiser.

Sont cependant exceptés de cette mesure, les détachements qui appartiendraient aux 2e et 7ème chasseurs, 11e et 19e dragons, pour lesquels M. le Comte Bourcier demandera les ordres de Son Altesse, attendu qu'ils font partie de l'armée du Rhin.

Le Lieut. G^{al} chef de division de la cavalerie a l'honneur de communiquer ces dispositions à M^r le Baron Salamon.

14 juin 1815. [Signature]

Baron Salamon, chef de la 3e division

Beaumont, le 14 juin 1815.

À Monsieur le Lieutenant Général Comte Vandamme, Command^t le 3e corps d'Armée,

Monsieur le Comte, au moment où la campagne va s'ouvrir, je dois vous rappeller qu'il est extrêmement important que vous m'adressiez chaque soir, par un aide-de-camp ou officier d'État-major un rapport succinct qui me fasse connaître, d'une manière certaine la position de votre quartier général et celle des divisions de votre corps. Cet officier sera en même tems chargé de vous porter les ordres que Sa Majesté m'ordonnera de vous transmettre, et par ce moyen, je pourrai être assuré que ces ordres vous parviendront avec célérité, vous étant portés par un officier qui connaîtra parfaitement votre position.

Je ne puis trop vous recommander, Général, de vous conformer à cette disposition.

Le Maréchal d'Empire
Major Général
duc de dalmatie

P.S. Le rapport du jour sur vos opérations me sera apporté par un second officier que vous m'enverrez

M Le Cte Vandamme

Beaumont Le 14 Juin 1815

Art 28

Ordre de Mouvement

Demain 15 à 2 heures 1/2 du matin la D^{on} de Cavalerie Légère [du] Général Vandamme montera à cheval et se portera sur la route de Charleroi. Elle enverra des partis dans toute les directions pour éclaircir le pays et enlever les postes ennemis ; mais chacun de ces partis sera au moins de Cinquante hommes ; avant de mettre en marche la division, Gal Vandamme s'assurera qu'elle est pourvue de cartouches.

À la même heure le Lieut Gal Pajol réunira le 1er Corps de Cavalerie et suivra le mouvement de la Div^{on} du Gal Domon qui sera sous les ordres du Gal Pajol. Les Div^{ons} du 1er Corps de Cavalerie ne fourniront point de détachem^t. Ils seront pris dans la 3e Div^{on}, Le Gal Domon Laissera sa batterie d'art^{ie} pour marcher après la 1er Bataillon du 3e Corps d'infanterie, Le Lieuten^t Gal Vandamme lui donnera des ordres en conséquence.

Le Lieutenant Gal Vandamme fera battre la Diane à deux heures et demie du matin, à 3 heures il mettra en marche son Corps d'armée et le dirigera sur Charleroi ; la totalité de ses bagages et embarras seront parqués en arrière et ne se mettront en marche qu'après que le 6e Corps et la garde Impériale auront passé, il seront sous les ordres du Vaguemestre G^{al} qui les réunira à ceux du 6e Corps, de la Garde impériale et du grand quartier Général et leur donnera des ordres de mouvement.

Chaque Division du 3e Corps d'armée, aura avec elle sa batterie et ses ambulances ; Toute autre voiture qui serait dans les rangs sera brulée.

M^r le Cte de Lobau fera battre la Diane à trois heures et demie et il mettra en marche le 6e Corps d'armée à 4 heures pour suivre le mouvement du Gal Vandamme et l'appuyer, il fera observer le même ordre de marche pour les troupes, l'artillerie, les ambulances et les bagages qui est prescrit au 3e Corps.

Les bagages du 6e Corps seront réunis à ceux du 3e sous les ordres du Vaguemestre G^{al} ainsi qu'il est dit.

La Jeune garde, battera la Diane à 4 heures 1/2 et se mettra en march à cinq heures, elle suivra le mouvement du 6e Corps, sur la route de Charleroi.

Les chasseurs à pied e la Garde batteront la Diane à 5 heures et se mettront en marche à 5 heures 1/2 pour suivre le mouvement de la Jeune garde.

Les grenadiers à pied de la garde batteront la Diane à 5 heures 1/2 et partiront à 6 heures pour suivre le mouvement des chasseurs à pied. Le même ordre de marche pour l'artillerie, les ambulances et les bagages, prescrit pour le 3ᵉ Corps d'infanterie, sera observé dans la garde impériale.

Les bagages de la garde seront réunis à ceux des 3ᵉ et 6ᵉ Corps d'armée sous les ordres du Vaguemestre Gᵃˡ qui les fera mettre en mouvement.

M. Le Maréchal Grouchy fera monter à cheval à 5 heures 1/2 du matin celui des 3 autres Corps de Cavalerie qui sera le plus près de la route et il lui fera suivre le mouvement sur Charleroi ; les deux autres Corps partiront successivement à une heure d'intervalle l'un de l'autre ; mais Mʳ le Mᵃˡ Grouchy aura soin de faire marcher la Cavalerie sur chemins Lateraux de la route principale que la Colonne d'infanterie suivra, afin d'évitez l'encombrement et aussi pour que sa cavalerie observe un meilleur ordre. Il prescrira que la totalité des bagages reste en arrière parqués et réservés jusqu'au moment ou le Vaguemestre Gᵃˡ leur donnera l'ordre d'avancer.

Mʳ le Cᵗᵉ Reille fera battre la Diane à 2ʰ 1/2 du matin et il mettra en marche le 2ᵉ Corps à trois heures, il le dirigera sur Marchiennes-au-Pont où il fera en sorte d'être rendu avant 9 heures du matin ; il fera garder tous les fronts de la Sambre afin que personne ne passe ; Les postes qu'il laissera seront successivement relevés par le 1ᵉʳ Corps ; mais il doit tacher de prevenir l'E[nnemi] à ces ponts pour qu'ils ne soient pas détruit surtout celui de Marchiennes par lequel il sera probablement dans le cas de déboucher et qu'il ferait faire aussitôt réparer s'il avait été ete endomagé à Thuine et à Marchiennes ainsi que dans tous les villages sur la route. M. Le Cᵗᵉ Reille intérrogera les habitans afin d'avoir des nouvelles des positions et forces des armées Ennemies. Il fera aussi prendre les lettres dans les Bureaux de poste et les dépouillera pour faire aussitôt parvenir à L'Empereur les renseignemens qu'il aura obtenus.

M. Le Cᵗᵉ d'Erlon mettra en marche le 1ᵉʳ Corps à 3 heures du matin et il le dirigera aussi sur Charleroi en suivant le mouvement du 2ᵉ Corps, duquel il gagnera la gauche le plutôt possible pour le soutenir et l'appuyer au besoin. Il tiendra une brigade de cavalerie en arrière pour se couvrir et pour maintenir par de petits détachemens ses communications avec Maubeuge ; il enverra des postes jusqu'à la frontière pour avoir des nouvelles des ennemis et en rendre compte aussitôt ; ces partis auront soin de ne pas se compromettre et de ne point dépassez la frontière.

M. Le Cᵗᵉ d'Erlon fera occuper Thuin par une Division et si le pont de cette ville était détruit il le ferait aussitôt réparer en même temps qu'il fera tracer et éxécuter immediatement une de pont sur la rive gauche. La

Div^on qui sera à Thuin gardera aussi le pont de L'abbey d'Ales où M. Le Comte d'Erlon fera également construire une de pont sur la rive gauche.

Le même ordre de marche prescrit au 3e Corps pour l'art^ie les ambulances et les bagages sera observé au 2e et 1er Corps, qui feront réunir leurs bagages et marcher à la gauche du 1er Corps, sous les ordres du Vaguemestre le plus ancien.

Le 4e Corps (Armée de la Moselle) a reçu ordre de prendre aujourd'hui position en avant de Philippeville, si son mouvement est opéré et si les div^ons qui composent ce corps d'armée sont réunies, M^r le Lieut Gal Gérard les mettra en marche demain à trois heures du matin et les dirigera sur Charleroi ; il aura soin de se tenir à hauteur du 3e Corps avec lequel il communiquera afin d'arriver à peu près en même temps devant Charleroi ; mais le Gal Gérard fera éclairer sa droite et tous les débouchés qui vont sur Namur ; il marchera serré en ordre de bataillo^es, fera laisser à Philippeville tous ses bagages et embarras, afin que son Corps d'armée se trouvant plus léger se trouve à [mesure de] manoeuvrer.

Le Gal Gérard donnera ordre à la 14 D^ons de Cavalerie qui a du aussi arriver aujourd'hui à Philippeville, de suivre le mouvement de son Corps d'armée sur Charleroi ou cette division joindra le 4e Corps de Cavalerie.

Les Lieutenant Généraux Reille, Vandame, Gérard et Pajol se mettront en communication par de fréquens partis et ils régleront leur marche de manière à arriver en masse et ensemble devant Charleroi ; Ils mettront autant que possible à l'avant garde les off^rs qui parlent flamand pour intérroger les habitans et en prendre des renseigemens ; mais ces off^ers s'annonceront comme commandants de partis sans dire que l'armée est en arrière.

Les Lieutanans G^rx Reille, Vandamme et Gérard feront marcher tous le Sapeurs de leur Corps d'armée (ayant ave eux les moyens pour réparer les ponts), après le premier régiment d'infanterie légère et ils donneront ordre aux off^rs [dragoniers] de faire réparer les mauvais passages, ouvra[… ink spot] Laterale et placer des ponts sur les [Cosirau… ink spot] dévrit se mouiller pour les franchir.

Les marins, les sapeurs de la garde, et les [ink spot] la réserve marcheront après le 1er reg^t du 3e Corps [d'armée… ink spot] Généraux Rogniat et Haxo seront à leur , il n'emmeneront avec eux que deux ou trois voitures. Le surplus du parc du genie marchera à la gauche du 3e Corps. Si on rencontre L'ennemi ces troupes ne seront point engagées ; mais les Généraux Roginat et Haxo les employeront aux travaux de passage de rivière de téle de pont, de réparation de chemins et d'ouverture de communications &c^a.

La Cavalerie de la garde suivra le mouvement sur Charelroi et partira à huit heures.

L'Empereur sera à l'avant garde sur la route de Charleroi, M.M. les Lieutenants généraux auront soin d'envoyer à S.M. de fréquens rapports sur leurs mouvements et les renseignemens qu'ils auront recueillis ; ils sont prevenus que l'intention de S.M. est d'avoir passer la Sambre avant midi et de porter l'armée à la rive gauche de cette rivière.

L'Equipage de ponts sera divisé en deux sections, la 1re Section se subdivisera en 4 partis, chacune de 5 pontons et 5 bateaux d'avant garde, pour jeter trois ponts sur la Sambre il y aura a chacune de ces subdivisions une compagnie de Pontoniers. La 1re Section marchera à la suite du parc de genie après le 3e corps.

La seconde section restera avec le parc de reserve d'artillerie à la Colonne des bagages ; elle aura avec elle la 4e Comp^{ie} de Pontoniers.

Les Equipages de l'Empereur et les bagages du grand quartier général seront réunis et se mettront en marche à dix heures aussitôt qu'ils seront passés, le Vaguemestre G^{al} fera partir les equipages de la garde imp^{ale} du 3e Corps et du 6e Corps ; en même tems il enverra ordre à la colonne d'équipage de la reserve de la cavalerie de se mettre en marche et de suivre la direction que la Cavalerie aura prise.

Les ambulances de l'armée suivront le quartier général et marcheront en tête des bagages ; mais dans aucun cas, ces bagages ainsi que les parcs de réserve de l'artillerie et la seconde section de l'Equipage de ponts ne s'approcheront à plus de 3 lieues de l'armée, à moins d'ordre du Major Général et ils ne passeront la Sambre aussi que par ordre.

La Vaguemestre Général formera des divisions de ces bagages et il y mettre des off^{ers} pour les commandez, afin de pouvoir en détacher ce qui sera ensuite appelé au quartier général, ou pour le service des off^{ers}.

L'intendance général fers reunir à cette Colonne d'Equipages la totalité de bagages de transport[s] de L'administration auxquels il sera assigné n rang dans la Colonne. Les voitures qui seront en retard prendront la gauche et ne pourront sortir du rang qui leur sera donné que par ordre du Vaguemestre G^{al}.

L'Empereur ordonne que toutes les voitures d'Equipages qui seront trouvées dans les colonnes d'infanterie, la Cavalerie ou l'artillerie soient brulées ainsi que les voitures de la Colonne des équipages qui quitteront leur rang et inter [...] de la marche, sans la permission expresse du Vaguemestre G^al.

À cet effet il sera mis un détachement de 50 gendarmes à la disposition du Vaguemestre G^al, qui est responsable ainsi que tous les off de la gendarmerie, et les gendarmes de L'exécution de ces dispositions desquelles le succès de la campagne peut dépendre

Par ordre de L'Empereur

Le Maréchal d'Empire

Major Géneral.

duc de dalmatie

Le 14 juin 1815

Beaumont le 14 juin 1815.

Ordre de mouvement

Demain 15, à 2 heures et demie du matin, la division de cavalerie légère du Général Vandamme montera à cheval et se portera sur la route de Charleroi, elle enverra des partis dans toutes les directions pour éclairer le pays et enlever les postes ennemis, mais chacun de ces partis sera au moins de 50 hommes; avant de mettre en marche la division, le Général Vandamme s'assurera qu'elle est pourvue de cartouches.

À la même heure, le Lieutenant général Pajol réunira le 1er corps de cavalerie et suivra le mouvement de la division du Gal Domon, qui sera sous les ordres du général Pajol, les divisions du 1er corps de cavalerie ne fourniront point de détachement. Ils seront pris dans la 3e division; le général Domon laissera sa batterie d'artillerie pour marcher après le 1er bon du 3e corps d'infanterie; le Lieutenant Gal Vandamme lui donnera des ordres en conséquence.

Le Lieutenant général Vandamme fera battre la diane à 2 heures et demie du matin; à 3 heures il mettra en marche son corps d'armée et le dirigera sur Charleroi; la totalité de ses bagages et embarras seront parqués en arrière et ne se mettront en marche qu'après que le 6e corps et la garde impériale auront passé. Ils seront sous les ordres du Vaguemestre général qui les réunira à ceux du 6e corps, de la garde impériale et du grand quartier général et leur donnera des ordres de mouvement.

Chaque division du 3e corps d'armée aura avec elle sa batterie et ses ambulances; toute autre voiture qui serait dans les rangs sera brulée.

Mr le Comte de Lobau fera battre la diane, à 3 heures et demie, et il mettra en marche le 6e corps d'armée à 4 heures pour suivre le mouvement du Général Vandamme et l'appuyer : il fera observer le même ordre de marche pour les troupes, l'artillerie, les ambulances et les bagages, qui est prescrit au 3e corps.

Les bagages du 6e corps seront réunis à ceux du 3e sous les ordres du Vaguemestre général, ainsi qu'il est dit.

La jeune garde battera la diane à 4 heures et demie et se mettra en marche à 5 heures, elle suivra le mouvement du 6e corps, sur la route de Charleroi.

Les chasseurs à pied de la garde batteront la diane à 5 heures et se mettront en marche à 5 heures et demie, pour suivre le mouvement de la jeune garde.

Les grenadiers à pied de la garde batteront la diane à 5 heures et demie et partiront à 6 heures pour suivre le mouvement des chasseurs à pied. Le même ordre de marche pour l'artillerie les ambulances et les bagages, prescrit pour le 3ᵉ corps d'infanterie, sera observé dans la Garde impériale.

Les bagages de la garde seront réunis à ceux du 3ᵉ et 6ᵉ corps d'armée sous les ordres du Vaguemestre général qui les fera mettre en mouvement.

Mʳ le Maréchal Grouchy fera monter à cheval, à 5 heures et demie du matin, celui des trois autre corps de cavalerie qui sera le plus près de la route et lui fera suivre le mouvement sur Charleroi, les deux autres corps partiront successivement à une heure d'intervalle l'un de l'autre, mais Mʳ le Maréchal Grouchy aura soin de faire marcher la cavalerie sur des chemins lattéraux de la route principale que la colonne d'infanterie suivra, afin d'éviter l'encombrement et aussi pour que sa cavalerie observe un meilleur ordre. Il prescrira que la totalité des bagages reste en arrière parquée et réunie jusqu'au moment où le Vaguemestre général leur donnera l'ordre d'avancer.

Mʳ le Comte Reille fera battre la diane à 2 heures et demie du matin et il mettra en marche le 2ᵉ corps à 3 heures. Il le dirigera sur Marchiennes au pont où il fera en sorte d'être rendu avant neuf heures du matin; Il fera garder tous les ponts de la Sambre afin que personne ne passe. Les postes qu'il laissera seront successivement relevés par le premier corps, mais il doit tâcher de prévenir l'ennemi à ces ponts pour qu'ils ne soient pas détruits surtout celui de Marchiennes par lequel il sera probablement dans le cas de déboucher et qu'il faudrait faire aussitôt réparer s'il avait été endommagé.

À Thuin et à Marchiennes ainsi que dans tous les villages sur sa route. Mʳ le Comte Reille interrogera les habitants afin d'avoir des nouvelles des positions et forces des armées ennemies; Il fera aussi prendre les lettres dans les bureaux de poste et les dépouillera pour faire aussitot parvenir à l'Empereur les renseignements qu'il aura obtenus.

Mʳ le Comte d'Erlon mettra en marche le 1ᵉʳ corps à 3 heures du matin et il le dirigera aussi sur Charleroi, en suivant le mouvement du 2ᵉ corps, duquel il gagnera la gauche le plustôt possible, pour le soutenir et l'appuyer au besoin. Il tiendra une brigade de cavalerie en arrière pour se couvrir et pour maintenir, par de petits détachements, ses communications avec Maubeuge, il enverra des partis en avant de cette place dans les directions de Mons et de Binch, jusqu'à la frontière pour avoir des nouvelles des ennemis et en rendre compte aussitôt, ces partis auront soin de ne pas se compromettre et de ne pas dépasser la frontière.

M^r le Comte d'Erlon fera occuper Thuin par une division et si le pont de cette ville était détruit, il le ferait aussitôt réparer, en même temps qu'il fera tracer et exécuter immédiatement une tête de pont sur la rive gauche. La division qui sera à Thuin, gardera aussi le pont de l'abbaye d'Alnes, où M^r le Comte d'Erlon fera également construire une tête de pont sur la rive gauche.

Le même ordre de marche prescrit au 3e corps pour l'artillerie, les ambulances et les bagages sera observé aux 2e et 1er corps, qui feront réunir leurs bagages et marcher à la gauche du 1er corps sous les ordres du Vaguemestre le plus ancien.

Le 4e corps (Armée de la Moselle) a reçu ordre de prendre aujourd'hui position en avant de Philippeville, si son mouvement est opéré et si les d^{ons} qui composent ce corps d'armée sont réunies, M^r le Lieutenant Général Gérard les mettra en marche demain, à 3 heures du matin, et les dirigera sur Charleroi, Il aura soin de se tenir à hauteur du 3e corps avec lequel il communiquera afin d'arriver à peu près en même temps devant Charleroi, mais le Gal Gérard fera éclairer sa droite et tous les débouchés qui vont sur Namur; il marchera serré en ordre de bataille, fera laisser à Philippeville tous ses bagages et embarras, afin que son corps d'armée se trouvant plus léger, soit plus à même de manœuvrer.

Le général Gérard donnera ordre à la 14e division de cavalerie qui a dû aussi arriver aujourd'hui à Philippeville de suivre le mouvement de son corps d'armée sur Charleroi où cette division joindra le 4e corps de cavalerie.

Les Lieutenants Généraux Reille, Vandamme, Gérard et Pajol se mettront en communication par de fréquents partis et ils règleront leur marche de manière à arriver en masse et ensemble devant Charleroi. Ils mettront autant que possible à l'avant-garde des officiers qui parlent flamand pour interroger les habitants et en prendre des renseignements, mais ces officiers s'annonceront comme commandant des partis sans dire que l'armée est en arrière.

Les Lieutenants Généraux Reille, Vandamme et Gérard feront marcher tous les sapeurs de leurs corps d'armée, (ayant avec eux des moyens pour réparer les ponts.) après le 1er régiment d'infanterie légère et ils donneront ordre aux officiers du Génie de faire réparer les mauvais passages, ouvrir des communications lattérales et placer des ponts sur les courants d'eau où l'infant^ie devrait se mouiller pour les franchir.

Les Marins, les sapeurs de la garde, et les sapeurs de la réserve marcheront après le 1er régiment du 3e corps. Les Lieutenants Généraux Rogniat et Haxo seront à leur tête. Ils n'amèneront avec eux que deux ou trois voitures, le surplus du parc du Génie marchera à la gauche du 3e corps. Si on rencontre l'ennemi, ces troupes ne seront point engagées mais les Généraux Haxo et Rogniat les emploieront aux travaux de passage de rivière de tête de pont de réparations de chemins et d'ouvertures de communications.

La cavalerie de la Garde suivra le mouvement sur Charleroi et partira à 8 heures.

L'Empereur sera à l'avant-garde sur la route de Charleroi, MM les Lieutenants Généraux auront soin d'envoyer à Sa Majesté de fréquents rapports sur leurs mouvements et les renseignements qu'ils auront recueillis; ils sont prévenus que l'intention de S.M. est d'avoir passé la Sambre avant midi et de porter l'armée à la rive gauche de cette rivière.

L'équipage de pont sera divisé en deux sections; la 1ère section se subdivisera en trois parties chacune de 5 bateaux et de 5 pontons d'avant-garde pour jeter trois ponts sur la Sambre. Il y aura à chacune de ces subdivisions une compagnie de pontonniers la 1ère section marchera à la suite du parc du Génie après le 3e corps.

La 2e section restera avec le parc de réserve d'artillerie à la colonne des bagages; elle aura avec elle la 4e compagnie de pontonniers.

Les équipages de l'Empereur et les bagages du grand quartier général seront réunis et se mettront en marche à 10 heures, aussitôt qu'ils seront passés, le Vaguemestre général fera partir les équipages de la garde impériale du 3e corps et du 6e corps, en même temps il enverra ordre à la colonne d'équipages de la réserve de la cavalerie de se mettre en marche et de suivre la direction que la cavalerie aura prise.

Les ambulances de l'armée suivront le quartier général et marcheront en tête des bagages; mais dans aucun cas ces bagages ainsi que les parcs de réserve de l'artillerie et la seconde section de l'équipage de pont ne s'approcheront à plus de 3 lieues de l'armée, à moins d'ordre du Major G^al et ils ne passeront la Sambre ainsi que par ordre.

Le Vaguemestre général formera des divisions de ces bagages et il y mettra des officiers pour les commander afin de pouvoir en détacher ce qui sera ensuite appelé au quartier général ou pour le service des officiers.

L'Intendant Général fera réunir à cette colonne d'équipages, la totalité des bagages et transports de l'administration auxquels il sera assigné un rang dans la colonne. Les voitures qui seront en retard prendront la gauche et ne pourront sortir du rang qui leur sera donné que par ordre du Vaguemestre général.

L'Empereur ordonne que toutes les voitures d'équipages qui seront trouvées dans les colonnes d'infanterie, de cavalerie ou d'artillerie soient brûlées, ainsi que les voitures de la colonne des équipages qui quitteront leur rang et intervertiront l'ordre de marche, sans la permission expresse du Vaguemestre général.

À cet effet il sera mis un détachement de 50 Gendarmes, à la disposition du Vaguemestre Général, qui est responsable ainsi que tous les officiers de la Gendarmerie et les Gendarmes de l'exécution de ces dispositions desquelles le succès de la campagne peut dépendre.

Par ordre de l'Empereur
le M^{al} d'Empire
Major G^{al}
Signé Duc de Dalmatie.

Collationné

—ᴧ—

Certifié conforme à l'original communiqué en 1859 par la famille du Gal Rogniat.

Paris, le septembre 1859.

Le Colonel, Conservateur des Archives etc. du Dépôt de la Guerre Brahaut

Beaumont, le 14 juin 1815.

Le Mᵃˡ duc de Dalmatie, Major gal, au Mᵃˡ Grouchy

Demain 15, à deux heures et demie du matin, la division de cavalerie légère du Gᵃˡ Vandamme montera à cheval et se portera sur la route de Charleroy. Elle enverra des partis dans toutes les directions pour éclairer le pays et enlever les postes ennemis, mais chacun de ces partis sera au moins de cinquante hommes. Avant de mettre en marche la division, le Gᵃˡ Vandamme s'assurera qu'elle est pourvue de cartouches.

À la même heure, le Lᵗ Gᵃˡ Pajol réunira le 1ᵉʳ corps de cavalerie et suivra le mouvement de la division du Gᵃˡ Domon, qui sera sous les ordres du Gᵃˡ Pajol. Les divisions du 1ᵉʳ corps de cavalerie ne fourniront point de détachements. Ils seront pris dans la 3ᵉ division. Le Gᵃˡ Domon laissera sa batterie d'artillerie pour marcher après le 1ᵉʳ bataillon du 3ᵉ corps d'infanterie. Le Lᵗ Gᵃˡ Vandamme lui donnera des ordres en conséquence.

Le Lᵗ Gᵃˡ Vandamme fera battre la diane à 2 heures et demie du matin. À 3 heures, il mettra en marche son corps d'armée, et le dirigera sur Charleroy. La totalité de ses bagages et embarras seront parqués en arrière et ne se mettront en marche qu'après que le 6ᵉ corps et la Garde impériale auront passé. Ils seront sous les ordres du vaguemestre général, qui les réunira à ceux du 6ᵉ corps, de la Garde impériale et du grand quartier général, et leur donnera des ordres de mouvement.

Chaque division du 3ᵉ corps d'armée aura avec elle sa batterie et ses ambulances. Toute autre voiture qui serait dans les rangs sera brûlée.

Mʳ le Cᵗᵉ de Lobau fera battre la diane à trois heures et demie, et il mettra en marche le 6ᵉ corps d'armée à 4 heures pour suivre le mouvement du Gᵃˡ Vandamme et l'appuyer. Il fera observer le même ordre de marche pour les troupes, l'artillerie, les ambulances et les bagages, qui est prescrit au 3ᵉ corps.

Les bagages du 6ᵉ corps seront réunis à ceux du 3ᵉ, sous les ordres du vaguemestre général, ainsi qu'il est dit.

La jeune garde battra la diane à 4 heures et ½, et se mettra en marche à cinq heures; elle suivra le mouvement du 6ᵉ corps sur la route de Charleroy.

Les chasseurs à pied de la Garde battront la diane à cinq heures, et se mettront en marche à cinq heures et demie pour suivre le mouvement de la jeune garde.

Extrait du livre d'ordres imprimé du Mᵃˡ Soult.

On lit dans le livre d'ordres du Mᵃˡ Soult; Cet ordre a été porté :

À MMʳˢ les Lᵗˢ Gaux. . . . . . par Mʳˢ

d'Erlon . . . . Ramorins

Reille. . . . . Macarty (sic)

Vandamme . . . . Faviers (sic)

De Lobau . . . . Poirot

Gérard. . . . . Bénard

Drouot. . . . . Gentet

Ruty. . . . . Lefébvre

Rogniat . . . . Lefébvre

Mᵃˡ ducx de Trévise. . . . . . . Gentet

Mᵃˡ Grouchy . . . . Vaucher

D'Aure. . . . . Ricon

Radet. . . . . Michal

Ordre de mouvement de l'armée du Nord pour le 15 juin. – Dispositions et spéciales relatives aux bagages

Les grenadiers à pied de la Garde battront la diane à cinq heures et demie, et partiront à 6 heures, pour suivre le mouvement des chasseurs à pied. Le même ordre de marche pour l'artillerie les ambulances et les bagages, prescrit pour le 3ᵉ corps d'infanterie, sera observé dans la Garde impériale.

Les bagages de la Garde seront réunis à ceux des 3ᵉ et 6ᵉ corps d'armée, sous les ordres du vaguemestre général, qui les fera mettre en mouvement.

Mʳ le Mᵃˡ Grouchy fera monter à cheval, à 5 heures et ½ du matin, celui des trois autres corps de cavalerie qui sera le plus près de la route, et lui fera suivre le mouvement sur Charleroy. Les deux autres corps partiront successivement à une heure d'intervalle l'un de l'autre, mais Mʳ le Mᵃˡ Grouchy aura soin de faire marcher la cavalerie sur les chemins latéraux de la route principale, que la colonne d'infanterie suivra afin d'éviter l'encombrement, et aussi pour que sa cavalerie observe un meilleur ordre. Il prescrira que la totalité des bagages reste en arrière, parquée et réunie, jusqu'au moment où le vaguemestre général leur donnera l'ordre d'avancer.

Mʳ le Cᵗᵉ Reille fera battre la diane à deux heures et demie du matin, et il mettra en marche le 2ᵉ corps à trois heures. Il le dirigera sur Marchiennes-au-pont, où il fera en sorte d'être rendu avant neuf heures du matin. Il fera garder tous les ponts de la Sambre afin que personne ne passe. Les postes qu'il laissera seront successivement relevés par le 1ᵉʳ corps, mais il doit tâcher de prévenir l'ennemi à ces ponts pour qu'ils ne soient pas détruits, surtout celui de Marchiennes, par lequel il sera probablement dans le cas de déboucher, et qu'il faudrait faire aussitôt réparer, s'il avait été endommagé.

À Thuin et à Marchiennes, ainsi que dans tous les villages sur sa route, Mʳ le Cᵗᵉ Reille interrogera les habitants, afin d'avoir des nouvelles des positions et forces des armées ennemies. Il fera aussi prendre les lettres dans les bureaux de poste, et les dépouillera pour faire aussitôt parvenir à l'Empereur les renseignements qu'il aura obtenus.

Mʳ le Cᵗᵉ d'Erlon mettra en marche le 1ᵉʳ corps à trois heures du matin, et il le dirigera aussi sur Charleroy en suivant le mouvement du 2ᵉ corps, duquel il gagnera la gauche le plus tôt possible pour le soutenir, et l'appuyer au besoin. Il tiendra une brigade de cavalerie en arrière pour se couvrir et pour maintenir par de petits détachements ses communications avec Maubeuge. Il enverra des partis en avant, de cette place, dans les directions de Mons et de Binch jusqu'à la frontière pour avoir des nouvelles des ennemis et en rendre compte aussitôt. Les partis auront soin de ne pas se compromettre, et de ne point dépasser la frontière.

M^r le Cte d'Erlon fera occuper Thuin par une division et si le pont de cette ville était détruit, il le ferait aussitôt réparer en même temps qu'il fera tracer et exécuter immédiatement une tête de pont sur la rive gauche. La division qui sera à Thuin gardera aussi le pont de l'abbaye d'Alnes, où M^r le Cte d'Erlon fera également construire une tête de pont sur la rive gauche.

Le même ordre de marche prescrit au 3e corps pour l'artillerie, les ambulances et les bagages, sera observé aux 2e et 1er corps, qui feront réunir leurs bagages et marcher à la gauche du 1er corps sous les ordres du vaguemestre le plus ancien.

Le 4e corps (Armée de la Moselle) a reçu ordre aujourd'hui de prendre position en avant de Philippeville. Si son mouvement est opéré, et si les divisions qui composent ce corps d'armée sont réunies, M^r le Lt Gal Gérard les mettra en marche demain à trois heures du matin, et les dirigera sur Charleroy. Il aura soin de se tenir à hauteur du 3e corps, avec lequel il communiquera, afin d'arriver à peu près en même temps devant Charleroy. Mais le Gal Gérard fera éclairer sa droite et tous les débouchés qui vont sur Namur, il marchera serré en ordre de bataillon, fera laisser à Philippeville tous les bagages et embarras, afin que son corps d'armée, se trouvant plus léger, soit plus à même de manouvrer.

Le Gal Gérard donnera ordre à la 14e division de cavalerie, qui a dû aussi arriver aujourd'hui à Philippeville, de suivre le mouvement de son corps d'armée sur Charleroy, où cette division joindra le 4e corps de cavalerie.

Les L^ts G^aux Reille, Vandamme, Gérard et Pajol, se mettront en communication par de fréquents partis, et ils régleront leur marche de manière à arriver en masse et ensemble devant Charleroy. Ils mettront autant que possible à l'avant-garde des officiers qui parlent flamand, pour interroger les habitants, et en prendre des renseignements. Mais ces officiers s'annonceront comme commandant des partis, sans dire que l'armée est en arrière.

Les L^ts G^aux Reille, Vandamme et Gérard feront marcher tous les sapeurs de leurs corps d'armée (ayant avec eux des moyens pour réparer les ponts), après le 1er régiment d'infanterie légère, et ils donneront ordre aux officiers du génie de faire réparer les passages mauvais, ouvrir des communications latérales et placer des ponts sur des courants d'eau où l'infanterie devrait se mouiller pour les franchir.

Les marins, les sapeurs de la Garde, et les sapeurs de la réserve marcheront après le 1er régiment du 3e corps, les Lieutenants-Généraux Rogniat et Haxo seront à leur tête; ils n'emmèneront avec eux que deux ou trois voitures. Le surplus du parc du génie marchera à la gauche du 3ᵉ corps. Si on rencontre l'ennemi, ces troupes ne seront point engagées, mais les généraux Rogniat et Haxo les employeront aux travaux de passage de rivière, de têtes de pont, de réparations de chemins et d'ouverture de communication etc.

La cavalerie de la Garde suivra le mouvement sur Charleroy et partira à huit heures.

L'Empereur sera à l'avant-garde, sur la route de Charleroy. Mʳˢ les Lieutenants-Généraux auront soin d'envoyer à Sa Majesté de fréquents rapports sur leurs mouvements et les renseignements qu'ils auront recueillis. Ils sont prévenus que l'intention de Sa Majesté est d'avoir passé la Sambre avant midi, et de porter l'armée à la rive gauche de cette rivière.

L'équipage de ponts sera divisé en deux sections. La première section se subdivisera en trois parties, chacune de cinq pontons et de cinq bateaux d'avant-garde, pour jeter trois ponts sur la Sambre. Il y aura à chacune de ces subdivisions une compagnie de pontonniers. La première section marchera à la suite du parc du génie, après le 3ᵉ corps.

La seconde section restera avec le parc de réserve d'artillerie à la colonne des bagages; elle aura avec elle la 4ᵉ compagnie de pontonniers.

Les équipages de l'Empereur et les bagages du grand quartier général seront réunis et se mettront en marche à dix heures. Aussitôt qu'ils seront passés, le vaguemestre général fera partir les équipages de la Garde impériale, du 3ᵉ corps et du 6ᵉ corps. En même temps il enverra ordre à la colonne d'équipages de la réserve de la cavalerie de se mettre en marche et de suivre la direction que la cavalerie aura prise.

Les ambulances de l'armée suivront le quartier général et marcheront en tête des bagages, mais dans aucun cas ces bagages, ainsi que les parcs de réserve de l'artillerie, et la seconde section de l'équipage de ponts, ne s'approcheront à plus de trois lieues de l'armée à moins d'ordres du Major général, et ils ne passeront la Sambre aussi que par ordre.

Le vaguemestre général formera des divisions de ces bagages, et il y mettra des officiers pour les commander, afin de pouvoir en détacher ce qui sera ensuite appelé au quartier général ou pour le service des officiers.

L'intendant général fera réunir à cette colonne d'équipages la totalité des bagages et transports de l'administration, auxquels il sera assigné un rang dans la colonne. Les voitures qui seront en retard prendront la gauche, et ne pourront sortir du rang qui leur sera donné que par ordre du vaguemestre général.

L'Empereur ordonne que toutes les voitures d'équipages qui seront trouvées dans les colonnes d'infanterie, de cavalerie ou d'artillerie soient brûlées, ainsi que les voitures de la colonne des équipages qui quitteront leur rang et intervertiront l'ordre de marche sans la permission expresse du vaguemestre général.

À cet effet, il sera mis un détachement de cinquante gendarmes à la disposition du vaguemestre général, qui est responsable ainsi que tous les officiers de la gendarmerie et les gendarmes, de l'exécution de ces dispositions, desquelles le succès de la campagne peut déprendre.

Par ordre de l'Empereur le Maréchal d'Empire major g^al

(Signé) Duc de Dalmatie

P.C.C. à l'original communiqué par le Comd^t du Casse en juin 1865.

Le commis chargé du travail : D. Huguenin

———∾∾———

Vu. Le Conservateur des Archives du Dépôt de la Guerre

June 14
Soult
Order of movement dated June 14. Note, the auction summary is "amusing" – as in wrong.

Ordres préparatoires à la bataille de Waterloo

Ensemble de quatorze documents comprenant ordres, rapports et notes dictés par Napoléon concernant les prises de décisions pour l'Armée du Nord en vue de sa formation et de son établissement dans différentes places quelques jours avant l'ultime bataille de Waterloo. Les ordres sont corrigés de la main du Maréchal Soult et dictés par Napoléon 1er.

4ème **document** : Ordre de mouvement daté du 14 juin 1815, écrit depuis Beaumont. Deux doubles feuillets reliés par un ruban rouge. Le rapport est signé du Maréchal Soult. 8 pages in-folio. Le document concerne des ordres pour le Général Vandamme qui doit se porter sur Charleroi, pour le Gal Pajol qui doit se joindre au Gal Domon, ainsi que divers autres ordres très importants. Notons, point amusant lorsque l'on connaît la suite des événements, la présence d'ordres très clairs pour le Maréchal Grouchy, sans doute ceux là-même qu'il prétend n'avoir jamais reçu du Maréchal Soult. Pliures. Corrections (de la main de Soult).

Beaumont, le 14 juin 1815.

Le M^al duc de Dalmatie, major g^al, au Gal Vandamme.

J'ai reçu, Monsieur le Lieutenant Général, votre lettre de ce jour où vous tracez un itinéraire sur Charleroi. Vous verrez, par l'ordre du mouvement que l'Empereur a donné et que je vous envoie, que les 2e et 1er corps doivent déboucher par Marchienne-au-pont. Il ne faut donc pas que votre colonne aille aboutir à Marchienne, car il y aurait confusion, mais vous pourrez passer l'Heure à Ham, à Jamignon (1) ou à Bomerée, où existent des ponts suivant la bonté de la route, et vous en préviendrez les G^aux Pajol et Domon, qui doivent vous précéder.

Je vous préviens qu'il vient de m'être rendu compte qu'il existe à Jamignon (2) un corps prussien de 6000 hommes, avec du canon, qu'il faut faire en sorte d'enlever.

J'en préviens aussi M^r le Maréchal Grouchy, qui doit passer, avec les 2e, 3e et 4e corps de cavalerie, par Stenrieux (1) et Yves (2), où il prendra la route de Philippeville à Charleroi, afin qu'il règle ses mouvements en conséquence.

Aussitôt que vous aurez des renseignements sur les ennemis, envoyez à l'Empereur des officiers pour rendre compte à Sa Majesté de ce que vous aurez appris.

P.C.C. au registre de correspond^ce communiqué par le Comd^t du Casse en juin 1865

(registre du M^al duc de Dalmatie, texte imprimé).

Le commis chargé du travail : D. Huguenin

Il y a lieu de modifier son itinéraire sur Charleroi. – Présence d'un corps prussien à Jamioulx. – Avis en est donné au M^al Grouchy pour qu'il règle sa marche en conséquence. – Envoyer de suite à l'Empereur tous les renseignements qu'il pourra recueillir sur l'ennemi.

(1) sic; il faut lire Jamioulx

(2) Jamioulx

(1) Silenrieux (2) Yve

Vû. Le Conservateur des Archives du Dépôt de la Guerre

Beaumont, le 14 juin 1815.

Le M^al duc de Dalmatie, major g^al, au M^al Grouchy.

Je vous envoie, Monsieur le Maréchal, l'ordre de mouvement pour demain, que l'Empereur vient de donner; conformez-vous à ce qui vous est prescrit dans cet ordre.

Plusieurs routes mènent à Charleroy. En partant de Beaumont, celle de droite passe à Bossus, Fleurieux (1), Vaugenée (1) et Yves (1), où elle joint la grande route de Philippeville à Charleroy.

C'est cette route que vous devez prendre afin de ne pas tomber dans les autres colonnes; mais auparavant, faite-la bien reconnaître et réglez votre mouvement de manière à être toujours à hauteur de la colonne de gauche, à la tête de laquelle le Gal Pajol doit marcher.

Je préviens de la direction que vous prenez M^r le Lt Gal Gérard, dont le corps est formé en avant de Philippeville, et qui doit aussi se porter sur Charleroy par la même direction.

Je dois vous prévenir qu'il vient de m'être rendu compte qu'un corps de six mille prussiens, infanterie, est établi à Jamignon (1).

Si cela est vrai, l'Empereur veut que ce corps soit enlevé; ainsi vous manoeuvrerez en conséquence. J'écris dans le même sens aux Lieutenants Généraux Vandamme et Gérard.

Envoyez-moi un officier au moment où vous vous mettrez en marche, et ensuite toutes les heures pendant le mouvement.

Le Maréchal d'empire major général : (Signé) Duc de Dalmatie.
P.C.C. à l'original communiqué par le Comd^t du Casse en juin 1865.
Le commis chargé du travail : D. Huguenin

—∿∿—

Envoi de l'ordre de mouvement pour le 15 juin. – Route à suivre pour se porter sur Charleroi. – Présence d'un corps prussien à Jamioulx; l'Empereur veut qu'il soit enlevé

(1) Silenzieux, Vogenée Yves

(1) Jamioulx

Vû. Le Conservateur des Archives du Dépôt de la Guerre

Extr. du livre d'ordres imprimé du M^al Soult

Beaumont, le 14 juin 1815.

Le M^al duc de Dalmatie, major g^al, au Gal Gérard.

Avis de la route que suivra le M^al Grouchy (pour se porter sur Charleroi). – Présence d'un corps prussien à Jamioulx.

On l'a prévenu de la direction du M^al Grouchy; il lui a écrit dans le même sens au sujet du corps prussien de Jamignon (1), pour qu'il se règle en conséquence et qu'il s'éclaire toujours bien sur sa droite.

(1) Jamioulx

P.C.C. au registre de corresp^ce du M^al duc de Dalmatie – texte imprimé, - communiqué par le Comd^t du Casse en juin 1865.

Le commis chargé du travail : D. Huguenin

Vu. Le Conservateur des Archives du Dépôt de la Guerre

Beaumont, le 14 juin 1815.

Le M^al duc de Dalmatie, major g^al, au M^al Cte de Grouchy, Comd^t en chef la cavalerie.

Monsieur le Maréchal, les divisions de cavalerie commandées par M^rs les G^aux Soult et Subervie n'ont pas de chefs d'Etat-Major. Avant la dernière organisation de la cavalerie, chaque division avait son adjudant commandant; l'un d'eux, Mr Arnaud de St Sauveur, a été renvoyé à Paris. Il doit rester :

M^rs   Lejeans : au 1er corps d'armée
Chasseriau : id
Feroussat : au 2e id
Dufay : id.
Caillemer : id.
Maurin au 3e id.
Bergeret : au 6e id.
Soubeyran : id.
Rippert : id.

Je vous prie de nous faire rendre compte où sont employés ces officiers. Mr Rippet ayant été placé à la nouvelle 2e division de cavalerie, Mr Feroussat doit se trouver disponible. Je vous invite à le placer à la 4e division commandée par M^r le Gal Soult.

Lorsque vous m'aurez fait connaître à quelles divisions les adjudants-commandants ci-dessus désignés se trouvent, je vous enverrai leurs lettres de service, et je ferai en sorte de pourvoir aux vacances.

Le Maréchal d'Empire major général : (Signé) Duc de Dalmatie.

P.C.C. à l'original communiqué par le comd^t du Casse en juin 1865.

Le commis chargé du travail : D. Huguenin

Adju^dts com^dts dont il le prie de faire connaître l'emploi actuel. – L'adju^dt com^dt Feroussat sera placé à la division du Gal Soult.

Vu. Le Conservateur des Archives du Dépôt la Guerre

Beaumont, le 14 juin 1815.

Le M^{al} duc de Dalmatie major général, au M^{al} Cte Grouchy.

Monsieur le Maréchal, au moment où la campagne va s'ouvrir, je dois vous rappeler qu'il est extrêmement important que vous m'adressiez chaque fois par un aide de camp ou officier d'Etat-major un rapport succinct qui me fasse connaître d'une manière certaine la position de votre quartier général et celle des quatre corps de cavalerie. Cet officier sera en même temps chargé de vous porter les ordres que Sa Majesté m'ordonnera de vous transmettre, et par ce moyen, je pourrai être assuré que ces ordres vous parviendront avec célérité, vous étant portés par un officier qui connaîtra parfaitement votre position.

Je ne puis trop vous recommander, Monsieur le Maréchal, de vous conformer à cette disposition.

Recevez, Monsieur le Maréchal, l'assurance de ma haute considération.

Le M^{al} d'Empire major général : (Signé) Duc de Dalmatie.
P.C.C. à l'original communiqué par le Comd^t du Casse en juin 1865.
Le commis chargé du travail : D. Huguenin

——〜〜〜——

Faire porter, chaque fois par des officiers d'Etat-major ses rapports sur sa position et sur ses opérations

P.S. Le rapport du jour sur vos opérations me sera apporté par un second officier que vous m'enverrez.

Vu. Le Conservateur des Archives du Dépôt de la Guerre

June 14

Soult

Notes dictated by Napoléon.

Gros & Delettrez, Autographes & Manuscrits, 17 May 2006, Lot 166

Ordres préparatoires à la bataille de Waterloo

Ensemble de quatorze documents comprenant ordres, rapports et notes dictés par Napoléon concernant les prises de décisions pour l'Armée du Nord en vue de sa formation et de son établissement dans différentes places quelques jours avant l'ultime bataille de Waterloo. Les ordres sont corrigés de la main du Maréchal Soult et dictés par Napoléon 1er.

7ème **document :** Notes non datées, non signées. Trois feuillets simples manuscrits sur leur recto. Ces feuillets concernent l'attribution de munitions pour l'armée du Nord et leur répartition pour les différents généraux et corps d'armée. Il s'agit de différents types de munitions : canons, cartouches, « projectiles ». 2 et ¾ pages manuscrites avec corrections, de la main du Maréchal Soult. Notes épinglées « Bulletin analytique ». En face de la case « date », on a noté : « Notes dictées par l'Empereur, sans date ».

Intendance Générale
a Son Excellence le duc de Dalmatie Major Général.

Avesnes Le 14 Juin 1815

Monseigneur

J'ai reçu l'ordre de mouvement de l'armée. Je vais rendre compte à Votre Excellence, par un rapport succint, des dispositions que j'ai prises pour le service de l'armée.

<u>Subsistances M^{res}</u>

J'ai donné les ordres nécessaires pour qu'il soit fabriqué, avec la plus grande activité, du pain, dans les places d'Avesnes, Maubeuge, Landrecies, La Capelle et Guise. La totalité de [la] fabrication présentera par jour environ 60 mille rations. Landrecies, La Capelle et Guise verseront le pain qu'elles fabriqueront sur Avesnes. Cette derniere place et celle de Maubeuge dirigeront leurs chargemens sur l'armée.

J'ai ordonné au commissaire des Guerres de Laon de faire distribuer pour 4 jours de vivres à toutes les troupes de passage, afin qu'en arrivant à Avesnes, elles fussent toutes pourvues à l'avance de ces 4 jours. J'avois déjà ordonné le même ordre au Commissaire de guerre de Soissons.

On charge en cette place toutes les voitures des Equipages auxiliaires qui étoient vuides. Leurs chargement se fera en Riz, sel, eau de vie et farine. Celles qui arriveroient à date de demain, chargeront du pain, pour être dirigé sur le grand quartier général.

Comme notre situation n'est nullement rassurante pour la Viande, on réunit, dans ce moment-ci, à Avesnes 800 bêtes qui seront expédiées successivement sur le grand quartier genéral de l'armée. Cette réunion s'effectue au moyen d'une requisition que M. Le S. Préfet, — d'Avesnes, frappe, et dont le montant du prix de ces 800 bêtes sera payé par le Munitionnaire général des vivres - viande avec un secours, en traites sur le Trésor, que je lui fais délivrer ici.

Le parc qui étoit à la suite du Quartier général a reçu ordre de se rendre à Beaumont.

A l'instant, je reçois un rapport du Commissaire des guerres de Laon, qui me mande que le 13, il a fait charger, sur des caissons du 1 Escadron du train des Equipages militaires, 260 quint^x. métriques de farine mélangée, 10 quintaux de sel et 3551 Litres d'Eau de vie. Il fesoit également charger, au moment où il m'écrivoit, sur 17 caissons de la 2e compagnie, 83 q^x métriques de farine, et sur 17 autres caissons de la 1 compagnie du 4ᵉ Escardron, un pareil chargement. Les Co

Les Commissaires des guerres de Landrecies, Guise et de la Capelle me préviennent qu'ils executeront mes ordres pour la fabrication du pain.

Le Commissaire des guerres de la 21ᵉ Division, qui se trouve ici me donne l'assurance, qu'avec les Secours qu'il a trouvés à Landrecies et à Avesnes, sa division aura pour 6 jours de pain, 15 de Riz, d'Eau de vie et de sel. Elle est, en outre, pourvue de la Demi Livre de Riz - que chaque homme doit avoir, d'après l'ordre de Sa Majesté l'Empereur.

Je n'ai reçu aucun rapport des 3ᵉ et 4ᵉ Corps d'armée.

Hôpitaux Mʳᵉˢ

J'ai donnée communication a l'ordonnateur en chef des hôpitaux de la ligne d'évacuation — que Votre Excellence a arrêtée hier.

J'ai également prescrit, au même ordonnateur, de prendre toutes les dispositions possibles, pour réunir sur Beaumont la plus grande quantité de voitures vuides, afin d'evacuer promptement, sur Avesnes [Et] Maubeuge, les blessées que nous ferions dans le cas d'avoir à la suite d'une bataille.

J'ai fait mettre à la disposition du Commʳᵉ des guerres du quartier gᵃˡ de la cavalerie, l'ambulance destinée à la division de garde nationale de Sᵗᵉ Menehould.

L'ordonnateur des hôpitaux a reçu aussi l'ordre de visiter à Beaumont tous les locaux qui pourroient servir à recevoir des blessés.

Transports Mʳᵉˢ

On charge dans ce moment ci, trois compagnies d'Equipages auxiliaires destinées à être à la suite du Quartier général. Elles ont ordre de prendre un chargement de Riz, de sel, de l'eau de vie et de la farine.

Un 4ᵉ compagnie partie de Laon hier, arrivera ce soir à Avesnes. En outre il y a, à la suite du grand quartier gᵃˡ, la 3ᵉ Comp du 4ᵉ Escadron du train des Equipages militaires, forte de 36 caissons. Elle est chargée de 300 gˣ de Riz et de 40 gˣ de sel: elle se dirige sur Beaumont.

<u>Fonds</u>

Le Payeur général, qui est arrivé, me rend Compte qu'il a pris 120 mille francs dans la caisse du Receveur général à Laon. Cette somme arrivera aujourd'hui. Nous prenons également ici 200 mille francs qui étoient destinés à la Solde de l'armée.

Voici la situation du Trésor.
   150,000. en or venus de Paris
   120,000. en argent pris à Laon
   200,000. en argent pris à Avesnes
   <u>200,000.</u> en traites sur le Trésor venus de Paris
   670,000.

Je continuerai à adresser à Votre Excellence un rapport journalier sur toutes les opérations administratives de l'armée.

Daignez, Monseigneur, agrér l'hommage de mon respect,

L'Intendant Général

———≈———

Notes.

La route directe de Beaumont à <u>Marchiennes</u> - un Pont passe par Strée, <u>Doustienne</u>, <u>Thulli</u> et <u>Marbet</u> ; la route est bonne ; Elle a du être raccommodée par les Prussiens, qui ont fait mettre en état toutes les routes qui vont de la Sambre à la frontière.

Le pont de Marchiennes est en pierre ; il est à observer qu'il y a deux ponts près de cette Commune; l'un est sur la <u>Sambre</u> et l'autre sur la rivière <u>d'heure</u> ; ce dernier est aussi en pierre la rive gauche domine, par conséquence la commune est dominée. Cependant avant d'arriver à Marchiennes il y a des hauteurs qui s'abaissent a une forte portée de Canon de cet endroit qui est dans un fond. Il y a sur la gauche un bois assez étendu, des prairies en avant et sur la droite : en sortant demain Marchiennes on descend jusqu'à la Sambre.

La vie gauche de cette rivière domine la rive droite du Côté de <u>Montigny</u>. Sur la droite de <u>Marchiennes</u> <u>un pont</u> et de <u>Maubeuge</u>, les Prussiens ont établi une redoute en face de <u>Mont</u> <u>Sur</u> <u>Marchienne</u> : cet redoute est armé de deux mille pièces de Canon elle se trouve à l'endroit dit la [Tombe] à 1/2 lieue de Charleroy.

Le chemin de Thuin à l'abbaye d'[âne] est plat et Large ; il a dû être mis en état comme les autres. Ce chemin ne descend que près de l'abbaye et de la Sambre.

Le pont de l'abbaye d'âne sur la Sambre est en pierre : on croit cependant qu'il y a une arche maintenant Coupée et remplacée par des [ma] divers.

Le chemin de l'abbaye à <u>fontaine l'eveque</u> est très praticable pour les voitures, mais il est inégal : il suis les inégalités du terrain. Ce chemin est pratiqué par les paysans, parce que c'est la voie la plus courte de Beaumont à fontaine l'évêque. l'abbaye d'âne est entouré de bois et situé dans un grand fond.

Le chemin de traverse pour les piétons venant de <u>Montigny</u> S^t <u>Christophe</u> ou de Beaumont est par la ferme de mont plaisir, près de Thérimont, le village de ragny–la ferme de beau du but, qui se trouve à 1/4 ou 1/2 lieue de l'abbaye d'âne.

Les Ponts de [L'obb] et de Thuin sont en pierre: à L'obb la rive droite domine l'autre. il y a une gué près de la frontière et de fontaine Valmont ; là le terrain est boisé sur la rive gauche qui domine. à Thuin il y a égalité de terrain d'une rive à l'autre.

Les rives de <u>Montigny</u> S^t <u>Christophe</u> à <u>Thuin</u> par L'air forteau est bonne et Large; c'est un chemin vicitral très praticables dans cette saison.

———•———

Principale Route de Beaumont à Charleroi.

Route passable.

En crois que l'Ennemi y a fait des [coupures] depuis huit Jours.

1. Lieue 1/2 . . . . de Beaumont

. . . . a Strée.

3/4 de lieue . . . . de Strée

. . . . a Thully Par Doustienne. . . . Principale route des

1. petite Lieue . . de Thully . . . . voituriers très viable.

. . . . a Marbaik

1 forte Lieue . . . de Marbaik

. . . . à Montigny les Tigneux

1. forte lieue . . . & de montigny les Tigneux

. . . . a Charleroy passant par Marchiennes au pont

Autre route longeant la 1ère a droite.

1. Lieues 1/2 petite 1/2 . . de Beaumont

. . . . . . a Clermont par le bois de beaumont

2. fortes Lieues . . . . . . de Clermont . . . . route

. . . . . . à ham sur heure en passant . . . . passable

. . . . . . par floreinchamps.

1. Lieue 1/2 . . . . . . de ham sur heure en passant par

. . . . . . Chemin qui va au chattellet en s'arrêtant.

1. Lieue. . . . . . . à Louverval

. . . . . . de Louverval

. . . . . . à Charleroy Par [Couittet] et Marcinelle

on pourrait aussi etant à Marbail se diriger sur le chateau de
Baumercé & de la à Charleroi.

Autre route à droite très viable & propre aux transports

1. petite lieue . . . . . de Beaumont

. . . . . à Barbançon

2. fortes lieues . . . . . de Barbançon. . . . . Route

. . . . . à Slenrieux passant par Bossus. . . . . . très

2. Lieues . . . . . de Slenrieux. . . . . praticable

. . . . . a Vaugenée & de la à Yves.

4. petites lieues . . . . . a Charleroi par la G^{de} route
de Philipeville

<u>Autre route à gauche de la 1ere</u>

1. petite lieue.	. . . . . . .de Beaumont
	. . . . . . .à Sartiaux
1. Lieue 1/2	. . . . . . .de Sartiaux
	. . . . . . .à Rangnée
1 Lieue 1/2	. . . . . . .de Rangnée
	. . . . . . .à Gouzée passant par [Bienne] Sur thuin
1. Lieue	. . . . . . .de Gouzée
	. . . . . . .à Baumercé
1. Lieue.	. . . . . . .à Charleroy par marchiennes au Pont

———•———

Le Colonel Command^t le Service Topographique de l'Armée

Brousseau

à Beaumont Le 14 Juin 1815

———∾∾∾———

15. Juin

Bossus, le 14 juin 1815.

Le Maréchal Grouchy à l'Empereur.

Envoi d'une lettre du Gal Pajol contenant des renseignements sur l'ennemi, avec un rapport d'un lieutenant des douanes dont le dévouement pourrait être utilisé.

Sire,

J'ai l'honneur de transmettre à Votre Majesté la lettre par laquelle le Gal Pajol me fournit quelques renseignements sur l'ennemi et sur un mouvement qu'il présume qu'il aurait pu faire vers Mons.

Je joins aussi ici le rapport d'un lieutenant des douanes employé à Bossus, et que j'ai envoyé de l'autre côté de la frontière. Cet individu a précédemment servi dans les chasseurs de la Garde; le zèle et le dévouement dont il est animé pourraient être utilisés. Je le charge donc de ces lignes, pensant qu'il s'acquitterait bien de telle mission que Votre Majesté voudrait lui confier.

Je suis avec respect
de Votre Majesté le très humble sujet.

Pour copie conforme à la minute communiquée par le Comd^t du Casse
en juin 1865.

Le commis chargé du travail : D. Huguenin

————~~————

Vu. Le Conservateur des Archives du Dépôt de la Guerre

déplorable état où se trouvent les hommes de plusieurs batteries d'artillerie. – Nécessité d'y remédier promptement.

Bossus, le 14 (juin 1815) à 2 h après midi.

Le M^al Grouchy au M^al Soult, major g^al

Monsieur le Maréchal,

Je m'empresse de vous prévenir que les hommes du train des batteries d'artillerie attachées aux 4e et 5e divisions, formant le 1er corps de cavalerie, sont dans une déplorable situation quant à l'habillement et au personnel. Il en est de même des soldats du train de la batterie de la 13e division, appartenant au 4e corps.

Les soldats du train sont, pour la plupart, des enfants; ils n'ont point de capotes, peu de bons vêtements, point de bottes. Si le temps froid et pluvieux continue, ils tomberont malades au bivouac, et déserteront. On me rend même compte que plusieurs ont déjà disparu.

J'ai l'honneur de vous prier, Monsieur le Maréchal, de faire changer, dès qu'il sera possible, les soldats du train de ces trois batteries, ou au moins de leur faire donner des vêtements. La chose est d'autant plus nécessaire que ce sont précisément les batteries attachées au 1er corps, uniquement composé de cavalerie légère et destiné à former l'avant-garde, qui se trouvent les moins bonnes.

Il n'y a point de caisson d'infanterie attaché aux batteries du 1er corps de cavalerie. Il est indispensable qu'il en soit envoyé sans délai, et je vous prie d'en donner l'ordre.

Quoique le Général commandant l'artillerie des corps de cavalerie écrive, pour les mêmes objets dont je vous entretiens dans cette lettre, au Lt Gal Ruty, j'ai cru devoir aussi vous en parler, à raison de l'intérêt majeur dont ils sont.

Recevez, Monsieur le Maréchal, les assurances de ma haute considération.

P.C.C. à la minute communiquée par le comd^t du Casse en juin 1865.

Le commis chargé du travail : D. Huguenin

———~~~———

Vu. Le Conservateur des Archives du Dépôt de la Guerre

Au quartier g^{al} à Bossus-les-Valcourt, le 14 juin 1815.

Le M^{al} Grouchy au M^{al} Soult, Major g^{al}.

Monsieur le Maréchal,

J'ai déjà eu l'honneur de prévenir Votre Excellence que les corps d'armée de cavalerie manquaient d'officiers d'État-major. M^r le Cte Pajol, commandant le 1er corps, en me renouvelant sa demande qu'il lui en soit envoyé, me prie de proposer pour Capitaine adjoint à son État-major Mr Goudmetz, capitaine au 1er rég^t de hussards. Je vous prie, Monsieur le Maréchal, de vouloir bien faire commissionner cet officier comme adjoint à l'Etat-major du 1er corps de cavalerie. Je l'ai déjà autorisé à en remplir provisoirement les fonctions.

Agréez
Monsieur le Maréchal
les assurances de ma haute considération.

Le Maréchal comd^t la cavalerie.

P.C.C. à la minute communiquée par le Comd^t du Casse en juin 1865.
Le commis chargé du travail : D. Huguenin

—◦◦◦—

Les 4 corps de cavalerie manquent d'officiers d'État-major. – proposition d'attacher le Capitaine Goudmetz comme adjoint à l'État-m^{or} du 1er corps.

Vu. Le Conservateur des Archives du Dépôt de la Guerre

Bossus, 14 juin 1815.

Le M^{al} Grouchy au Major général (M^{al} Soult).

Positions des quatre corps de cavalerie. – Quartier g^{al} à Bossus. – Bruit général d'une attaque pour le 15 juin.

Monsieur le Maréchal,

J'ai l'honneur de vous rendre compte que le 1er corps de cavalerie est bivouaqué à Fontenelle et Valcourt, le second corps à Bossus, et les 3e et 4e corps à la lisière des bois de Gayolle (?).

Je vous envoie un de mes officiers, de Bossus, où j'ai établi mon quartier (général), pour recevoir vos ordres pour demain.

Je vous transmettrai sous une couple d'heures un rapport que j'attends d'un des douaniers de cette partie de la frontière, qui promet de m'instruire de ce qui se passe en face de nous.

Le bruit que nous devons attaquer demain 15 y est général depuis plusieurs jours.

Recevez, Monsieur le Maréchal, les assurances de ma haute considération.

Pour copie conforme à la minute communiquée par le Comd^t du Casse en juin 1865.

Le commis chargé du travail : D. Huguenin.

———~~———

Vu. Le Conservateur des Archives du Dépôt de la Guerre

Bossus, le 14 juin 1815.

Le M^{al} Grouchy au Gal Kellermann, à Barbançon.

Mon cher Général, lorsque l'Empereur me fait connaître les points occupés par sa Garde, je ne manque pas d'en instruire les commandants des corps sous mes ordres; mais hier comme aujourd'hui, j'ai ignoré où la Garde impériale était stationnée.

Je n'ai donc pu vous le dire. Je vous ai textuellement transmis ce matin les ordres de Sa Majesté. Elle a voulu que toute l'armée bivouaquât aujourd'hui. Comme vous, je sais que des bivouacs par un temps aussi affreux font un tort irréparable à la cavalerie, mais je sais aussi qu'il ne m'appartient point de modifier les ordres que je reçois. Je dois les faire exécuter en m'en affligeant et en me bornant à en représenter les funestes effets.

Je pense qu'on marchera demain à la pointe du jour. Tâchez d'avoir des nouvelles de la division Lhéritier afin de pouvoir la rallier dans la journée de demain.

Une fois pour toutes, dès que votre quartier général est fixé dans un endroit, envoyez à mon quartier général un officier et un sous-officier pour pouvoir vous reporter les ordres que je peux avoir à donner à votre corps. Faites-moi partir pour Bossus à la réception de la présente, car j'aurai sûrement sous peu d'heures un ordre de mouvement à vous envoyer pour demain.

Recevez l'assurance de mes affectueux sentiments.

P.C.C. à la minute communiquée par le Comd^t du Casse en juin 1865.

Le commis chargé du travail : D. Huguenin

—∾∾∾—

Vû. Le Commandant des Archives du Dépôt de la Guerre

14 juin 1815.

Le M^al Grouchy au Gal Pajol, à Estruel.
(entre Barbançon et Bossus sous Waliant, à la pointe des bois que la carte indique comme touchant la grande route.)

Veuillez, Général, vous mettre en marche aujourd'hui 14 juin de manière à arriver avec votre corps réuni au village de Bossus, en avant de Beaumont, à midi. Vous y ferez une halte d'une heure, et y recevrez de nouveaux ordres sur la position définitive où le 1er corps devra bivouaquer ce soir.

Vous vous assurerez si tous les hommes de votre corps d'armée sont pourvus de cartouches, si leurs armes sont en bon état, et si les quatre jours de pain et la demi-livre de riz, qui ont été ordonnés, ont été délivrés.

Dans votre marche pour vous porter à la position provisoire de Bossus, vous veillerez à ce que personne ne s'écarte de la colonne et ne dépasse la frontière. Lorsqu'on sera établi au bivouac pour la nuit, bivouac que je vous indiquerai à votre arrivée à Bossus, il faudra que vous fassiez placer les feux de manière à ne pouvoir être aperçu de l'ennemi. On se mettra à cet effet en arrière des (bois) boqueteaux que je désignerai. Je serai de ma personne à Bossuet; vous viendrez vous y aboucher avec moi. Il faudra y être rendu au plus tard avec votre corps d'armée à midi.

Recevez, etc.

P.C.C. à la minute communiquée par le Comd^t du Casse en juin 1865.

Le commis chargé du travail : D. Huguenin

———

Se mettre en marche aujourd'hui 14 juin, de manière à arriver à midi à Bossus, où il recevra de nouveaux ordres. – S'assurer de l'exécution des intentions de l'Empereur quant à ce que doit emporter chaque soldat et quant aux précautions à prendre vis-à-vis de l'ennemi.

Vu. Le Conservateur des Archives du Dépôt de la Guerre

Faire voir a la garde si ces 2 sous off^{ers} y ont paru, dans le cas contraire donner ordre qu'ils soient jugés et en instruire le M^{tre} il sera ecrit au Cte Reille que l'on ne peut désorganiser ce rég^t ce qui arriverait si on en retirait tous les militaire qui ont servi dans la jeun^e gar^{de}.

Ecrit, le 15 juin

Solre sur Sambre le 14 juin 1815.

À Son Excellence le Maréchal Duc de Dalmatie Major Général

Monsieur le Maréchal

J'ai l'honneur d'adresser à Votre Excellence deux rapports que me fait m^r le Lieutenant Général Bachelu.

Le premier est relatif à la désertion du 2ème d'inf^{te} légère; il paroit qu'ils ont passé à l'ennemi, cependant dans le cas où ils auroient rejoint un des corps de la jeune garde, il seroit important qu'ils fussent arrêtés de suite pour empêcher qu'ils ne fussent suivis par beaucoup d'hommes de ce régiment qui ayant déjà servi dans la jeune garde demandant depuis longtemps à rentrer. J'ai fait dans le tems part de ces réclâmations à S.Ex. le Ministre de la guerre et je lui proposois, (dans le cas où Sa majesté voudroit de ces hommes dans la jeune garde), de n'y faire entrer que ceux qui auroient cinq ans de service, afin de les réduire à un petit nombre et ne pas désorganiser les régiments. Il est à craindre d'un autre côté que si l'on fesoit cela pour le 2e régiment, ceux des autres corps qui ont servi dans la jeune garde, ne fissent la même réclamation. Il vaudroit peut-être mieux couper court à toutes ces réclamations en leur fesant connoitre que l'Empereur veut que chacun reste à son régiment.

Quant au deuxième rapport, je pense qu'il faudroit autoriser ces officiers à partir; d'autant que le régiment en a à la suite et qu'ils ont déjà une lettre d'avis du Ministre.

Je prie Votre Excellence d'agréer mon hommage respectueux.

Le Général Command^t en chef le 2e corps Cte Reille

———◆———

Solre sur Sambre le 14 juin 1815

First report attached to previous.

1. Premier rapport

Mon général,

J'ai l'honneur de vous rendre compte que deux sous officiers le tambour major et le tambour maitre du 2ᵉ régiment d'infanterie legère sont désertés cette nuit, le Colonel a de fortes présomptions qu'ils ont déserté à l'ennemi le tambour major étoit un mauvais sujet qui avoit été gaté parce qu'il étoit bel homme c'est lui qui a entrainé le tambour maitre dont on avoit pas eu à se plaindre jusqu'à ce moment, on lui avoit promis de le faire passer tambour major dans la jeune garde c'est ce qui a fait rediger la plainte dans le sens ou ils n'auroient déserté que pour aller solliciter l'honneur d'y être admis.

J'ai l'honneur de vous observer mon general qu'il y a dans le 2ᵉ regiment environs six cent sous officiers ou soldats sortant de la jeune garde qui ont déjà fait des démarche pour y rentrer et qui ne manqueront pas de quitter leurs drapeaux pour aller s'y présenter s'ils croyent seulement que ces deux déserteurs y ont été recus.

J'ai l'honneur d'etre avec respect mon general

Votre tres humble et tres obeissant serviteur

Bᵒⁿ Bachelu
À Mʳ le Comte Reille
general en chef du 2ᵉ corps

———— ◆ ————

Second report attached to previous.

Plainte en désertion portée contre les nommés Godefroy tambour-major et Dautermann caporal tambour.

À Monsr le Maréchal de camp Husson, Commandant la 1re brigade de la 5e division du 2e corps.

Mon Général,

J'ai l'honneur de vous informer que les nommés Godefroy tambour major et Dautermann cap^al tambour, tous deux du régiment que je commande sont désertés la nuit derniere, je présume que le 1er est parti pour rejoindre le 5e régiment de [tirailleurs] et 2e le 1er régiment de voltigeurs. Le tambour-major à emporté son habillement complet et la chaine de sa canne et le tambour maitre à emporté son habillement et sa canne.

Je vous prie mon Général de vouloir bien en parler au Général en chef, car si ces deux militaires n'étoient punis comme ils le méritent ayant désertés aux avant-postes, six cent hommes sortant de la jeune Garde en feroient autant et désorganiseroient mon régiment.

J'ai l'honneur de vous saluer avec respect.

Le Colonel du 2e régiment d'inf^le légère Maigrot
Herbes le château le 14 juin 1815.

Gal Vandamme

14 Juin 1815

Monseigneur,

J'ai l'honneur de rendre compte à Votre Excellence que je viens d'arriver à Beaumont où toutes mes troupes sont concentrées. Je vais faire exécuter les ordres que Votre Excellence m'a donnés par mon aide-de-camp.

Je transmets à Votre Excellence 1° un rapport du Commandant de la Gendarmerie à Givet.

2° le procès verbal de l'interrogatoire subi par un Diserteur Prussien.

3° un rapport du Brigadier de Gendarmerie à florennes. 4° et une note de l'Inspecteur des douanes à Beaumont ; tous deux contenant des renseignements sur les mouvements de l'ennemi.

J'ai l'honneur d'être

Monseigneur,

de Votre Excellence,

le très-humble et très obéissant serviteur

le Général Comte de l'Empire
D. Vandamme

Beaumont 14 Juin 1815.

——— ◆ ———

(N° 1)

Place de Givet

Gendarmerie Impériale

Rapport du 12 Juin 1815
7 heures du soir

Rive Droite de la Meuse

Le M du Logis à Givet rend compte qu'une patrouille de huit hussards rouges, Prussiens, s'est approchée hier vers les quatre heures du matin, sur la ligne près le Commune de Waulin, après être restée un moment en observation elle s'est retirée.

Le même jour vers les trois ou 4 heures de relevée un offer Prussien a parcouru la ligne, son Escorte ne le suivait que de loin, lui se portait en avant pour regarder et observer.

Le Camp de Givet est levé depuis plusieurs jours les troupes se sont dirigés sur Namur où il y a beaucoup de monde. Il ne reste à Givet que 900 hommes d'Infie Lanwehr et environ 300 hommes d'I[né] de ligne. Il y a aussi à Dinant 500 hommes d'Infie.

Les mouvemens de la ligne sont des mêmes et mêmes force.

Le Lieutenant de la gendie Imple à Givet

Panier

———— ◆ ————

(Nº 2)
Place de Givet

Gendarmerie Impérial

L'an mil huit cent quinze le douze Juin, Nous, Panier, Antoine, Lieutenant de Gend^ie Imp^le à la [derethe] détaché à Givet et par ordre de Monsieur le Lieutenant Général Bon Bourke, Gouverneur de Givet et Charlemont, avons fait Comparaître devant nous un déserteur Prussine qui fut interrogé ainsi qu'il suit.

D - quels sont vos nom, Prénoms, âge, Lieu de naissance, demeur et Profession ?

R - Je m'appelle Rousseau, Pierre, âgé de 23 ans, né à Wesel en prusse, y demeurant, profession de maréchal.

D - de quel rég^t sortez vous et d'où êtes vous déserté ?

R - Je suis parti de chez moi comme volontaire, hussard noir et incorporé dans le [9]^e hussards prussiens, il y a 15 mois que je quittai la ville de Wesel pour venir à L'armée.

D - est-ce que la ville de Wesel a beaucoup fourni de volontaires.

R - Wesel n'a fourni que trois volontaires et tous les trois sont dans ce rég^t.

D - avez-vous prévenu vos camarades que vous désertiez ?

R - Je n'osais confier à personne mon dessin.

D - Votre Rég^t est-il fort, ou est-il cantonné et d'ou avez-vous déserté ?

R - Le Rég^t est fort de trois Escadrons et l'Escadron est composé de 120 à 130 hommes. Le rég^t est Cantonné dans les communes environnantes Sinay. Je suis déserté cette nuit en Etant de Puquet et venant de relever les védêttes sur la ligne dans les environs de Waulin.

D - Etes-vous brigadier ou M^al des logis ?

R - J'ai été M des logis mais pour avoir commises quelques petites [ineortades] on me cessa, et je fais depuis le service de [B^er].

D - Etes vous beaucoup de Cavalerie dans ces contrées ?

R - Nous sommes trois rég^{ts} de Cavalerie, formant une brigade commandée par le Général <u>hobe</u>, un rég^t de Dragons, un de Lanciers et le 3e d'hussards forts chacun de 300 à 350 hommes.

D - les trois Rég^{ts} sont-ils ensemble et combien peuvent-ils tenir de terres sur la ligne ?

R - les trois rég^{ts} sont rapprochés le plus possible l'un de l'autre. Nous tenons sur les villages les plus rapprochés de Sinay et pouvons tenir une ligne de 4 à 5 Lieues, depuis Dinant jusque Margotier.

D - quelle Espèce de troupe avec-vous à votre Gauche ?

R - Nous avons à notre Gauche une autre Brigade de Cavalerie composée aussi de trois Rég^{ts} commandée par un G^{al} dont je ne connais pas le Nom.

D - quelle est la ligne que cette Brigade peut tenir ?

R - Je crois qu'elle s'etend depuis le dessus de Waulin jusque du côté d'arlon.

D - Savez-vous si le camp de Sinay est considérable et si l'Inf^{ie} est retranchée ?

R - Le camp de Sinay, qui est en trois parties, n'est aucunement retranché. Il n'est composé que de 900 à 1000 hommes d'Inf^{ie} dont un B^{on} de L'andwerts, fort de 600 hommes et 3 à 400 cents (sic) hommes d'Inf^{ie} de ligne. Point d'art^{ie}

D - La ville de Dinant a-t-elle une forte Garnison et y avez-vous des Magazins ?

R - Il y a à Dinant 1100 hommes de la Landewert, Point de Cavalerie ni artillerie. Point de magasins néanmoins nous y allons chercher nos fourrages mais il ne nous est délivré qu'au jour le jour

D - demande-t-on dans le pays de réquisitions, contributions come aussi des levées d'hommes ?

R - Non, d'aucune Espèce et point de levée d'hommes.

D - Savez-vous ou est la grande armée Prussienne et quelle est sa force ?

R - On nous dit quelle prend depuis Namur, Charleroy et s'étend jusque Mons, ou tous la dit considérable et bon nombre d'art^ie.

D - Savez-vous si du Côté d'Arlon, Luxembourg &^a il y ait beaucoup de troupes ?

R - on nous dit que les [Caseques] Occupent ces contrées.

D - Savez-vous s'il arrive encore à l'armée Prussienne des Prussiens et des russes ?

R - Il est question dans nos cantonnemens de l'arrivée de beaucopu de Russes, on dit qu'ils arrivent par Luxembourg, sur des voitures, mais il n'est pas question de Prussiens

D- Savez-vous si la guerre doit bientôt commencer et quelle est le service que doivent faire vos régimens en cas d'attaque ?

R - Nous ne sommes pas instruits du jour de l'attaque mais on nous dit que les hostilités vont commencer ce qu'il y a de certain nous sommes toujours sur le qui vive et nos chevaux sont toujours sellés.

D - que disent les paysans ou vous êtes cantonnés ?

R - Nous ne savons rien des paysans.

D - Pourquoi êtes vous déserté ?

R - C'est une jeune personne de la commune de focan que j'ai connue [ici] un an et a laquelle se suis intentionné de marier qui m'a porté à ce crime. Focan est une commune près de Beauraing.

D - votre intention est-elle de servir en France ?

R - oui, mais je désirerais me marier auparavant.

Je redige le présent pour être remis sans délai à monsieur le lieutenant général gouverneur qui en fera ce qu'il jugera convenable.

à Givet Le 12 Juin 1815 —
Le Lieutenant de la gend^rie
Panier

(N° 3)

florennes le 13 Juin 1815.

Béranger Brigadier de Gend à florennes.

A Monsieur le Maréchal de Camp Comd^t Supérieur la Place de Philippeville,

Mon Général.

J'ai l'honneur de vous rendre compte que j'ai appris dans la patrouille de ce Matin, que trois lanciers prussiens, sont [vénus] hier vers les Cinq heures du soir a Oret ils ont rafréchies et se sont retirés,

On dit qu'il y a Cinq Cens hommes d'Infanterie prussiennes dans la Commune de Bienne Polonaise, quinze Cents à la Commune de [Jintez/ Imtez], et Environs 200 a Cherpine,

Beaucoup d'artillerie quils [a] avaient portées sur Charleroi ont fait un mouvemen Rétrogade sur Namur, C'est ce qu'il porte a croire aux paysans de ces Contrées que ce troupe se dispose a la Retraite.

J'ai l'honneur d'être avec un profond Réspect

Mon Général

Le très humbel et très obéisant serviteur

Béranger

———◆———

(N° 4)

Un rapport dit que l'armée travaille à Montigny Letaigne et à Marchiennes le pont près Charleroi, à réparer les routes pour conduire de l'artillerie hier il en a été conduit de cette dernière ville vers Mons.

Il paraitrait au total qu'il n'y a qu'environ 20,000 hommes sur la frontière dont le point central est Charleroy. Ces corps dépend d'un [lus] considerable aux ordres de feld maréchal Blucker.

Des bruit courent et ce serait assez confirmé par le rapport d'un déserteur que des Russes qui ont passé le Rhin il y a quelques jours, sont transportés à marche forcée sur le pays de Luxembourg.

———※———

Monseigneur,

J'ai reçu les deux lettres que Votre excellence m'a fait l'honneur de m'écrire pour me donner avis des ordres qu'elle a prescrits pour assurer les différents services du 3ème corps d'armée. Je m'empresse de remercier Votre Excellence de toutes ses bontés pour nous. Nous en sommes on ne peut plus reconnaissants et nous saurons nous en rendre dignes par notre dévouement à la Patrie et à l'Empereur.

J'ai l'honneur d'être
Monseigneur
de Votre Excellence

le très-humble et très-obéissant serviteur
le Général Comte de l'Empire
D. Vandamme
Clermont 14 juin 1815.

Transmettre la lettre ci jointe au ministre de la Guerre.

Exp. Le 15 juin

Monseigneur,

J'ai l'honneur de rendre compte à Votre Excellence que le 3ème corps a fait le mouvement qui m'a été ordonné.

Les 10e et 11e divisions sont en colonne, à cheval sur la route de Clermont, la droite à la ferme de jettefeuille.

La 5e est en avant de la 10e dans la même direction et sur la hauteur en arrière de Clermont.

La 3e division de cavalerie est en avant de Clermont.

La réserve et le parc d'artillerie en arrière de la 10e division.

Je transmets à Votre Excellence les renseignements que je viens de recueillir :

De Clermont à Charleroi, il y a 4 lieues. La frontière est à une portée de carabine de Clermont. La route est bonne. Elle passe en sortant de Clermont entre Ausogne et Thully, de là à Marbais. Dans ce dernier village la route de Charleroi a deux embranchements, l'un va sur Strée, l'autre sur Clermont.

De Marbais à Montigny le Tilleul. La route traverse la foret l'espace d'une demi-lieue.

De Montigny à Marchiennes, la Sambre longe la gauche de ce dernier village. Il se trouve sur cette rivière un pont que l'ennemi a rétabli. Si l'on voulait éviter Marchienne, il faudroit se jetter à droite et l'on trouveroit le ruisseau d'Eur qui est profond, encaissé et sans pont.

A Donstienne, un quart de lieue en avant de Clermont, il y a un poste de cavalerie de 10 à 12 hommes. Ce village a une communication couverte par un rideau avec Strée où l'on apperçoit également des postes de cavalerie. Je n'ai apperçu ce matin qu'environ deux escadrons.

Je joins ici, Monseigneur, une lettre du Maréchal de camp Dupuy qui m'annonce que la garnison de Philippeville a fait un don patriotique de deux jours de solde.

J'ai l'honneur d'être, Monseigneur, de Votre Excellence,

le très-humble et très-obéissant serviteur
le Général Comte de l'Empire
D. Vandamme

Clermont 14 juin 1815.

reçu le 14 à 8ʰᵉˢ du soir. Expédié à la dᵒⁿ sur le champ

Ordre du jour.

Soldats du 3ᵉ corps.

De nombreux ennemis menacent nos frontieres et se proposent le pillage de notre pays, le partage de nos belles provinces, l'asservissement du peuple français.

Mille ecrits sédicieux ont été repandus dans vos rangs; ni les offres ni les menaces n'ont pû vous ébranler entierement à la patrie et à l'Empereur vous avez [inspiré] ces indignes menaces. C'est par des actes de valeur, d'héroïsme que vous allez répondre à toutes ces injures. Nous sommes au moment de franchir les frontieres pour porter les premiers coups; nous prouverons ce que peuvent sur nous, l'amour de la patrie, l'attachement et l'admiration que nous inspire notre auguste monarque. Guidés par son génie nous surmonterons tous les obstacles qui pourraient se presenter. Observez partout la plus éxacte discipline sans elle il n'y a point de vraie gloire, elle assurera nos succès.

Au quartier général à Clermont le 14 juin 1815.

Le Gᵃˡ en chef Signé Cᵗᵉ Vandamme

P.C.C. l'adjudant commandant sous-chef de l'Etat major du 3ᵉ corps Trézel

———∽∽∽———

Monsieur l'ordonnateur,

Son Excellence le G^al en chef comte Vandamme me charge d'avoir l'honneur de vous prévenir, que vous devez mettre tout en œuvre, pour faire arriver sur beaumont le plus de vivres possible, de ceux que vous avez déjà pour le corps d'armée. Vous ferez prendre à vos convois la grande route de Philippeville à beaumont.

Le q^er g^al sera etabli ce soir à clermont village situé un peu en avant de beaumont et à droite, à une lieue de distance. Si vous pouvez éviter de passer par beaumont, vous le ferez, attendu que cette ville va être encombrée de tout le quartier g^al de l'empereur.

Son Ex^ce vous recommande de prescrire aux commissaires des guerres des places de Philippeville, Givet etc de faire le plus de pain possible, pour le service de toute l'armée. L'Empereur lui-même a ordonné cette disposition.

Veuillez indiquer par le retour de l'ordonnance, ou même renvoyez-en une autre plus fraiche, l'heure a peut [sic] près à la quelle votre tête de convoi pourra arriver.

Recevez, Monsieur l'ordonnateur, l'assurance de mon sincère attachement.

L'adj^t command^t sous chef de l'Etat major G^al du 3e corps d'armée.
Par son ordre le Chef [G^al] bat^on adj^t Guyardin

À Mr Douradon, Ordonnateur du 3e corps, à Philippeville ou en route

——— ·∾· ———

reçu le 14 a 8ʰᵉˢ du soir et donné de suite
l'ordre en conséquence

Ordre du jour.

D'après les ordres de Son Excellence le Général en chef Comte Vandamme, Messieurs les généraux commandant les divisions, le genie, l'artillerie, ainsi que Monsieur l'ordonnateur en chef sont invités à envoyer tous les soirs à l'état major général, un sous-officier qui connoisse bien leur logement afin que les ordres n'éprouvent aucun retard. Au quartier-général a Clermont le 14 juin 1815.

L'adjudant-commandant sous-chef de l'état-major général du 3ᵐᵉ corps Trézel

———— ♦ ————

Ordre du jour.

Les divisions du corps d'armée sont prévenus que le service de l'inspection est réparti ainsi qu'il suit :

Mʳ Carré Inspecteur en chef, chargé du service de l'État-major

Mʳ Leroy sous-inspecteur; de la 10ᵐᵉ divᵒⁿ d'infanterie.

[Ponceans] adjoint de la 8ᵐᵉ divᵒⁿ d'infanterie, cet adjoint n'est pas encore arrivé, mais il doit être rendu à son poste sous fort peu de jours.

Mʳ Lambert, adjoint attaché à la 3ᵉᵐᵉ divᵒⁿ de cavalerie légère.

Mʳ Gandonville adjoint, de la 11ᵐᵉ divᵒⁿ d'infanterie.

Mʳ Delessart adjoint, reste attaché à Mʳ Caire et sera chargé de tous les détachemens de troupes de toutes armes qui font partie du quartier gᵃˡ.

Au quartier général à Clermont le 14 juin 1815.

L'adjudant Commandant sous chef de l'État-major gᵃˡ du 3ᵐᵉ corps Trézel

———— ∿∿∿ ————

Mezières le 14 juin 1815.

À Son Excellence le Maréchal Prince d'Eckmülh Ministre de la Guerre à Paris

Monseigneur,

J'ai l'honneur de rendre compte à Votre Excellence que, ce matin à huit heures, Monsieur le Lieutenant Général Comte Dumonceau me demande en vertu des ordres de l'Empereur, qu'il fut mis sur le champ, à sa disposition, les 5me et 6me bataillons de gardes nationaux des Ardennes, qui sont partis de la garnison de cette place.

Il parait que ce Général doit se diriger avec cette troupe, sur Dinan passant par Charlemont où il doit la grossir par un tiers de la garnison et de là se montrer à [?] dans cette partie; il doit toutes fois manœuvrer de manière à couvrir les places qui lui ont fourni ces troupes et desquelles il ne doit jamais se laisser séparer par aucun parti ennemi.

Cette disposition ne me laisse plus dans la place que les 5me et 6me b^ons de la meuse, forts ensemble, de 900 hommes environ; ce qui dans le moment d'un armement, est insuffisant pour y faire le service convenablement.

J'ai l'honneur d'être avec un profond respect
Monseigneur
de Votre Excellence

le très humble et très obéissant serviteur
le Lieut. Général
Command^t supérieur de la place [L.]
Lemoine

Armée de la Moselle

ecrire au Gal Gérard qu'il est bien étonnant que p^r un objet de service aussi imp^t il ait differé de faire partir de Metz les off^{rs} qu'il avait eu ordre d'envoyer. comme si on n'avait [pas/pu] leur avancer [300 Ecus] p^r frais de poste qu'il envoie les Etats arretés de frais de poste qu'il est en avance ils lui seront remboursés donner ordre a un off^t du q^r g^{al} p^r partir p^r Metz ou il remplira la mission qui avait été ordonné au g^{al} Gérard lui donner en consequence des instructions

exp^é le 15

Au Quartier général à Metz, le quatorze Juin 1815.

à Son Excellence

Le Major Général,

à Beaumont

Monseigneur,

Par sa lettre d'hier Votre Excellence me charge d'envoyer des officiers à Metz pour être instruit des mouvemens de l'Ennemi sur la Moselle et cette partie de la frontière.

je ne puis faire partir ces officiers qu'en poste et je n'ai aucune somme à ma disposition pour cette dépense.

Je suis déjà en avance, depuis la formation du quatrième corps, pour les frais d'Espionnage et pour les frais de poste des officiers que j'ai envoyés aux divisions, dans les derniers mouvements. J'ai remboursé les frais d'Espionnage aux officiers généraux qui étaient placés sur la ligne

Je prie Votre Excellence de mettre des fonds à ma disposition pour les depenses extra-ordinatires.

Daignez, Monseigneur, agréer l'hommage de mon Respect.

Le général en chef

Cte Gérard

~~~

Armée de la Moselle

le g^{al} Gérard doit toujours [emmener/
enumerer] les moyens de passage que le M^{re}
de la G^{re} a mis a sa disposition. Lui ecrire en
consequence

Ecrit le 15 Juin

Au Quartier Général à Philippeville

Le quatorze juin 1815./.

A Son Excellence, le Major Général, à Beaumont,

Monseigneur,

La Division d'Infanterie, commandée par le Lieutenant-Général Bourmont, occupe florenne, hemptinne et Jamaigne, gardant son flanc droit et en avant de ces villages, principalement sur les directions de Charleroy & de Namur.

La Division d'Infanterie, commandée par le Lieutenant Général Pêcheux, arrive ce soir à Roly ; elle se mettra en marche, demain quinze, à trois heures précises du matin, se dirigeant sur Philippeville.

la tête de la Division d'Infanterie, Commandée par le Général Vichery, est arrivée ce soir à Marienbourg ; elle sera demain quinze, dans la matinée, à philippeville.

la sixième Division de Cavalerie, Commandée par le Lieutenant général Maurin, arrivera ce soir à Couvin et demain quinze, avant midi, à philippeville.

La Division de Cuirassiers, du Général Delort, doit également arriver demain quinze à Philippeville.

aussitôt mon arrivée à philippeville, j'ai donné les ordres our faire réparer les coupures que M le Général Vandamme aurait fait faire sur les communications de Philippeville à Charleroy.

Je viens d'être prévenu que le Ministre de la guerre a fait partir le douze de Metz pour l'armée de la Moselle, une Compagnie de Pontonniers avec une nacelle et trois voitures chargées d'outils et d'agrès : cette Compagnie ne sera pas à Philippeville avant le dixhuit.

Je prie Votre Excellence d'agréer l'hommage de mon respect,
Le Général en chef,
Pair de france
Cte Gérard

Au quartier général à Lille, le 14 juin 1815.

À Son Excellence le Duc de Dalmatie, Major Général de l'armée,
à Avesnes.

Monseigneur,

Le 1er corps franc du Nord, commandé par Mr Schveingruber, [c]e composé; Savoir :

Infanterie :
- Officiers d'état major : 10 officiers
- Officiers : 6
- Troupes : 42 troupes

Cavalerie :
- Officiers : 13
- Troupes : 32
- Chevaux d'officiers : 7 chevaux
- de troupes : 13

Totaux : 29 officiers – 74 troupes – 20 chevaux

Non compris plus de 50 hommes, qui ne figurent point sur l'état de situation de ce corps, et qui entreront dans sa composition aussitôt qu'il sera un mouvement.

Cette troupe est réuni à Lille, et dans les environs, mais sans habillement militaire et sans armes, elle ne peut encore être utilisé.

Le préfet du Nord, ne peut disposer d'aucuns effets pour eux, et il n'a aucun armement et équipement à leur fournir. Des armes doivent être enlevées dans des communes du Département, où l'esprit est mauvais, mais j'ignore les ressources que cette mesure procurera, et l'époque qu'elle sera terminée.

Cependant, il importe au bien du service qu'on pût se servir de suite de ces partisans. Ils couvriraient en cas d'hostilités, la partie des frontières, depuis armentières, jusqu'à la mer, qui se trouve dégarni de postes.

J'ai l'honneur de prier votre Excellence, de vouloir bien m'autoriser à faire délivrer à ce corps, des arsenaux de Lille, l'armement dont il pourroit avoir besoin, sauf à le faire rentrer quand le préfet du Nord, pourra le remplacer.

Je prie Votre Excellence, de vouloir bien prendre cet objet en considération. En attendant la décision de Votre Excellence, je fais délivrer à cette troupe des mousquetons de cavalerie, qui existent en magasin à Lille.

Je rends ce même compte, à Son Excellence le Ministre de la guerre.

J'ai l'honneur de prier Votre Excellence, d'agréer l'hommage de mon profond respect.

Le Lieutenant Général
commandant la 16ᵉ division militaire
Cᵗᵉ Frère

Lille le 14 juin 1815.

À Son Excellence le Duc de Dalmatie, major général de l'armée au quartier général, à Avesnes.

Monseigneur,

J'ai l'honneur d'informer Votre Excellence que conformément aux dispositions prescrites par sa lettre d'hier, j'ai fait faire [sur] l'etat des garnisons des places du nord les changements ordonnés par Votre Excellence, et que j'en ai donné connaissance à leurs excellences les ministres de la guerre et de l'intérieur, et à MM^rs les Lieutenants généraux et maréchaux de camp Comte d'Erlon Comte Gazan, Bon Lahure et Bon Vasserat, ainsi qu'à MM^rs les Préfets des Départements.

J'ai l'honneur de saluer Votre Excellence avec un profond respect.

Le Lieutenant-général
Commandant la 16e division militaire.
Cte Frère

Et. major. Répondre qu'il est autorisé a faire delivrer des arsenaux de Lille les armes necessaires à ce corps de partisans.

Écrit le 25 mai

Cette note s'applique au N° 4 ci-joint

Accuser reception. Renvoyé à M^r le G^{al}
Decaux ce qui concerne le genie. Et au G^{al}
[Evain] ce qui regarde l'artillerie. Le 16 juin
[Le M^{tre}]

Cette note s'applique au N° 4 ci-joint
Fait faire les extraits indiqués [Signature].
Classer ensuite

À Son altesse le Prince d'ekmulh, Ministre de la guerre

Monseigneur,

Par ma premiere de ce jour, je vous instruisais des mesures que j'avois concertées avec Mr Devienne commissaire de Marine, pour l'embargo des batimens qui se trouvent dans le port de cette ville, comme aussi de celles à l'égard des pêcheurs dont le nombre dans celui de Boulogne s'eleve à 90. Nous avons pensé aujourd'hui en relisant vôtre lettre, que nous devions retenir totalement, dans les ports et anses de la côte où se trouvent des pêcheurs, jusqu'à vôtre décision nouvelle : l'embargo absolu vient d'etre mis sur tous les pêcheurs, ne pourront sortir d'aucun des points de la côte, que comprennent les syndicats, sous la surveillance de M^r le Commissaire de Marine.

Ces malheureux pêcheurs jettent des cris, eû égard à la pêche actuelle du maquereau qui ne presente plus que le terme de dix à douze jours : ils réclament les deux lieues que nous avions cru devoir accorder hier : ils s'assujettiront disent t'ils à toutes les mesures qu'on pourra exiger d'eux pour assurer l'éxécution des ordres de non communication.

Je maintiendrai l'embargo absolu jusqu'à la réponse que j'ai l'honneur de vous demander.

J'ai celui de presenter à vôtre altesse
l'hommage de mon respect.

Le Colonel Commandant d'armes Durand

Boulogne le 14 juin 1815.

À Son Altesse le Prince d'Eckmuhl, Ministre de la guerre.

Renvoyé à Mr Salamon

Monseigneur,

Conformément à vôtre lettre du 10 de ce mois que j'ai reçû le 13, j'ai mis un embargo sur tous les batimens qui se trouvent dans le port de cette ville de concert avec Monsr Devienne commissaire de Marine, après avoir vérifié un décret de Sa Majesté l'Empereur plusieurs décisions de S. E. le Ministre de la Marine qui accordoient aux pêcheurs de s'etendre jusqu'à trois lieues de l'entrée du port : nous avons résolu de n'accorder que deux lieues de distance, et avons nommé deux des patrons de batteaux pêcheurs, gardes pêche, qui devront se tenir en tête des autres; on leur a remis la série des signaux à éxercer, suivant les circonstances. Il vient d'etre etabli un [séphophore] sur la falaise elevée ([d^te] la tour d'ordre) pour faire rallier et rentrer au port, si on apperçevoit des batimens anglais qui voulussent s'approcher d'eux. J'ai concerté avec Monsieur [Henfel] directeur des douannes, pour activer la surveillance de ses préposés, placés sur differens points de la côte. J'ai donné des instructions pour être averti le plus promptement possible, s'il y avait apparence d'une décente : le mode de se réplier, poste par poste et se réunir, s'il y avait lieu : j'ai fait distribuer des cartouches et des pierres à fusil, pour tous les postes etablis dépuis le cap [grinet] jusqu'à Etaples.

Vôtre Altesse voit par la situation et rapport journalier, que je n'ai pas en cette place un seul soldat de garnison; j'exepte 50 gardes côtes, qui sont emploiés aux évacuations de l'arsenal, ce nombre est beaucoup au dessous de celui nécessaire pour la garde et le service des forts en mer. Il s'organise en ce moment une compagnie d'artillerie dans la garde nationale sédentaire, qui parait ne vouloir s'utiliser que dans l'intérieur de la place.

7e d^on envoyé le 18 juin

Une compagnie de sapeurs s'organise aussi pour être à la disposition du corps impérial du Génie.

Une compagnie de 50 pompiers est organisée. Je l'ai fait manœuvrer dans l'essai des pompes, qui sont en très bon etat.

Je n'ai pour la garde de la place et des trois batimens qui forment l'arsenal, que la que la garde nationale, partie désorganisée, par la levée des ba^ons d'elite, des marins pour le régiment qui se forme à calais, et la distraction des comp^es de pompiers, d'artillerie et sapeurs par ce tableau, Votre altesse, verra que si un débarquement assez fort s'éxécutait dans les approches de la place; je n'aurois pour la deffende que les postes de douanniers, qui se replieroient successivement : le nombre à peine presenterait t'il 300.

6ᵉ dᵒⁿ envoyé 17 juin

Par votre lettre du 3 mai dernier, vous m'annonçez 500 fusils qui devront être versés de l'arsenal de Sᵗ Omer sur celui de cette place, il n'y en a pas d'arrivés jusqu'à ce moment.

Je prie Votre altesse, de prendre en considération, l'exposé des differens objets que j'ai l'honneur de lui soumettre; de me mettre à même de tirer le parti le plus avantageux pour la deffense de ce poste.

J'ai l'honneur de presenter à Vôtre altesse, l'hommage de mon respect.

Le colonel Commandant d'armes Durand

Boulogne le 14 juin 1815.

———✺———

reçu le 14 juin à 8ʰᵉˢ du soir
À Classer [Signature]

Laon le 14 juin 1815

Mon général,

J'ai l'honneur de vous informer que le 1ᵉʳ batᵒⁿ de grenadiers garde nationale d'Eure et Loire, est arrivé à Laon le 12, venant de Soissons, par ordre de son excellence le ministre de la guerre.

Le dépôt du 2ᵉ régiment de dragons part aujourd'huy pour Sᵗ Dizier, aussi par ordre de son excellence. J'aurai l'honneur d'adresser la situation au chef de l'etat major.

J'ai l'honneur d'etre avec un profond respect, Mon Général, votre très affectionné et devoué serviteur.

Le marechal de camp commᵗ le dᵗ de l'aisne

Chʳ Langeron

Monsieur le Lieutᵗ général comte Hulin,
commᵗ la ville de Paris.

———~~~———

Mezières le 14 juin 1815

À Son Excellence Monseigneur le Ministre de la Guerre

Monseigneur,

J'ai l'honneur de rendre compte à Votre Excellence, qu'en exécution des ordres de l'Empereur que S. Ex. le Major-Général me transmet par sa dépêche d'hier, dattée d'avesnes je me porterai aujourd'hui sur charlemont avec le tiers de la garnison de Mézières. Je réunirai à cette colonne une partie de la garnison de charlemont pour me diriger le lendemain sur Dinant, si j'en reçois l'ordre.

Je laisse à Mézières un officier d'état-major qui sera chargé d'y centraliser les détails du service de la division et de me faire parvenir les dépêches qui me seront adressées.

J'ai l'honneur d'être avec respect
Monseigneur
de Votre Excellence

le très humble et très obéissant serviteur
le Lieutenant Général Commandant la 2e d^{on}
m^{re} Cte Dumonceau

Longwy le 14ᵉ juin 1815.

À Son altesse Monseigneur le maréchal, Prince d'Eckmulh ministre de la Guerre

Renvoyé à Mᶠ Decastres le 17 juin. Accusé réception le 18 juin

Monseigneur

J'ay l'honneur de vous informer que j'ai reçu ce matin, par la voye de mes affidés, les nouvelles suivantes.

1. L'ennemi à déffendu à qui que ce soit de communiquer avec la France sous peine de mort.

2. 6,000 hommes, environs, de troupes autrichiens sont arrivé à Graven Macheren.

3. Un officier supérieur était hier à halanzy prénant des informations et des notes sur les différentes routes conduisant en France

4. Le maire, daubange, à dréssé procés verbal et porté plainte au Commandant de Luxembourg contre le nommé, Pierre, Joseph, Denis, habitant du village de Neuville mairie de Viel Salm, Departement de l'ourthe, entré en France avec deux voitures chargées de fromage; cet affidé qui, me donnoit des renseignements court le risque d'être pendû s'il rétourne dans ses foyers.

J'ai l'honneur de vous observer, Monseigneur, que les affidés déviennent rares et chers, à cause des circonstances, et par la crainte qu'ils ont d'être pris, je dépense pour l'objet de l'espionage une partie de mon traitement, permettés, Monseigneur, que je me recomande à vos bontés pour m'allouér une indemnité quelconque.

J'ay l'honneur d'étre très respectueusement de Votre Excellence Monseigneur,

votre très humble et très dévoué

le mᵃˡ de camp

Commandᵗ supᵉᵘʳ de la

place en état de siège

Bʳᵒⁿ Ducos

Gravelines le 14 juin 1815.

À Son Altesse le Ministre de la Guerre à Paris

Monseigneur,

[?]. 17 juin
Classer [Signature]

Aussitôt la reception de la lettre de Votre Altesse en date du 10 de ce mois l'embargot a été mis sur tous les bâtimens qui se trouvent dans ce port et les mesures prises pour en assurer l'exécution.

J'ai l'honneur d'être avec un très profond respect Monseigneur de votre Altesse

le très humble et très obéissant serviteur

Kail Colonel Command^t supérieur.

———~~———

Ministère de la guerre
Cabinet du ministre confidentielle

Lille le 14 juin 1815 11 heures du soir

Monsieur le Maréchal,

J'ai appris ce soir que ma division du 1er corps etoit en mouvement offensif quelque soit l'importance de mes fonctions actuelles comme president de la commission de haute police, quelque soit l'etendue des services que je puis rendre en cette qualité, je regrette bien sincerement de ne point être a la tête de ma division dont je connois le bon esprit, et dont la conduite [m'ont] fait honneur. Je vais presser par trois moyens possibles le mouvement que j'ai imprimé, il aura un bon resultat et je le garantis a votre altesse, mais je la prie instamment de me conserver ma division et je lui dirai en temps opportun quand mon travail ici sera fini, et ou je pourrai le confier a un autre.

1.Lui écrire par le télégraphe de se rendre à sa div^{on} que c'est un oubli si cela n'a pas été fait, il remettra ses fonctions au Gal Frère. 2. Écrire au Gal Lapoype une lettre confidentielle au sujet de toutes [s] es difficultés que je connais assez son dévouement à S.M. et à notre patrie pour être convaincu pour ce qui le concerne il fera cesser des malentendus dont nos ennemis intérieurs profitent. Le 15 juin. Le M^{tre}

Il n'y a point ici assez d'ensemble et une volonté assez <u>une</u> dans les operations, et le g^{al} lapoype est le seul obstacle car le g^{al} frèere et tous les membres de de [sic] la commission sont unis d'un seul et même sentiment, d'une seule et même volonté, mais le g^{al} lapoype ne reconnait d'autre autorité que la sienne, il ne voit que lui et sa place de Lille hors de la quelle il ne voit point de salut. Il ne veut executer que ce qui lui plait. Donnez lui, je vous prie des ordres positifs. Donnez en aussi au g^{al} Gazan, sur lesquels tout le monde puisse s'entendre.

La commission m'avoit chargé d'écrire au major g^{al}, sur le refus du g^{al} lapoype d'executer [s]es ordres sur la formation de colonnes mobiles pour arreter les deserteurs etc mais je dois des egards a un camarade et je prefere a en ecrire seulement a votre altesse et laisser faire le g^{al} frère pour ce qui le regarde.

Cette division parmi les autorités superieures nuit trop au bien du service pour que je n'en informe pas votre altesse il m'a paru que le g^{al} lapoype qui est le plus ancien g^{al} de d^{on} est piqué de voir prés lui et au dessus de lui la commission dont je suis le president et [plus] [ancien] Lieut g^{al} que lui et m^r le g^{al} frère aussi moins ancien que lui, commander la d^{on} dont il fait partie. Cela nuit et je suis trop dévoué pour ne pas le faire connaitre a V.A. confidentiellement, comme je le fais par la presente.

Je suis d'avance très convaincu que le g^{al} Gazan aprouvera aussi des difficultés par la même raison.

Je prie surtout votre altesse de ne faire usage de cette lettre qu'avec une reserve et une prudence excessives.

Le L^t g^{al} Allix

Je ne puis trop me louer du g^{al} frère.

Dans mes rapports avec lui, il assiste à toutes les seances de la commission, et tout se fait de [concert] unanime

Tous les autre generaux com^{ts} des places servent la commission avec un zele trés louable le g^{al} lapoype fait seule exception.   Allix

La prison de la ville est tellement encombrée qu'on est obligé de mettre a la citadelle quelques prisonniers dont le plus grand nombre sont gens qui meritent consideration et des egards. Ce sont plutot des otages que des criminels. Le g^{al} lapoype vient d'ordonner que leurs parents conduits un a un par un officier de gendarmerie ne pourroient pas même communiquer avec eux. Ceci est par trop rigoureux et contraire aux vües de la commission qui veut le bien sans faire de mal.

Allix

Ministère de la Guerre
Cabinet du Ministre

À Son Altesse le ministre de la guerre a paris.

Nᵃ qu'il y a lille 3000 hommes au dela du contingent assigné a cette place (sign.)

Monseigneur,

La commission m'avoit chargé dès le 12 de ce mois de rendre compte par le télégraphe, à Votre Altesse, des obstacles que Mʳ le Général Lapoype, gouverneur de Lille apportoit dans l'éxécution des mésures qu'elle prescrivoit. J'ai cru néanmoins qu'il convenoit mieux aux intérests du service de traiter à l'amiable avec le général Lapoype, je l'invitai à cet effet à diner dimanche chez moi; nous causames beaucoup sans rien conclûre. Je lui écrivis le lendemain 12 la lettre no 1, il me répondit le 13 par sa lettre no 2, que j'envoie à Votre Altesse, en original : par suite je lui fis porter, par un de mes aides-de-camp, le décret impérial du 25 mai et les instructions de Votre Altesse sous les dates des 20 et 26 mai; il me fit dire qu'il me répondroit et en effet le soir même je reçus la lettre no 3, que j'envoie également à Votre Altesse, en original. J'ai communiqué cette pièce ce matin à la commission.

Elle m'a chargé d'informer Votre Altesse de ces contretemps qui nuisent d'une manière très réelle au bien du service. Le général Lapoype est sans contredit un homme très dévoué, mais il discerte trop quand il faut agir.

L'arrondissement d'hazebrouckauroit fourni dans ce moment tout ce qu'il doit fournir en hommes et en choses, si la commission avoit pu dispôser d'un seul bataillon de la garnison de Lille depuis 4 a 5 jours. Ce n'est point une plainte que la commission de haute police porte contre le général Lapoype, c'est purement et simplement un compte qu'elle rend à Votre Altesse; je communique la partie cy dessus de ma dépêche au général Lapoype, et aussi un extrait du procès verbal de la séance de la commission du 12 juin, dont copie cy jointe, no 4.

Au surplus,

Monseigneur, l'esprit public est tout-a-fait changé dans la 16ᵉᵐᵉ division militaire, Votre Altesse en jugera par les deux rapports n° 5 et 6 cy joints en original, relatifs aux deux arrondissements d'hazebrouck et de Dunkerque qui étoient les plus récalcitrants de la division. Le mouvement est fortement imprimé et sous peu la 16ᵉ division militaire sera très bonne et peutêtre une des meilleures. Les principaux malveillants sont atteints, l'intrigue est entièrement désorganisée, nous lui avons porté hier le dernier coup par l'arrêté dont cy-joint copie n° 7.

Il est important, Monseigneur, qu'il éxiste un corps de troupes mobiles entre lille et Dunkerque pour masquer les garnisons d'Iprès et de Courtrai et couvrir l'arrondissement d'hazebrouck et la navigation de la Lis et du Canal de navigation depuis Lille à Sᵗ Omer, et la route de Lille à Dunkerque.

On parle de l'arrivée prochaine du général Gazan, et si comme on l'assume il a l'autorité suffisante pour disposer du quart ou du tiers des garnisons des places, on peut compter non seulement sur l'entière soumission des habitants de la 16ème division militaire, mais aussi sur l'entière éxécution des lois et décrets impériaux relatifs au départ des militaires. Déjà tous les rapports sont excessivement satisfaisant à cet égard; mais il est important que l'ennemi ne puisse pénétrer sur le territoire et pour cela un corps mobile est indispensable. L'importance de cette lettre me détermine à l'envoyer à Votre Altesse, par estafette.

Je prie, Votre Altesse, d'agréer l'hômmage de mon très profond respect.

Le lieutenant général
Présid.t de la commiss.on de haute Police
de la 16e div.on militaire
Allix

Lille le 14 juin 1815, 11 heures du soir
7 attachments follow

Attachment
N° 1
Copie

Lille le 12 juin 1815.

Mon Cher Général,

La Commission de haute police a reçu communication, des ordres que vous avez donnés hier, contraires à ceux du Comte Frère conformes à ceux de la Commission, l'art. 7 du décrèt impérial du 25 mai dernier est ainsi conçu (les autorités civiles et militaires de la 16eme division militaire correspondant avec la commission et les comités et executeront leurs ordres)

Je vous prie de me dire franchement et cordialement si votre intention est de ne pas vous conformer à l'art. de ce décrèt.

Recevez mon cher Général l'assurance de mon sincère attachement.

Signé Allix
Pour Copie le Lieutenant Général
[Signature]

———•———

Lille le 13 juin 1815

Mon cher Général,

Dans votre du 12 vous me donnés connaissance de l'art. 7 du decret impériale du 25 mai dernier, le Ministre ne m'en a jamais parlé ainsi il m'est tout-a-fait inconnu.

Vous savés mieux que moi que ce n'est pas sur un article isolé que l'on peut donner une réponse cathégorique. Je vous prie, mon cher Camarade de me communiquer le decret et alors je vous promets une réponse claire et précise.

Recevez, Mon cher [General] l'assurance de mon attachement sincere

le Lieutenant Gouverneur
de Lille La Poype

———◆———

Attachment
N° 3

Lille le 13 juin 1815.

À Monsieur le Lieutenant Général, Président de la haute
Commission de police

Monsieur le Président

Je viens de prendre connaissance du décret impérial du 25 mai, que vous me faites l'honneur de me communiquer seulement aujourd'hui et dont la signification auroit du m'être faite je pense, avant même la première séance de la commission de haute police, instituée par l'article 4 dudit décret.

N^a que la commission n'a pas été chargée de communiquer les instructions que ce decret est dans tous les journaux [Allix]

Cette marche eut été plus régulière puisque dans les places en état de siège (qui font exception à toutes les loix et réglements généraux et qui se gouvernent par un code et des réglements particuliers) rien de ce qui tient tant au service militaire intérieur et extérieur des places dans le rayon indiqué par les décrets et réglements sur l'état de siège, que dans ce qui concerne la police, dans l'Intérieur et l'extérieur, dans le même rayon, des dites places, ne peut être ordonné ni exécuté qu'en vertu des dispositions faites par les Gouverneurs nommés et patentés par S.M., sur les responsables des places qui leur sont confiées.

N^a aussi que la [creation] de haute police fait exception a touttes les loix et reglementsg^x etc [Allix]

Vous voyez, Monsieur le Président que d'après les principes que je viens d'établir et qui sont consignés dans le décret du 24 Décembre 1811, qui sont de régle aux gouverneurs des places fortes dans les divers états de paix, de guerre et de siège, je ne pense pas qu'aucun des articles du Décret Impérial du 25 mai dernier, même l'article 7, puissent être applicables au chef de l'autorité militaire dans une place en état de siège. Mais je dois vous dire aussi que rien de ce que je pourrai faire pour contribuer au succès de vos importantes opérations ne sera négligé; nous les concerterons ensemble et avec notre cher et estimable camarade le Comte Frère, et aussi, avec Monsr le Préfet dont nous connaissons les talents et le zèle pour le service de Sa Majesté. Ainsi, Monsieur le Général, vous pouvez être assuré que vous ne trouverez en moi qu'un homme dévoué, qui s'en rapportera souvent à vos lumières pour l'exécution des dispositions que prendra la commission, et qu'elle voudra bien me communiquer.

A présent je me bornerai à vous prier de vouloir bien me donner connaissance des dénonciations dirigées contre les divers particuliers de cette ville, afin que je puisse les prendre moi-même en considération. De cette manière, nous marcherons régulièrement au même but : le triomphe de l'empereur et de nos armes, sur les puissances coalisées, la paix et le bonheur de notre chère Patrie.

Agréez, Monsieur le président et cher camarade, l'assurance de ma très haute considération.

Le Lieutenant Général Gouverneur de Lille en état de siège

La Poype

————◆————

Nª j'ai eu aujourd'hui soir 14 juin une conversation avec le gᵃˡ Lapoype sur cette lettre en presence du gᵃˡ [Frère], nous avons été obligé de la terminer par des plaisanteries, tant les pretentions du gᵃˡ lapoype sont insoutenables il aurait voulu nous reporter aux elements et faire un code de la discipline militaire

Attachment
Commission de haute Police
N° 4

Extrait de la séance du 12 juin 1815.

Monsieur le Lieutenant Général Commandant la division, fait part à la commission des obstacles opposés par Monsieur le Gouverneur, à l'envoi de la force armée dans l'arrondissement d'hazebrouck pour forcer les militaires à rejoindre, et la commission invite Monsieur le Président, à faire connoitre cet etat de choses au ministre de la guerre par le télégraphe, et au Major Général par estafette.

Fait en séance à Lille le 12 juin 1815.

Pour extrait conforme
le Lieutenant Général Président
de la Commission de haute police de la 16ᵉdᵒⁿ
milʳᵉ Allix

———◦———

Hazebrouck, le 12 juin 1815.

Mon Général,

Le délai que vous avez accordé pour la formation du 12ème bataillon de grenadiers de la garde nationale, [est écoulé] et vos différentes lettres à cet égard, très énergiques, ont produit quelqu'effet. On manifeste de la bonne volonté dans plusieurs communes, notamment à [Bailleul], où je suis né et à Merville. Le comité se loue particulièrement du maire de [Bobrouck] qui lui a envoyé aujourd'hui, dans la conduite de M^r [Desèvre], adjudant-Major, (off^er intelligent envoyé de sa seule personne en garnisaire) son contingent de onze hommes. Tous ces individus sont entrés à Hazebrouck aux cris mille fois répétés de Vive l'Empereur !!!!! ils ont été admis dans la 5ème comp^ie.

J'espère, mon Général, plus que jamais, de la réussite de notre opération. Les communes les plus récalcitrantes nous sont commises et, dès demain, nous allons y placer ces mêmes hommes qui, il y a huit jours, manifestaient des sentiments si anti-patriotiques. L'impulsion est maintenant donnée et j'ose vous assurer qu'elle se propagera dans tout le païs.

Par les moyens indiqués et le seconrs de la douane, nous n'aurons pas besoin des camps que vous vous êtes proposé d'établir à [Lagorgere] et [Estaires], quoique les maires de ces communes, malgré leurs belles promesses, n'ayent pas encore [fourni] leur contingent.

Les remplaçants, au nombre de 77, sont armés de sabres : ils ont aussi, pour la plupart, des schakos. L'effectif du bataillon était à l'appel de ce soir de 154 hommes animés du meilleur esprit !!!!!

Monsieur le Commandant [Carlier] nous seconde d'une manière à mériter des éloges; la discipline de sa petite troupe est parfaite et la comptabilité, on ne saurait mieux tenue; il jouit ici de la plus grande estime et la mérite à tous égards, par sa fermeté, et la justice qu'il sait si bien rendre à tous les citoyens, de quelque classe qu'ils soyent.

Je me plais à croire, mon Général, que d'ici à quelque temps, vous pourrez rendre compte satisfaisant à l'Empereur du dévouement de mes compatriotes; puisse sa Majesté, se convaincre comme moi, des sentiments de fidélité du plus grand nombre et de l'obéissance de tous.

Daignez, mon Général, agréer les nouvelles assurances de mon profond respect

le chef de bataillon de
St Quentin

Dunkerque, le 10 juin 1815.

Le Sous-Préfet de l'arrondissement de Dunkerque

À Monsieur le Lieutenant Général Allix président de la commission de haute police, à Lille.

Monsieur le président

Cette note est relative a un fait sur lequel il y a erreur de lieu

Je reçois un moment avant le départ du courrier, la reponse du maire de Wormont, dont j'ai l'honneur de vous adresser copie pour confirmer son contenu, j'ajouterai que le Maire de Wormont est un ancien militaire retraité dont les principes sont bien connus, que dans les variantes qui ont eû lieu sur la scene politique, il a été obligé de s'absenter, aux mois d'avril, mai et juin 1814 de sa commune pour éviter les persécutions et les vengeances dont il était menacé; vous conviendrez, Monsieur le président, que ce certificat en vaut bien un autre; ainsi les renseignement qu'il me donne sur ce fait ne doivent pas paraitre suspects.

Les 59 maires de mon arrondissement se sont tous rendus auprès de moi a la lecture que je leur ai donnée des deux lettres que vous m'avez fait l'honneur de m'écrire en date des 3 et 5 de ce mois, plusieurs ont été affectés et émus jusques aux larmes et tous ont senti la position ou les plongeaient le petit nombre de malveillants qui les intimidaient jusqu'à ce jour et la majeure partie m'ont déclaré que la seule cause de leur pulsilanimité provenait de la crainte d'être incendiés, crime qui se commet presque toujours impunément par la difficulté qu'ils ont dans les campagnes de pouvoir découvrir les coupables.

Je leur ai peint les desastres que la prolongation d'une pareille conduite pourrait attirer sur eux et sur l'arrondissement, j'ai fortement insisté sur la nécessité de se soumettre aux lois et celle encore plus indispensable de les faire exécuter, je leur ai developpé la force et les moyens que le gouvernement a dans ses mains pour anéantir toute résistance et atteindre les coupables, enfin, Monsieur le Président, j'ai fait usage du levier que la commission ma mis dans les mains d'une manière utile, j'espère, pour le Gouvernement et pour mes administrés et j'ajouterai que j'ai été entièrement satisfait de leur conduite dans cette occasion. J'ai déjà reçu l'avis de plusieurs qu'à leur retour chez eux, ayant fait part à leurs administrés de la conférence qu'ils avaient eu avec moi, ils avaient trouvé la plus entière soumission et ils m'assurent presque tous que j'aurai demain mes cinq compagnies de grenadiers de la campagne et en effet j'ai la conviction qu'il m'en manquera fort peu. Les deux compagnies de Dunkerque sont organisées depuis le 1er de ce mois et celle de Bergues fait son service très exactement depuis

15 jours en définitif, j'avais la confiance de croire qu'à force de travail je serais venu à bout d'obtenir tout ce qu'on pouvait désirer, mais ce que je n'aurais pu avoir qu'avec de la peine et du tems, la mesure que vous avez prise, Monsieur le président, a levé tous les obstacles et je pense qu'à l'avenir nous marcherons dans ce pays ci comme des grands garçons.

Je n'ai jamais rencontré qu'une résistance d'opinion politique, tenant dans la classe du peuple à la bigoterie, mais elle n'a jamais été un instant dangereuse, j'ai quelque experience des hommes et j'ose garantir que les habitants en général de cet arrondissement sont des hommes d'un caractère doux et essentiellement bon; il faut les éclairer et donner le tems que la lumière ait pu pénétrer dans leur ame. Ils connaissent comme tous les humains ce qui est convenable à leur intérètphisique, mais ils n'ont en général point d'instruction, ils habitent un pays riche, aussi ne connaissent-ils que leur culture et leurs marchés; ce vrai bonheur, ne sert pas à développer leur entendement.

Ce qu'il y a de plus mauvais dans mon arrondissement c'est la partie populacière de cette ville, mais depuis qu'on en a arretéquelques uns et que nous avons un certain nombre de gardes nationales, tout est bien changé. Une assez grande partie des gardes nationales est logée momentanément chez le bourgeois, ils se conduisent très bien et tout est parfaitement tranquile.

Il est déserté quelques gardes nationales du pas de Calais, M^r le Gouverneur a pris des mesures pour empêcher une desertionulterieure, j'aurai l'honneur de vous les faire connaitre. Pressé par le courrier je ne puis entrer pour aujourd'hui dans d'autres détails.

J'ai l'honneur d'être avec respect

Monsieur le Président

Votre très humble et très obéissant serviteur

[Bon Sagnier]

———◆———

Attachment
N° 7

Arrêté

La commission de haute police de la 16eme division mil^{re}

Vu le rapport du Comité de haute police du département du pas de Calais.

Vu egalement les rapports particuliers du command^t supérieur de S^tomer et des commissaires de police, de cette ville et les autres pièces jointes des quelles il resulte, que les individus y denommés, habitants de S^tomer et des environs, sont dangereux dans ce pays, dont ils peuvent compromettre la tranquillité et la sureté en excitant les citoyens à la sédition.

Considérant que déjà par son arrêté du 6 juin, elle a ordonné l'éloignement des deux frères Dutertre comme principaux auteurs des symtômesallarmants qui se sont manifestés dans l'arrondissement de S^tomer, et que cette mesure ne paroit pas suffisante pour y garantir le maintien de l'ordre sur ce point important.

En vertu des pouvoirs qui lui sont délégués arrête ce qui suit :

Art 1er

Si au reçu de present arrêté, les deux frères Dutêrtre, l'un domicilié à S^tomer, et l'autre à arques, près cette ville ne se sont pas encore presentés à la prefecture du pas de Calais pour y prendre leurs passeport pour l'intérieur, ils seront de suite arretés et conduits à arras et remis à la disposition de Monsieur le Préfet.

Art 2

Seront également arrêtés conduits à arras et remis à la disposition de Monsieur le Préfet.

Le Sieur [Defacien] père rentier à St Omer

Dessaut le Breton rentier à id.

Taffinmonchot maire de [Tilque] lequel a été suspendu de ses fonctions de maire.

Les rapports de S^t omer portent que les deux freres du tertre ont passé en Belgique [Allix]

Art 3

Les dits sieurs [Defacien], père, Dessaut le Breton et Taffinmonchot, recevront de Monsieur le Préfet du pas de Calais des passeports pour se rendre à [Clairmont] (puy de dôme) où ils seront sous la surveillance de Monsieur le Préfet de ce département.

Art 4

Le sieur Cluet maire d'arques et [Dauchelle] maire de [nortkercke], sont suspendus de leurs fonctions, ils seront placés à S^tomer, sous la surveillance spéciale du gouverneur de cette place.

Art 5

Sont également mis sous la surveillance spéciale de Monsieur le gouverneur de S^t omer les denommésci après.

1. Les sieurs [Boquillon] brasseur à arques

2. Son frere aubergiste à S^t omer dont l'auberge sera fermée

3. [Depouchel] pharmacien à S^t omer

4. Taffin de Tilque fils ainé à S^t omer

5. Desaulin à id

6. Brissaut pelletier à id

7. Robert sindic des brouetteurs il sera destitué de son emploi par M^r le maire et remplacé à S^t omer

8. Sinoguelle maitre tailleur à S^t omer

9. Clay perruquier à S^t omer

10. Chippart sans etat à S^t omer

11. Ducellier maitre d'hotel à S^tomer dont l'auberge sera fermée

12. Delmezcaffetier à S^t omer dont le caffé sera fermé

13. Cadard, boulanger à S^t omer

14. Deheune père frippier à S^t omer

15. Prevost père sans etat à S^t omer

16. Winbras aubergiste à arques dont l'auberge sera fermée

17. Jean marie contrebandier à arques

18. Mafait étudiant au séminaire

19. Les deux [dames] Dutêrtre

20.

Art 6

Monsieur le Gouverneur de S^t omer, pourra néanmoins prendre à l'égard des individus dénommés dans l'art précédent, les mesures qu'il lui paroitra convenables à la sureté de sa place.

Art 7

Monsieur le Préfet du pas de Calais délivrera des passeports aux dénommés ci après pour se rendre au séminaire de Bourges, département du Chèr, pour y être sous la surveillance de monseigneur l'Archevêque.

MM^rs henock vicaire de notre dame à S^t omer

Loillon directeur du collège français à id

Art 8

Le Frère Despaubourg ex directeur de la poste aux lettres recevra un passeport pour se rendre à Nancy (Meurthe) où il sera sous la surveillance de Monsieur le Préfet de ce département.

Art 9

Le Sieur [Poilliere] de [S^t omer] ex secretaire du sous préfet, recevra un passeport pour se rendre à Sémur département de la Côte d'or où il sera en surveillance.

Art 10

Tous les individus désignés au present arrêté, seront tenus de justifier tous les 1er et 16e de chaque mois au comité de haute police du pas de Calais, par des certificats délivrés ou livrés par les préfets de ces départements, de leur presence constante et habituelle dans les lieux désignés pour ceux qui doivent sortir du département, et par le maire de St omer, visés par le sous Préfet, pour ceux qui doivent rester à St omer.

Art 11

Faute par les dits individus désignés de se conformer aux dispositions du present arrêté, les dispositions du décret impérial du 9 mai dernier, leur seront appliquées et le séquestre sera mis sur leurs biens.

Art 12

Le comité de haute police du pas de Calais, Monsieur le Gouverneur de la place de St omer, sont chargés chacun en ce qui les conserne de l'execution du présent arrêté, expédition de cet arrêté, sera adressée à SE le Ministre de la police générale

Fait en séance à Lille le 13 juin 1815.
Pour copie
le Lt gal Allix prédisent

Bouchain 14 juin 1815.

À Son Excellence le Marechal Prince d'Eckmühl Ministre de la
Guerre etc.

Monseigneur,

J'ai l'honneur d'adresser ci-joint a Votre Altesse le rapport journalier,
l'état de situation de l'approvisionnement de siege et celui numerique des
militaires en retraites employés dans la place.

Quelques deserteurs des bataillons des gardes nationales de cette garnison rentrent. Je viens encore de m'entendre avec les chefs de ces corps
pour que chaque fois qu'il deserterait un homme qu'il soit écrit et par eux
et par moi; au Prefet du dép^t sous préfet de l'arrondissement, commandant
de la gendarmerie et s'il est necessaire au chef de la brigade de cette arme,
dont la residence est la plus voisine de la commune à laquelle appartient le
deserteur, cette mésure étant bien remplie aucun homme n'aura le temps
d'arriver chez lui, avant que les garnisons n'y soient posés.

Je fais exercer la plus grande surveillance dans le canton de Bouchain
sur ceux qui pourraient y rentrer et je me fais rendre de fréquens rapports
sur les communes de ce Canton.

Les Prefets n'ont encore rien envoyé a leurs bataillons qui sont dans
un extreme besoin d'effets d'habillement, malgré les demandes reiterées
qu'ont leur fait.

Je suis avec respect Monseigneur de Votre Altesse le très humble et
tres devoue serviteur Bigarne

———∼∼∼———

Ste Menehould le 14 juin 1815.

Mon général,

J'ai l'honneur de vous informer que je vais nommer des commandans pour les différens postes et retranchement de la forêt d'Argonne. Mr le Lieutenant général Dumonceaux enverra des cartouches à chacun de ces commandans. J'ai demandé au ministre de la guerre de me faire savoir quel étoit le nombre de gardes nationales sédentaires qui seroit mis sous mes ordres, dès que j'en serai instruit, et que le ministre aura mis des fusils à ma disposition les commandans les réuniront de temps à autre, et leur feront connaître les positions qu'ils auront à défendre.

Je crois devoir, mon général, vous désigner les divers endroits de la forêt d'argonne, où nous avons fait établir des ouvrages.

Au Pont aux Vendanges extrêmité de notre droite un camp retranché composé de huit lunettes, et d'un batard d'eau qui inondera la plaine

Fort de Ste Menehould où l'on va commencer les travaux d'après les ordres du ministre, on sera forcé de faire en arrière deux ouvrages extérieurs pour couvrir la ville.

Aux islettes une batterie et deux redoutes.

À la Côte de Biesme les retranchemens sont palissadés, et s'appuyant à la droite et à la gauche de la forêt, ils sont défendus par deux batteries et protégés par trois autres batteries dont une à la droite, et deux à la gauche.

À St Florent il y a une redoute qui pourra contenir deux cents hommes avec de l'artillerie.

À Clermont, le Château dont les fortifications ont une grande étendue.

À la tête Siguemon près de Lochère une redoute intermédiaire entre Varennes et Clermont.

À Varennes, un fort en arrière de la ville à l'entrée de la forêt, et une redoute en arrière de ce fort pour l'empêcher d'être tourné.

À Mo[n]blainville une redoute.

À Apremont, une batterie dans la cour du château, dont les murs seront crenellés.

À la droite d'Apremont en face de Bauluy, une batterie et une redoute se liant avec Mo[n]blainville.

À Marcq une redoute.

À Grandpré, à la droite de la ville une redoute fermée sur les hauteurs de la folie, une autre redoute avec une flèche en avant sur la même hauteur où étoit le camp de Dumouriez; dans le bois de la noue le Coq, pour protéger la retraite des batteries qui se trouvent dans la plaine, une batterie sur le chemin de [Senue].

Une redoute fermée dans la planie [sic] en avant du bois de négremont et en arrière de chérières, battant la plaine de marcq, et le gué du Château de Cherières.

Un retranchement prenant du bois de négremont traversant la place de Barbançon, se prolongeant jusqu'à la rivière d'Aire, et terminée par une redoute fermée battant la route de Ste Ivin et le gué de cherières.

À la gauche de grand pré, un retranchement partant des murs du château se prolongeant jusqu'au bois belle joyeuse, défendu par un redant et trois batteries.

Une redoute au gros faux.

Une redoute au bois de loges, en face le gros faux.

Au pont de [Senue], deux retranchemens, une batterie en arrière S. Ex. le Ministre de la guerre a demandé un projet pour fortifier la château de Grandpré.

À La Croix au bois des retranchemens au milieu de la route et une batterie.

On fortifie dans ce moment les hauteurs de Belleville, de Châtillon, de St Denis, Duchêne le populeux, et de [Sionne].

Je croix aussi devoir vous informer, mon général, que je n'ai pour défendre tous ces ouvrages qu'un seul bataillon de gardes nationales mobilisés armés et non habillés, avec une compagnie d'artillerie à pied, huit bouches à feu, leurs munitions et les chevaux du train nécessaires.

J'ai l'honneur, mon général, de vous renouveller
l'assurance de mon respectueux et bien sincère attachement.

Le Lieutenant Général

Cte Leclerc des Essarts

June 15

Sender	Recipient	Summary	Original
Davout	Soult	Lapoype's proposition of setting up a cavalry corps of 200-300 horses in Lille has been rejected	SHD C15-5
Davout	Bonnaire	Has received the encrypted letter Bonnaire sent him; Will send it to the police	SHD C15-5
Davout	Réal	Sends an encrypted letter; He must try to find the individuals responsible	SHD C15-5
Davout	Dumonceau	Dumonceau must organize the seven depots of his division	SHD C15-5
Davout	Boulogne's Commander	The fishermen do not have to obey to the embargo; they must give their word to respect instructions	SHD C15-5
Davout	Prefect of the North	Congratulates him on his zeal and on the improvement of the public spirit in the Northern departments	SHD C15-5
Soult - Registre 6	Reille	Cross the Sambre and straddle the Brussels road. @8 a.m. - Copy	137AP/18
Soult - Registre 7	d'Erlon	Cross the Sambre and scout the directions of Mons and Nivelle. @10 a.m.	137AP/18
Soult - Registre 8	d'Erlon	Support Reille's advance on Gosselies. @3 p.m.	SHD C15-5
Soult - Registre 9	Gérard	Gérard will move towards Châtelet to attack the enemy in Fleurus @3:30 p.m. - Copy.	SHD C15-5
Soult - Registre 10	Delort	Take position behind Charleroi - Copy	SHD C15-5
Soult	d'Erlon	Bring 1st Corps to the left bank of the Sambre and join the 2nd Corps at Gosselies - report to Ney	SHD C15-5
Soult		Notes on the advance on Charleroi.	Private
Daure	Davout	Supplies in Charleroi; No funds left	SHD C15-5
Ney	Soult	Report on Gosselies; Location of Ney's troops; report from Lefebvre-Desnouettes attached. @11 p.m. - Copy	SHD C15-5
Lefebvre-Denoëttes	Ney	Marches on Frasne; enemy retreats to Nivelles; Belgians are in Mons. @9 p.m. - Copy	SHD C15-5
Grouchy	Napoléon	Report on the day's advance. @10 p.m. - Copy	SHD C15-5
Grouchy	Pajol	Pajol will form the avant-garde while marching on Charleroi - Copy	SHD C15-5

Sender	Recipient	Summary	Original
Grouchy	Kellerman	Kellerman must go to Bossus and then to Charleroi; itinerary - Copy	SHD C15-5
Grouchy	Milhaud	Troops to march at 4:30 a.m. to arrive in Bossus at 5:30 sharp - Copy	SHD C15-5
d'Erlon	Soult	d'Erlon is preparing to cross the Sambre; asks for orders @4:30 p.m. - Copy	SHD C15-5
d'Erlon	Soult	Reports on the advancement of his troops and the position of the enemy	SHD C15-5
Reille	Soult	9 p.m. report of the day's advance and engagements.	SHD C15-5
Vandamme	Napoléon	Fontenelle, 10 p.m.: Barth & Cardinal command; enemy behind Fleurus; placement of divisions	SHD C15-5
Lobau	Soult	Lobau marches to Charleroi @ 8 p.m.	SHD C15-5
Gérard	Soult	Bourmont's defection to the enemy	SHD C15-5
Gérard	Soult	Location of various divisions	SHD C15-11
Pajol	Grouchy	Report from day's battle. Vandamme did not support @10 p.m..	SHD C15-5
Lapoype	Davout	Informs Davout of his troubles with Allix's police commission	SHD C15-5
Frère	Davout	Orders and chain of command (Lapoype) unclear.	SHD C15-5
Desnoyers	Davout	Has no garrison; National Guards are sent to him too slowly and many desert; Everything is missing	SHD C15-5
Peteil	Davout	Artillery troops retrograde to Douai	SHD C15-5
Kail	Davout	Embargo is extended to the fishermen	SHD C15-5
Kail	Davout	Embargo was not applied to fishermen; It is the Prefect's decision, not Kail's	SHD C15-5
Allan	Davout	Sends copies of royalist prints	SHD C15-5
Bosse	Davout	Since the individuals that were arrested were set free, desertion has started again	SHD C15-5
Eymard	Davout	The six forts between Audresselles and Boulogne are abandoned	SHD C15-5
Langeron	Caffarelli	A National Guard battalion leaves for Béthune; No garrison left in Laon; not enough guns; St Quentin is missing supplies	SHD C15-5
Langeron	Soult	A National Guard battalion leaves for Béthune; Laon is now missing soldiers	SHD C15-5
		Notes on the location of troops.	SHD C15-5

Ministère de la Guerre
Division de la Cavalerie

Et-major

Paris le 15 juin 1815.

Monsieur le Maréchal, j'ai l'honneur de transmettre à Votre Excellence la lettre que j'ai reçue de M^r le Gal Lapoype Gouverneur de Lille, qui propose la formation d'un corps de 2 à 300 chevaux, pour la défense de cette place, dont les cavaliers seroient pris parmi ceux fesant partie des bataillons de gardes nationales de sa garnison.

En priant Votre Excellence de prendre les ordres de l'Empereur sur cette proposition, je crois devoir lui faire connaitre que je ne partage par l'avis du Gal Lapoype; et que je regarde, comme préferable, de donner l'ordre au Gal Margaron d'envoyer à Lille, à la disposition du Gouverneur, une ou plusieurs compagnies régulières de lanciers, chasseurs ou hussards, organisées dans son dépôt général.

Agréez, monsieur le Maréchal
l'assurance de ma haute considération.

Le Ministre de la Guerre
Prince d'Eckmühl

S. Ex. M^r le Maréchal Duc de Dalmatie
Major Général

MINISTÈRE DE LA GUERRE
3 DIVISION
BUREAU

Exp

Vu

MINUTE DE LA LETTRE ÉCRITE

par le Ministre

au Commandant sup^r de Condé

Le 15 juin 1815.

Général, J'ai reçu avec votre depeche du 8 juin, la lettre suspecte que vous avez fait saisir sur la frontière, entre les mains d'une personne qui en colportait plusieurs autres.

J'ai communique cette lettre a M. le Prefet de Police, en lui fesant remarquer les passages qui sont écrits en chiffres; il l'invite à faire faire des recherches pour en découvrir le véritable sens.

———~~~———

Police
MINISTÈRE DE LA GUERRE
3 DIVISION
BUREAU
de la Corr. G^le

MINUTE DE LA LETTRE ÉCRITE

par le Ministre

au Préfet de Police

Le 15 juin 1815.

Monsieur le comte, j'ai l'honneur de vous transmettre une lettre qui m'a été adressée par le commandant sup^r de Condé. Une partie de cette lettre est écrite en chiffres, ce qui l'a rendu suspecte, et a déterminé à la saisir sur la frontière entre les mains d'une personne qui en colportait plusieurs autres non chiffrées le renvoi a été fait a M le c^te d'Erlon commandant le 1er corps de l'armée du Nord.

La pièce ci-jointe est signée, et porte l'indication de l'adresse de son auteur; vous jugerez sans doute à propos, Monsieur le Comte, de faire prendre des renseignemens sur l'opinion de cette personne, et de lui demander même les explications que vous jugerez convenables pour découvrir le véritable sens de la lettre.

———∼∼∼———

Exp^é

Vu [Signature]

MINISTÈRE DE LA GUERRE
DIVISION
BUREAU

Exp.

MINUTE DE LA LETTRE ÉCRITE

par le Ministre

a M^r le Lt Gal Cte Dumonceau, Command^t la 2e d^{on} m^{re} à Mezière

Le 15 juin 1815.

Général, Il se trouve maintenant établi dans la 2e d^{on} m^{re}, 7 dépots d'inf^{ie} dont les b^{ons} de guerre sont employés aux armées du Nord et de la Moselle; ce sont ceux ci après designés, savoir :

2e corps d'armée : 7e d^{on} d'inf^{ie} – 12e léger à Chalons sur Marne

3e corps armée du Nord :
- 10e d^{on} id – 88e de ligne à Rheims
- 10e d^{on} id – 22e id à Epernay
- 11e d^{on} id – 12e id à Chalons sur Marne
- 11e d^{on} id – 56e id à Rheims

Armées de la Moselle :
- 12e d^{on} id – 30e id à Sézanne
- 12e d^{on} id – 63e id à Sézanne

Il est de la plus grande importance, G^{al}, etc.

(voir la lettre du Gal Caffarelli, jusqu'à la fin)

———— ∼∼∼ ————

Ministère de la Guerre

Paris le 15 juin 1815.

Exp[e]

Au Command[t] de Boulogne,

Les armateurs des batimens de pêche m'ont adressé une reclamation sur la mesure d'embrago que vous avez mis, mesure qui plongerait dans la misère plusieurs milliers d'habitans.

Je vous adresse, M[r] le Commandant, copie de ma reponse pour votre gouverne[r].

Faites donner la parade d'honneur que je reclame des armateurs, et concertez vous avec les autorités pour des reglements qui empecheront les [?] et toute communication avec les ennemis.

J'espere que cette marque de condescendance pénetrera tous les cœurs de reconnaissance envers l'Empereur; qu'il n'y aura qu'une opinion; que tout le monde sera pret à combattre nos implacables ennemis et que l'on criera Vive l'Empereur, Vive la France.

Vous enverrez copie de ma lettre aux armateurs et de celle-ci aux gouverneurs des places de Dunkerque, Calais, Dieppe, Montreuil. Les Commandans se la communiqueront jusqu'au havre. Cela leur servira de gouverne, jusqu'à ce qu'ils aient reçu des avis officiels.

———— ❦ ————

MINISTÈRE DE LA GUERRE
3ᵉ DIVISION
BUREAU
de la Corr. Gˡᵉ·

Expᵉ

MINUTE DE LA LETTRE ÉCRITE

par le Ministre

au Prefet du Nord

Le 15 juin 1815.

Monsieur le Préfet,

Je vois par votre lettre du 9 juin, que l'esprit public s'améliore dans votre Département, que les opérations relatives au recrutement et à l'approvisionnement de l'armée s'exécutent avec plus de facilité, et qu'enfin vos administrés ont senti la différence qui distingue le Prince qui combat pour l'indépendance de la Patrie de ceux qui depuis 25 ans cherchent à la ravager.

Ces résultats satisfesans sont dus à votre zèle; je ne perdrai pas l'occasion de faire connaitre à Sa Majesté les preuves du dévouement que vous aurez manifesté pour son service.

—~~—

à Marchienne-au-Pont, Reille, commandant le 2ᵉ Corps d'Armée

Monsieur le comte Reille, l'empereur m'ordonne de vous écrire de passer la Sambre, si vous n'avez pas de forces devant vous, et de vous former sur plusieurs lignes, à une ou deux lieues en avant de manière à être à cheval sur la grande route de Bruxelles, en vous éclairant fortement dans la direction de Fleurus. M. le comte d'Erlon passera à Marchienne et se formera en bataille sur la route de Mons à Charleroi, où il sera à portée de vous soutenir au besoin.

Si vous étiez encore à Marchienne lorsque le présent ordre vous parviendra, et que le mouvement par Charleroi ne pût avoir lieu, vous l'opéreriez toujours par Marchienne, mais toujours pour remplir les dispositions ci-dessus.

L'empereur se rend devant Charleroi. Rendez compte immédiate- ment à Sa Majesté de vos opérations et de ce qui se passe devant vous.

> Le maréchal d'empire,
> major général,
> Duc De Dalmatie.

Au Bivouac de Jumignon, le 15 juin 1815, à 8 heures et demie du matin.

> Pour Copie Conforme
> Cᵗᵉ Reille

Bivouac de Jumignon, le 15 Juin, à 10ʰʳ du matin

Au Cᵗᵉ d'Erlon

Mʳ le comte, l'Empereur m'ordonne de vous écrire que M. le Cᵗᵉ Reille reçoit ordre de passer la Sambre à Charleroi, et de se former sur plusieurs lignes à une ou deux lieues en avant, à cheval sur la grande route de Bruxelles.

L'intention de Sa Majesté est aussi que vous passiez la Sambre à Marchienne, ou à Ham, pour vous porter sur la grande route de Mons à Charleroi, o ù vous vous formerez sur plusieurs lignes, et prendrez des positions qui vous rapprocheront de M. le comte Reille, liant vos communications et envoyant des partis dans toutes les directions : Mons, Nivelles, etc. ce mouvement aurait également lieu si M. le comte Reille était obligé d'effectuer son passage par Marchiennes. Rendez-moi compte de suite de vos opérations et de ce qui passe devant vous. L'Empereur sera devant Charleroi.

Le maréchal de l'Empire, major général,

duc de dalmatie

———∽∽———

à 3 heures du soir, le 15 juin 1815, en avant de Charleroi

Monsieur le comte d'Erlon, l'Empereur ordonne à M. le comte Reille de marcher sur Gosselies et d'y attaquer un corps ennemi qui paraissait s'y arrêter. L'intention de l'empereur est que vous marchiez aussi sur Gosselies, pour appuyer le comte Reille et le seconder dans ses opérations. Cependant vous devrez toujours faire garder Marchienne et vous enverrez une brigade sur les routes de Mons, lui recommandant de se garder très militairement.

Le maréchal d'empire, major général,

duc de dalmatie

En avant de Charleroi, à 3h. ½ du soir, 15 juin 1815.

Le M^al duc de Dalmatie, major g^al, au (G^al) comte Gérard.

Il se portera sur Châtelet, où il passera la Sambre, et il se disposera à attaquer un corps ennemi qui s'est arrêté du côté de Fleurus. – A-t-il avec lui, la 14e div^on de cavalerie?

Monsieur le comte Gérard, l'Empereur me charge de vous donner l'ordre de vous diriger avec votre corps d'armée sur Châtelet, où vous passerez la Sambre, et vous porterez en avant en suivant la route de Fleurus, direction que l'Empereur fait prendre en ce moment à une partie de l'armée, dans l'objet d'attaquer un corps ennemi qui s'y est arrêté en tête du bois de Lambusart. Si ce corps tenait encore après que vous aurez passé la Sambre, vous l'attaqueriez également. Rendez-mois compte de vos dispositions et informez-moi si la 14e division de cavalerie est à votre suite; dans ce cas, vous la feriez aussi avancer.

P.C.C. au registre de correspond^ce
du M^al duc de Dalmatie texte
imprimé communiqué par le Comd^t
du Casse en juin 1865.
Le commis chargé du travail :
D. Huguenin

———

Vu. Le Conservateur des Archives du Dépôt de la Guerre

Extr. du livre d'ordres imprimé du M Soult.

Prendre position en arrière de Charleroi.

Vu
Le Conservateur des Archives du Dépôt de la Guerre

Charleroi, 15 Juin 1815

Le M^{al} duc de Dalmatie, major g^{al}
au Gal Delort

Ordre au Gal Delort de prendre position en arrière de la ville (de Charleroi).

P.C.C. au registre de correspond
du M^{al} duc de Dalmatie, texte
imprimé, - communiqué par le
Comd^t du Casse en Juin 1865.
Le commis chargé du travail:
D. [Menguenin]

Charleroi le 15 Juin 1815

A Monsieur le comte d'Erlon, C^{dt} 1er corps

Monsieur le comte, l'intention de l'empereur est que vous ralliez votre corps sur la rive gauche de la Sambre, pour joindre le 2e corps à Gosselies, d'après les ordres que vous donnera à ce sujet M. le Maréchal prince de la Moskowa.

Ainsi, vous rappellerez les troupes que vous avez laissées à Thuin, Sobre et environs; vous devrez cependant avoir toujours de nombreux partis sur votre gauche pour éclairer la route de Mons.

Le maréchal d'empire,

Major-Général,

duc de dalmatie

June 15

Soult

Notes on the advance on Charleroi.

Gros & Delettrez, Autographes & Manuscrits, 17 May 2006, Lot 166

Ordres préparatoires à la bataille de Waterloo

Ensemble de quatorze documents comprenant ordres, rapports et notes dictés par Napoléon concernant les prises de décisions pour l'Armée du Nord en vue de sa formation et de son établissement dans différentes places quelques jours avant l'ultime bataille de Waterloo. Les ordres sont corrigés de la main du Maréchal Soult et dictés par Napoléon 1er.

13ème **document :** Notes datées du 15 (le mois n'est pas précisé), non signées. Elles sont rédigées sur 4 feuillets (2 in-8 et 2 in-4) sur le recto et le verso pour deux d'entre-elles, soit 4 pages d'écriture. Il est fort probable que la date du « 15 » concerne le mois de juin, soit trois jours avant l'issue de la bataille de Waterloo. En effet, les instructions dispersées dans ces notes ordonnent l'avancée des troupes vers Charleroi, ce qui est l'objet des mouvements du 14 et du 15 juin. De façon générale, les notes concernent des ordres pour l'armement de différentes troupes et la protection des places, l'acheminement de vivres et de matériels, et des ordres pour le Gal Reille (notamment qu'il soit présent sur Mons, Namur et Charleroi). Extraits de notes : « Toute la cavalerie sera armée car il est possible que les cavaliers soient même obligés de faire usage de coups de feu ».

Intendance générale

Quartier-Général à Charleroy 15 juin 1815.

Vu

Monseigneur,

À mon arrivée à Charleroy, je me suis de suite occupé de faire reconnaitre les ressources qui existent approximativement dans la place; voié le résultat du rapport qui m'a été fait :

- 24000 rations de pain en magazin
- 4000 [?] environ dans les [fours] bourgeois
- 126 sacs de farine de 190[?] chaque
- Et quatre fours de 600 rations chaque dans lesquels on pourra cuire de suite.
- En reserve de viande
- 20 boeufs sur pied pesant environ chaque 300[?]
- 7000 rations de viande abbatue
- En fourrages
- 1200 rations d'avoine
- 1500 id de foin
- 2000 id de paille

D'après le rapport qui m'a été fait, l'ennemi a fait évacuer cette nuit beaucoup de farine et a emmené avec lui un convoi de 200 bœufs

J'ai ordonné au sous inspecteur aux revues [Carles], et à M^r [Movas], commissaire des guerres de mettre sur le champ le scellé sur les caisses publiques, j'aurai l'honneur de faire un rapport à Votre Excellence, dès que je connaitrai le résultat de cette opération.

J'ai l'honneur d'etre,

Monseigneur, avec respect,

l'Intend^t G^{al}

Daure

P.S. J'apprends à l'instant qu'il n'a été trouvé aucun fonds dans les caisses. Il vient d'arriver environ 40 blessés particulièrement de la cavalerie de la garde

———— ∼∼∼ ————

Gosselies 15 juin 1815 11 heures du soir.

À S. Ex. M le maréchal Major Général.

Monsieur le Maréchal, j'ai l'honneur de rendre compte à Votre Excellence que conformément aux ordres de l'Empereur, je me suis rendu cette après-midi sur Gosselies pour en déloger l'ennemi avec la cavalerie du Général Piré et l'infanterie du Général Bachelu, la résistance de l'ennemi a été peu opiniâtre; on a échangé de part et d'autre 25 à 30 coups de canon; il s'est replié par Heppignies sur Fleurus nous avons fait 5 à 600 prisonniers prussiens du corps du Général Ziethen.

Voici l'emplacement des troupes.

Le Général Lefebvre-Desnouettes avec les lanciers et les chasseurs de la Garde à Frasne.

Le Général Bachelu avec la 5e division à Mellet.

Le Général Foy avec la 9e division à Gosselies.

La cavalerie légère du Général Piré à Heppignies.

Je ne sais où se trouve le Général en chef Reille.

Le Général Comte d'Erlon me mande qu'il est à Jumet et avec la plus grande partie de son corps d'armée; je viens de lui transmettre les dispositions prescrites par la lettre de Votre Excellence en date de ce jour.

Je joins à ma lettre un rapport du Général Lefebvre-Desnouettes.

Agréez, Monsieur le Maréchal, l'assurance de ma haute considération.

Le Maréchal Prince de la Moskova. Ney.

Certifié conforme à l'original communiqué
par Mr Charavay, le 20 février 1890.
Le Lt Colonel
Chef de la section historique
E. Henderson

Frasnes, le 15 juin 1815, 9 heures du soir.

Au Maréchal Prince de la Moskova.

Monseigneur,

En arrivant à Frasne suivant vos ordres nous l'avons trouvé occupé par un régiment de Nassau infanterie, d'environ 1500 hommes et 8 pièces d'artillerie; comme ils se sont aperçus que nous manoeuvrions pour les tourner, ils sont sortis du village; là nous les avons en effet enveloppés de nos escadrons : le Général Colbert a même été à une portée de fusil de 4 Bras sur la Grande route; mais comme le terrain était difficile et que l'ennemi s'est appuyé au bois de Bossus et qu'il a fait un feu très vif de ses 8 pièces de canon, il nous a été impossible de l'entamer.

Cette troupe que nous avons trouvée à Frasne, ne s'est pas portée ce matin en avant et ne s'est pas battue à Gosselies : elle est sous les ordres de lord Wellington, et semble vouloir se retirer vers Nivelles : ils ont allumé un fanal aux Quatre-Bras et ont beaucoup tiré de leur canon.

Aucunes des troupes qui se sont battues ce matin à Gosselies, n'ont passé par ici : elles ont marché vers Fleurus.

Les paysans ne peuvent pas me donner de renseignements sur un grand rassemblement de troupes dans ces environs : seulement il y a un parc d'artillerie à [Tabise] composé de 100 caissons et 12 pièces d'artillerie : on dit que l'armée Belge est dans les environs de Mons et que le quartier Général du jeune prince Frédérick d'Orange est à Brenne le Comte.

Nous avons fait une 15ᵉ de prisonniers et nous avons eu une 10ᵉ d'hommes tirés ou blessés.

Demain à la pointe du jour j'enverrai aux quatre Bras une reconnaissance qui l'occupera s'il est possible, car je pense que les troupes de Nassau sont parties.

Il vient de m'arriver un bataillon d'infanterie, que j'ai placé en avant du village. Mon artillerie ne m'ayant pas rejoint je lui ai envoyé l'ordre de bivouaquer avec la division Bachelu : elle me rejoindra demain matin.

Je n'écris pas à l'Empereur, n'ayant pas de choses plus importantes à lui dire que ce que je dis à Votre Excellence.

J'ai l'honneur d'être avec respect,

Monseigneur,

votre très-humble et très-dévoué serviteur

Lefebvre-Desnouettes

Je vous envoie un Maréchal-des-logis qui prendra les ordres de Votre Excellence.

J'ai l'honneur d'observer à Votre Excellence que l'ennemi n'a point montré de cavalerie devant nous : mais l'artillerie est de l'artillerie légère.

Certifié conforme à l'original communiqué
par M. Charavay le 20 Février 1890.
Le Lᵗ Colonel Chef de la Section historique
[E. Henderson]

Copie 11,603

Au Village de Campinaire, le 15 à 10h du soir

Sire

J'ai l'honneur de rendre compte à Votre Majesté que le corps du Général Exelmans, destiné à déborder la position que l'ennemi occupoit au delà du Village de Gilly, ayant traversé le ravin qui l'en séparoit, l'a chargé dans la plaine au dessus de Catelineau; l'a poussé jusques par delà Ronchamp, et ayant rejetté au loin sa cavalerie, est tombé sur ses carrés d'infanterie; les a enfoncés et a fait plus de 400 prisonniers. L'ennemi, essayant de tenir dans les bois, et même de redeboucher sous la protection du feu de son infanterie, quelques compagnies de dragons ont mis pied à terre; ont contenu par leur feu l'infanterie prussienne et donné le tems à l'infanterie du Lt Gal Vandame d'arriver. Celle-ci marchant sur la route qui traverse les bois a été soutenu de nouveau par les dragons qui ont poursuivi les Prussiens jusqu'au delà du Village de Lambusard dont le Général [Chastel] [en] a [encore] chassés.

Il est impossible de montrer plus d'intrépidité que n'a fait le corps du Général Exelmans et notamment la brigade du Général Vincent composée des 15e et 20e rég^{ts} de dragons. Le chef d'escadron Guibourg, du 15e rég^t, a enfoncé un carré et fait 300 prisonniers. Je le recommande aux bontés de Votre Majesté.

Le Gal Pajol, à la tête du 1er corps, a chassé l'ennemi de la route déserte du Gilly a Fleurus, lui a fait plusieurs centaines de prisonniers et s'est non moins distingué que le Général Exelmans dont je ne puis assez faire d'éloges à Votre Majesté.

C'est constamment aux cris de Vive l'Empereur et avec un entousiasme difficile à décrire que les troupes ont partout abordé l'ennemi.

Je suis avec respect

Sire

Pour copie conforme : le Maréchal Cte de Grouchy

~~~

Bossus, le 15 juin 1815.

Le M^{al} Grouchy au Gal Pajol.

Veuillez, mon cher Général, faire monter votre corps d'armée à cheval, à 2 heures ½ du matin, et le réunir à la division de cavalerie du Gal Domon, qui passera sous vos ordres et formera l'avant-garde de l'armée, qui se porte sur Charleroi. La division du Gal Domon doit se trouver à la gauche du Gal Soult, du côté de Castellon (1).

Ci-joint copie de l'ordre de mouvement, qui vous donnera l'explication de ce que vous avez à faire, marchant avec les trois autres corps de cavalerie par une direction différente de celle que vous suivez, c'est avec le Gal Vandamme que vous aurez à agir. Vous recevrez des ordres immédiats soit du Gal Vandamme soit de l'Empereur, qui marche lui-même à l'avant-garde.

Il m'est prescrit de me porter sur Charleroi, en passant par Bossus, Fleurieux (1) et Yves (1), où l'on m'écrit que se trouve la grande route de Philippeville à Charleroi.

Comme il m'est prescrit de marcher à hauteur de la colonne de gauche, à la tête de laquelle vous devez être, vous aurez soin de vous mettre en communication avec moi, par l'envoi de fréquents partis.

Recevez l'assurance de mon attachement sincère.

P.C.C. à la minute communiquée
par le Comd^t du Casse en juin 1865.
Le commis chargé du travail :
D. Huguenin

—∿∿∿—

Son corps formera, avec la division Domon, l'avant-garde de l'année. – Il agira avec le Gal Vandamme, et se mettra en communication avec lui (M^{al} Grouchy) dans sa marche sur Charleroi.

(1) Castillon

(1) Silenrieux. Yve

Vu. Le Conservateur des Archives du Dépôt de la Guerre

Bossus, le 15 juin 1815.

Le M^{al} Grouchy au Gal Cte de Valmy.

Se porter sur Bossus, où il recevra l'ordre de mouvement sur Charleroi. – Itinéraire de la marche de la cavalerie. – Le 3e corps marchera aujourd'hui seulement, après le 4e. – Le faire suivre par le Gal Lhéritier.

Veuillez, mon cher Général, faire monter à cheval la division que vous avez avec vous, et la mettre en marche, des bivouacs qu'elle occupe, de manière à être rendue à Bossus à six heures du matin.

Je vous prie de vous y trouver de votre personne à cinq heures, afin que je puisse vous donner connaissance, avant d'en partir, de l'ordre de mouvement par lequel l'armée se porte sur Charleroi. Il est tellement long que je ne saurais vous en remettre la copie qu'à votre arrivée ici.

Les 2e, 4e et 3e corps de cavalerie, à la tête desquels je marcherai, doivent se porter sur Charleroi en passant par Bossus, Fleurieux (1), Vogennes (1) et Yves (1), d'où nous suivrons la grande route de Philippeville à Charleroi.

(1) Silenrieux, Vogenée, Yve.

A raison de la position d'où il part, le 3e corps marchera, aujourd'hui seulement, après le 4e.

Ayez soin de dégager votre corps de toute espèce de voitures et de bagages, lesquels doivent rester en arriere jusqu'à ce qu'un ordre du vague-mestre général prescrive de les faire avancer. Vous pourrez seulement les faire porter jusques à Bossus, où ils se réuniront aux équipages du 2e et (du) 4e corps.

Veuillez envoyer au Général Lhéritier l'ordre de vous suivre le plus rapidement possible en passant par Bossus, Fleurieux (1), Vogenes (1) et Yve.

(1) Silenrieux, Vogenée

Recevez, mon cher Général, l'assurance de mes affectueux sentiments.

P.C.C. à la minute communiquée
par le Comd^t du Casse en juin 1865.
Le commis chargé du travail :
D. Huguenin

Vu. Le Conservateur des Archives du Dépôt de la Guerre

Bossus, le 15 Juin 1815

Le M^al Grouchy au Gal Milhaud.

Veuillez, mon cher Général, faire monter à cheval le corps que vous commandez, à 4 heures 1/2 du matin, et le mettre en marche de manière à être rendu à Boussus à 5 heures 1/2. Je désire que vous vous y trouviez de votre personne un peu auparavant afin que je vous donne connaissance de l'ordre de mouvement par lequel l'armée se porte sur Charleroi. Il est si long que je ne pourrais vous en remettre la copie qu'à votre arrivée ici.

Les 2e, 4e et 3e corps de cavalerie, à la tête desquels je marcherai, doivent se porter sur Charleroi en passant par Bossus, Fleurieux, Vogenes et Yves, d'où nous suivrons la grande route de Philippeville à Charleroi. Ayez soin de dégager votre corps de toute espèce de voitures, de bagages et autres, lesquels doivent rester en arrière jusqu'à ce que l'ordre du [vaguemestre] générale prescrive de les faire avancer. Vous pourrez seulement les faire porter jusqu'à Bossus, où se réuniront les équipages des 2e et 3e Corps.

Ci-joint une proclamation de l'Empereur à l'armée ; faites la lire à la tête des Corps un moment avant de les mettre en marche.

Recevez, mon cher Général, l'assurance de mon attachement.

P.–S.

Je vous attends à 5 heures précises.

P.C.C. à la minute communiquée
par le Comd^t du Casse en Juin 1865
Le commis chargé du travail :
D. [Muguenin]

Se porter sur Bossus, où il recevra l'ordre de mouvement sur Charleroi. - Itinéraire de la marche de la cavalerie - Envoi de la proclam^on de l'Empereur à l'armée.

Vu
Le conservateur des Archives du Dépôt de la Guerre

Armée du Nord
1ᵉʳᵉ Corps

Marchiennes au Pont le 15 juin 1815

à 4 heures ½ du soir.

Vu. À classer. Répondu le 15 à 9 heures

Monseigneur,

J'ai reçu les deux lettres que Votre Excellence m'a fait l'honneur de m'écrire aujourd'hui : la premiere m'a été remise à Montigny le tigneux et je viens de recevoir l'autre en entrant à Marchiennes.

Conformément à l'ordre général d'hier j'ai laissé une brigade de cavalerie à Solre et [Bienne] sous Thuin, et une divᵒⁿ d'infanterie à Thuin, Lobbes et l'abbaye d'Aulnes mes autres troupes commencent à arriver à Marchiennes, aussitot que la queue du 2ᵉ corps aura filée, je les ferai passer la Sambre. Je porterai une brigade sur la route de Mons, une autre brigade restera en avant de Marchiennes et avec les deux autres divisions d'infanterie je me porterai sur Gosselies.

J'ai vu la position de Thuin, elle [est] très [forte] par elle même, mais vu les localités, on ne peut pas y établir de tête de pont.

Je prie Votre Excellence de me faire connaitre si je dois laisser encore des troupes à Thuin, Solre et environs.

Daignez, Monseigneur, agréer l'hommage de mon profond respect.

Le Lieut gᵃˡ commdᵗ en chef le 1ᵉʳ corps
D. Cᵗᵉ d'Erlon

S. E. Monsʳ le Major Gᵃˡ

Armée du Nord
1er Corps

Vu. A classer

Jumay le 15 juin 1815

Monseigneur,

Conformément à l'ordre de Votre Excellence en date de ce jour, 3 heures du soir, je m'étais dirigé sur Gosselies, j'y ai trouvé le 2ème corps établi, en conséquence j'ai placé ma quatrieme division en arriere de ce village et ma seconde en avant de Jumay : la brigade de cavalerie se trouve dans ce dernier endroit.

La 3e division est restée à Marchiennes et la 1ere à Thuin, mon autre brigade de cavalerie est à Solre et [Bienne] sous Thuin, ce qui dissemine beaucoup mes troupes, je prie Votre Excellence de vouloir bien me faire savoir si je dois rappeler celles que j'ai laissées en arriere.

La reconnaissance que j'ai fait pousser sur fontaine l'Eveque, a appris que 1500 Prussiens qui s'y trouvaient ce matin avec trois pieces d'artie en sont partis a midi se dirigeant sur Marche le château; ils ont emmené avec eux beaucoup de bestiaux.

J'attends l'ordre de demain par l'officier qui aura l'honneur de remettre cette lettre a Votre Excellence. Je la prie d'agréer l'hommage de mon profond respect.

Le Lieut. gal Commdt en chef le 1er corps d'armée

D. Cte d'Erlon

S.E. Monsr le Marechal Duc de Dalmatie
Major gal

faire [les etats] de [tous] [les] blessés du 15. [Ecrire] [en consequence] à [tous les] g^aux [et] [a leurs corps] d'armée [leurs demandes] [g^aux des] [Rapport] sur leurs op^ons [en désignant] [?] militaires qui sont distingués le plus [particul^t]. Ecrit aux G^aux Reille, Vandamme et Grouchy le 16

A gosselie, le 15 juin 1815 à 9 heures du soir.

À Son excellence le Maréchal Duc de Dalmatie, major général

Monsieur le Maréchal,

D'après l'ordre de l'armée; je suis parti de [Lair fauster], avec le 2e corps à trois heures du matin, en avant de Thuin j'ai rencontré un avant-garde ennemi de cavalerie et d'inf^ie et dans ce village environ 800 h^es; après quelques coups de canon et une fusillade assez vive; nous les avons chassés de cette position, qui est d'un accès très difficile; l'ennemi a laissé des morts; des blessés et quelques prisonniers parmi lesquels deux officiers. Les ponts de Lobbs, de Thuin et d'Alne sont restés en bon état; nous avons rencontré encore l'ennemi dans le bois de montigny le Tigneux : une fusillade très vive a été engagée; nous l'avons chassé du village et il a cherché ensuite à faire sa retraite sur marchiennes, mais étant serré de près par note infanterie, j'ai fait déboucher les généraux Piré et Imbert avec le premi^er de chasseurs qui les a chargés avec beaucoup de vigueur; une centaine ont été sabrés et plus de 200 ont été faits prisonniers. Après avoir passé le pont de Marchiennes, j'ai dirigé la cavalerie en laissant à gauche le bois de moncaux et je l'ai traversé avec la colonne d'infanterie : arrivés près de Jumay le Général Bachelu, est tombé sur la colonne ennemie qui avoit forcé le 1er de chasseurs à la retraite; lui a tué des hommes et fait quelques prisonniers : le 2e corps s'est ensuite posté en avant et a pris position; les 5e et 9e divisions d'inf^ie ainsi que la cavalerie à droite et à gauche de Gosselie et la 6e d^on en arrière du bois de [Lambas]. La 7e qui étoit en seconde ligne de la 6e a reçu une heure avant la nuit l'ordre d'après celui de Sa Majesté de prendre la route de Jumay à Fleurus et de pousser des tirailleurs jusqu'à ce village.

Le 2e d'inf^ie légère, qui a tenu toute la journée la tête de la colonne a montré la plus grande vigueur, il a eu environ 80 hommes tués ou blessés; le 1er de chasseurs en a eu 20 à 25 : le nombre des prisonniers envoyé à l'Etat-major général est de 266 et 5 officiers.

Je prie Votre Excellence d'agréer mon hommage respectueux.

Le General Commandant le 2e corps Cte

Reille

Sire,

J'ai l'honneur de rende compte à Votre Majesté que les lieutenants Généraux Burth et Cardinal commandent ce qui est devant nous. Je pense que l'ennemi n'a que 12 à 15,000 hommes. Le Maréchal Grouchy croit qu'il y a 30,000 hommes. L'ennemi n'a démasqué que 10 à 12 pièces de canon.

L'ennemi est maintenant en arrière de fleurus, entierement en retraite. Il n'a laissé que quelques postes de Cavalerie légère dans fleurus.

Je suis entièrement réuni, la droite en avant de Winage sur la droite de la route de Namur. - C'est la 8e Division.

J'ai mon quartier Général à la Cens du fontenelle. De cette cens à la droite de Namur se trouve la 3e Don de Cavalerie Légère qui a ses postes sur Lambussart.

De la droite de la Cens à la route de fleurus se trouve la 18e Division.

La 11e Division est au Camp d'andois.

Une partie de ma réserve d'artillerie m'arrive à l'instant.

J'ai l'honneur d'être,

Sire, de Votre Majesté Impériale,

le très humble et très obeissant serviteur & fidel sujet

D. Vandamme

à la Cens de fontenelle
15 juin 1815, 10 h^{res} du soir

6ᵉ Corps

Vu

Au quartier Général sur le Plateau à une lieue en arriere de
Charleroi entre Jamignon et le bois du prince de Liège
le 15 juin 1815 à 8 heures du soir.

Monsieur le Maréchal,

Le 6ᵉ corps, d'après l'ordre général de mouvement reçu la nuit dernière,
a pris les armes ce matin à 3 ½ heures et s'est mis en marche à quatre heures.

J'ai bientot joint la gauche du 3ᵉ corps, ou j'ai fait halte jusqu'à sept
heures parce que ce n'est que vers six heures que ce corps d'armée à commencé son mouvement. J'ai laissé passer devant moi le parc du génie et
une partie de l'equipage de pont.

J'ai suivi la direction du 3ᵉ corps, et j'ai passé par Clermont, par
Donstienne, marbais, ham sur eure; les hayes de nalines. Notre marche a
été très lente, à cause des défilés et des mauvais chemins. Il est huit heures
et j'arrive seulement sur le plateau que j'occupe, quoique je n'aye fait tout
au plus que six lieues dans la journée.

La troupe est très fatiguée, mais les chevaux d'artillerie encore plus.
Ne recevant point d'instruction, j'ai pris sur moi d'établir mon camp, et
d'attendre vos ordres.

Je n'ai pas des nouvelles des équipages du corps d'armée. Je pense qu'ils
nous joindront demain; car j'en ai vu d'autres devant moi.

J'ai l'honneur d'être
de Votre Excellence
le très humble et très obeissant serviteur
le lieutᵗ Gᵃˡ aide-de-camp de l'Empereur
commandant le 6ᵉ corps
Cᵗᵉ de Lobau

⁓

P.S. ci-joint le croquis de ma position fait par
Mʳ Guibert

Mon chef d'Etat-major vous a envoyé une
situation le 11, de la Capelle. Il vous en fera
une cette nuit.

À S.E. Mʳ le Mᵃˡ major général
*This was followed by a sketch of the 6 Corps
position*

Au quartier général à Philippeville, le quinze juin 1815 à son Excellence le major général, à Beaumont, Monseigneur,

M. le lieutenant général Bourmont, commandant la 14ᵉ division d'infanterie est passé, ce matin, à l'ennemi aves ses aides de camps l'adjudant commandant Clouet, son chef d'état-major; il parait même qu'il a emmené les adjoints qui sont le chef d'escadron Villoutreis et le capitaine Sourdat.

Je m'empresse d'adresser à Votre Excellence les lettres que m'ont écrit, au moment de leur départ, M.M. Bourmont et Clouet. Ce général n'avait pas encore recu l'ordre de mouvement d'aujourd' hui, ni la série de [..]. d'ordre. Jusqu' à ce jour, il n'était rien venu à ma connaissance, qui put me le faire soupconner capable de trahison.

Le maréchal de camp Hulot prend provisoirement le comman- dement de la 14e division. Je prie Votre Excellence de vouloir bien y envoyer le plutot possible un lieutenant-général et des officiers d'état-major.

Agréez, Monseigneur, l' hommage de mon respect, Le général en chef, pair de France,

Cᵗᵉ Gérard

Armée de la Moselle

à classer

Au Quartier Général à Chatelet,
Le 15 Juin 1815.

A Son Excellence, le Major Général, à Charleroy,

Monseigneur,

J'avais déjà dépassé les haies de Nalinnes, dans la direction de Charleroy, lorsque j'ai reçu l'ordre de Votre Excellence de me diriger sur Chatelet, & d'y passer la Sambre.

Les trois Divisions d'Infanterie, avec leur artillerie, sont arrivées à chatelet. La quatorzième Division d'Infanterie, Commandée par le Maréchal de Camp hulot, a passé la Sambre & occupe Chatelineau.

Les deux autres Divisions d'Infanterie sont à Chatelet.

Je fais pousser les reconnaissances sur les deux rives de la Sambre et observer les communications sur Namur et Dinant.

la Sixième Division de Cavalerie, Commandée par le Lieutenant-Général Maurin, n'a pu arriver qu'à Bouflieux.

La Division de Cuirassiers du Général Delort, est encore en arrière sur la route de philippeville ; je lui ai envoyé successivement trois officiers, pour lui faire prendre la Direction de Chatelêt.

partout où L'Armée de la Moselle a passé aujourd'hui, les habitants de la Belgique l'ont accueillie aux acclamations de vive L'Empereur.

L'officier porteur de cette dépêche est en même tems, chargé de conduire à Votre Excellence, un Capitaine du 28e régt d'Infanterie prussienne, nommé Neuhaûs, qui a été fait prisonnier aujourd'hui par des Dragons.

Je prie Votre Excellence d'agréer L'hommage e mon respect,

Le Général en Chef
Pair de france,
Cte Gérard

15. Juin
10ʰʳˢ du soir.

Lambusard

General Pajol au Mᵃˡ Grouchy.

Monseigneur

J'ai l'honneur de vous rendre compte que j'ai pris position (ce) soir avec le 1ᵉ Corps d'armée, une Division à Lambusard et la seconde à cheval sur la route de Gilly à Fleurus, en avant de l'embranchement qui est en arrière de l'arbre du [Frère henri] et sa Campinière.

J'aurais occupé ce village, si le Gᵃˡ Vandamme eut voulu m'envoyer et me soutenir par quelqu'infanterie : mais il parait que ce Général a pris à tache de faire tout ce qui est contraire à la Guerre ; car il a négligé d'occuper Lambusard et la tête du bois de Silly à Fleurus, qui sont les deux points principaux, dans la position où nous nous trouvons.

Mes troupes ce sont parfaitement conduites aujourd'hui. Je me suis [emparé] de Charleroy, j'ai le premier passé la Sambre, soutenu seul, pendant quatre heures, tous les efforts de l'ennemi, ce que doit mériter à ceux qui se sont distingués les bontés de Sa Majesté, que je vous prie de réclamer pour eux.

J'aurais l'honneur de vous en adresser demain les noms.

Je suis.

le Lᵗ General Comte Pajol

————〰〰————

Lille le 15 juin 1815.

À Son Excellence le Maréchal Prince d'Eckmühl Ministre de la guerre.

Monseigneur,

La commission de haute police instituée par le décret impérial du 25 mai et présidée par le Lieutenant Général Alix, a commencé ses opérations à Lille depuis plusieurs jours sans que j'en ait été averti officiellement, et ce n'est que le onze de ce mois par une requisition faite verbalem^t de 1500 hommes de ma garnison qui devaient être envoyés je ne sais où, mais cependant à 9, 10, 11, 12 lieues et plus peut être de la place, que j'ai connu son existence, ou plutôt l'étendue de ses prétentions, si ce n'est de ses pouvoirs. Sur un refus verbal de ma part à cette réquisition verbale, la commission a adressé une requisition par écrit à M^r le Lt Gal Comte Frère, Commandant la 16e div^{on} m^{re} et membre de la dite commission pour qu'il eut à fournir non pas 1500 hommes, mais un bataillon complet, et en sus, trois compagnies. J'ignorais cette particularité lorsque le maréchal de camp dejean Commandant d'armes, me communique un ordre du Général Frère à lui adressé directement pour mettre à la disposition de la haute commission, les neufs compagnies demandées. Le Général Dejean qui est uniquem^t sous mes ordres, qui ne doit reconnaître que ceux qui émanent de moi, ne voulut point éxecuter celui-ci sans m'en donner connaissance, et m'exposa 1. Que ma garnison avait déjà fourni au Général Frère, pour être portés sur la ligne des frontières, les 3e et 4e bataillons des ardennes, 2. Une compagnie du 1er bataillon de retraîtés du Nord dirigé sur Saint-Venan ce qui faisoit déjà 1200 hommes extraits de sa garnison, 3. Que je serois obligé de fournir nécessairement pour une expédition lointaine ce que j'avais de mieux armé, de plus instruit et de mieux habillé, 4. Enfin, que ne pouvant me servir ni du bataillon de garde nationale du Nord, ni des retraîtés de ce Département, puisque leur mission seroit d'aller en garnison dans des arrondissements où ils trouveroient en contravention des loix, leurs voisins, leurs amis, leurs parens; Je me voyais forcé de destiner à ce service neuf compagnies tirées des gardes nationales de l'aisne, les bataillons de la Somme et de la Seine Inférieure n'étant encore ni armés ni habillés; qu'en consequence, si j'accordais les 1000 hommes demandés, il se trouverait environ 2500 hommes extraits de la garnison, ce qui pouroit compromettre la sureté extérieure et intérieure de la place.

Ces justes représentations me forcérent de défendre au Général Commandant d'armes d'obtempérer à l'ordre du Général Comte Frère, auquel je fis part de mes observations et de mon refus. Je vis Monsieur le prefet dans la soirée et sur quelques éclaircissements qu'il me donna, touchant l'emploi de ces troupes, je mis à la disposition de la haute police trois compagnies qui devaient être utilisées dans les environs de Lille.

Ainsi c'est terminé ce leger différend dont je n'ai pas rendu compte, et dont je n'eusse pas mis les détails sous les yeux de Votre Excellence, si je n'avois à l'entretenir de la [disention] qui s'élève pour fixer l'étendue ou les bornes de la commission de haute police dans une place en état de siège.

Le Lieutenant Général Alix président de la commission m'écrivait le 12 courant la lettre dont je joins l'original Nº 1, et à laquelle j'ai répondu le 13, par celle dont copie est Nº 2.

Votre Excellence verra que je n'ai pas cru devoir reconnaitre les pouvoirs de la commission, car dès lors, je n'aurois pu me dispenser d'obéir à sa réquisition de troupes et ma garnison eut été exposée par là, à être réduite à très peu de monde, ce qui surtout au moment des hostilités, pourroit avoir des résultats facheux, soit pour la place même, soit au moins pour les troupes qui s'en seroient trouvé séparées par une grande distance. Voilà pour la partie militaire; je crois qu'il n'y a pas de doute à former sur cet objet, et qu'il reste constant que personne ne peut avoir le droit de disposer d'une garnison dans une place en état de siège, que le Gouverneur; car très certainement, si par suite de condescendance, ou par un faux zèle pour la chose publique, un gouverneur, dans les circonstances où je me trouve, exposoit sa place, soit intérieurement ou extérieurement, deux dangers qui ne sont pas hors de toute vraisemblance à Lille, sa tête, que dis-je sa tête? Son honneur en répondrait.

L'empereur m'a confié la place de Lille. Je comptois avoir de bonnes troupes pour assurer sa tranquilité intérieure et sa sureté extérieure; au lieu de bonnes troupes formées, habillées, équipées, armées; j'ai des hommes inexpérimentés, mal armés, point ou mal habillés, ne sachant ce que c'est que l'esprit de corps, etc. mes representations à cet égard sont restées sans effet; mais au moins, qu'on me laisse la libre disposition de ces troupes, et que des mesures étrangères à la défense de la place, ne viennent pas arrêter l'instruction, desorganiser des corps dans leur enfance et chez les quels un rien peut neutraliser l'esprit qui les anime.

Probablement cette lettre sera suivie d'une seconde sur la police intérieure des places en état de siège, dont, sans un ordre positif de Sa Majesté, personne autre que les gouverneurs ne peuvent avoir l'administration, ordre qui est bien loin de se trouver ni explicitement ni implicitement dans le décret du 25 juin précité.

Je prie Votre Excellence de prendre en grande considération la question qui fait l'objet de cette lettre et de vouloir bien y répondre par des ordres positifs, de ces ordres qui couvrent la responsabilité de celui qui les invoque, tandis qu'il ne pourroit se disculper en allegant les sacrifices d'amour propre qu'il auroit cru devoir faire au maintient d'harmonie pour le bien Général, et que S.M. traîterait avec raison de pusillanimité.

Je suis avec un profond respect
Monseigneur
de Votre Excellence

le très humble et très

obeissant serviteur
le lieutenant Général
Gouverneur de Lille en etat de siège
La Poype

Renvoyér aux Chefs de la 3ᵉ Div^{ons} que cela concerne pour de prompts rapports

Le 17

Au quartier Général à Lille le 15 juin 1815

A Son Excellence le Maréchal Prince d'Eckmühl, Ministre
de la Guerre

[Lemez]

Monseigneur,

En me prévenant que les troupes de la division Donzelot, détachées sur la ligne en avant de Lille, devoient rejoindre le corps d'armée concentré sur Valenciennes, Monsieur le Comte d'Erlon, Commandant en chef le premier corps d'armée, me donna l'ordre de faire relever les postes de cette division depuis Anstaing jusqu'à Armentières par les gardes nationales, les douaniers et des gendarmes.

L'Administration des Douanes et la gendarmerie écrasées par un service actif, ne pouvant m'offrir aucunes ressources je fus obligé de faire relever ces postes par les 3ᵉ et 4ᵉ bataillons des Ardennes de la garnison de Lille. Je donnai à cette troupe des instructions précises ; des lieux de réunion furent désignés pour qu'en cas de force majeure, ces deux bataillons se repliâssent sur Lille.

Par mes lettres des 4 juin (Bureau du mouvement des gardes nationales) et 8 juin (Bureau de la Correspondance générale) j'ai rendu compte à Votre Excellence de ce mouvement. S.E. le Major Général à son passage à Lille approuva entièrement ces dispositions et me donna même l'ordre de détacher 100 hommes de gardes nationales de la garnison de Lille, vers Bouvines pour servir d'intermédiaire entre les postes occupés par les 3ᵉ, 4ᵉ batailles des Ardennes et ceux de cavalerie placés sur la gauche du premier corps d'armée.

Je viens d'être informé que sur la demande de M. le Lieutenant Générale Lapoype, Gouverneur de Lille, une dépêche télégraphique de Votre Excellence ordonne à ce Gouverneur de faire rentrer les 3ᵉ et 4ᵉ bataillons des Ardennes et annonce que c'est à tort qu'on a mis ces deux bataillons à ma disposition.

J'aurai l'honneur d'observer à Votre Excellence que je n'ai placé ces deux bataillons sur cette ligne que d'après les ordres de M. le Comte d'Erlon ; que Votre Excellence qui n'a point répondu aux deux lettres que je lui ai écrites à ces effets, a semblé ne point rejetter cette mesure qui a d'ailleurs été approuvé par S.E. le Major Générale de l'armée.

Cette troupe étoit d'ailleurs nécessaire pour conserver le bon esprit de ces campagnes, faire rentrer les approvisionnemens et faciliter le départ des militaires destinés pour l'armée ; il étoit utile aussi d'avoir des postes en avant de Lille, et ces postes n'existants plus, Lille sera tout découvert et des patrouilles ennemies pourront venir jusque sous le canon de la place.

M. le Comte d'Erlon vient de m'informer que son corps d'armée a fait le 13 juin un mouvement qui le porte sur la Sambre et qui demasque les places de la division; il m'ordonne de prendre toutes les précautions pour la sûreté de la frontière et de mettre en mouvement les corps francs qui se trouveroient dans la division.

J'ai fait connaître à Votre Excellence, pas ma lettre d'hier (Bureau des Corps Francs) la composition du premier corps franc. Mais mal habillé et armé seulement de mousquetons que je lui ai fait délivrer hier, il n'est pas susceptible de rendre de grans services : je lui donne néanmoins l'ordre de se mettre de suite en mouvement.

Il seroit à désirer de pouvoir couvrir Lille par des détachements qu'on placeroit en avant de cette place avec des postes intermédiaires pour les soutenir. Je ne puis disposer à ses fins que des bataillons des gardes nationales de la garnison de cette place. La dépêche télégraphique de Votre Excellence sembleroit annoncer que je n'ai aucun ordre à donner à cet effet. Cependant je commande la division et je reçois journellement des ordres tant de S.E. le Major général, de M^r le Comte d'Erlon, Commandant supérieur de la Division, que de Votre Excellence.

Dans cet état de chose, le service peut en souffrir si le Gouverneur d'une place se croit indépendant et pense ne devoir correspondre et ne recevoir des ordres que de S. M. et de Votre Excellence.

Il seroit essentiellement utile que les attributions de ces Gouverneurs et leurs rapports de service avec les Lieutenans généraux commandans les divisions fussent particulièrement fixés, pour mettre à même ces derniers, qui, ce me semble, doivent conserver le Commandement supérieur d'une place jusqu'au moment qu'elle est cernée, d'exécuter les ordres ou instructions qu'ils peuvent recevoir.

Je prie avec instance Votre Excellence de vouloir bien prendre une décision à cet égard que le désir de coopérer plus particulièrement au bien du service de Sa Majesté me fait provoquer

J'ai l'honneur de saluer Votre Excellence avec un profond respect.

Le Lieutenant Général Commandant la 16ᵉ Division militaire./.

Cte Frère

⁓

N° 1 – 19 mai

Renvoye au Gal Gazan pour prendre cette demande en consideration et fournir une bonne garnison. Le 19 juin le M^tre

La force de la garnison est actuellement de 1008^hes [Signature]

Aire le 15 juin 1815.

L'adjudant Commandant Desnoyers Commandant supérieur D'aire

à Son Altesse Prince d'Eckmühl Ministre de la Guerre

Monseigneur,

Dans tous mes rapports, j'ai eu l'honneur de rendre compte a Votre Altesse de la situation de trouppes qui composent ma garnison. Chaque jour je rends compte a Monsieur le Général Vasserot Commandant le Département du pas de Calais de la force de la garnison Daire. Dans ce moment j'ai a peine de quoi placer 6 hommes aux portes.

Le 5me bataillon du pas de Calais est le seul qui me soit annoncé. Ce bataillon se forme a la porte de la ville D'aire dans l'arrondissement de Bethune, jusqu'à présent le comité chargé de l'organisation de ce bataillon n'a pu envoyer a aire que tres peu d'hommes, ils partent de Bethune le matin et avant d'arriver a aire les 2/3 sont dejà désertés.

J'ai eu l'honneur d'en rendre compte a votre altesse par mes lettres du 5 juin 9 juin et 11 juin.

Ce bataillon, seroit il même au complet, fera toujours un mauvais service puisque chaque jour les habitans de la campagne viennent au marché a aire et qu'une grande partie de ces gardes nationales n'etant qu'a une lieu 2 et trois lieux au plus de la place, quittent la garnison sans qu'on puisse même les en empêcher pour les raisons que je vais déduire.

1. Malgré toutes mes reclamtions, il n'a pas encore été possible d'obtenir le moindre vétement militaire. Par conséquent ces hommes sont habillés en guenilles et ressemblent a des manouvriers. Les uns sont sans chapeau, les autres en bonnet de coton et les autres avec de mauvais chapeaux de paysans, en culottes ou pantalons de toile tous déchirés, et vestes de travail en lambeaux

2. Les portes sont gardées par les mêmes hommes, les sous-officiers des paysans comme eux ne sachant pas le service.

3. La garnison est si faible qu'il n'est pas possible de placer des sentinelles.

4. La proximité des villages qui ont fourni le bataillon, prettera toujours a la désertion, puisque l'on ne peut esperer de les faire

rejoindre que par les colonnes mobiles et le placement des garnisons, et qu'aussitôt que la force armée se présente dans les villages, tous ces déserteurs et retardataires se rendent a leur poste pour le quitter aussitot qu'ils sont prévenus que les colonnes qui les poursuivent n'y sont plus :

Le rapport de situation que j'ai l'honneur d'adresser a Votre Altesse fera connaitre la force actuelle de la garnison D'aire, et la nécessité de la porter au nombre convenable pour déffendre cette place.

Il me reste encore a vous assurer, Monseigneur, que M^r le chef de bataillon poulet chargé du Commandement de ce mauvais bataillon, remplit les fonctions avec honneur je ne crois pas qu'il soit possible de trouver un meilleur chef, plus actif plus dévoué. Sa troupe est conduit paternellement, le prêt, les distributions de vivres en tout genre se font avec régularité.

J'ose donc supplier Votre Altesse de donner des ordres afin que la garnison destinée pour aire se mette en marche.

On organise des bataillons de vétérans a Lille. Je m'estimerois heureux s'il vous plaisait, Monseigneur, de m'en accorder un, avec un bataillon de gardes nationales d'un Département autre que celui du pas de Calais.

Les signalemens de tous les déserteurs du 5e b^on du pas de Calais ont été envoyés au Maréchal de camp Baron Vasserot Commandant le Département ainsi qu'un sous Prefet de Bethune.

De mon coté j'envoie des garnisaires dans les villages et des que l'on aura arreté ces déserteurs, comme ils sont en trop grand nombre, je ferai juger et condamner au moins le plus agé afin de faire un exemple.

J'ai l'honneur de vous prier, Monseigneur, d'etre bien convaincu de mon zèle de mon dévouement et que rien ne le ralentit pour bien servir notre auguste souverain. Si j'obtiens un peu de forces seulement la valeur de deux bataillons, l'ennemi, en quel nombre, il pourrait se presenter, n'auroit qu'à se répentir.

Je suis avec un tres profond respect de Votre Altesse.

Monseigneur
le tres humble et tres obeissant serviteur
le Comd^t sup^r D'aire
Desnoyers

Situation de la garnison à l'époque du 15 juin 1815.

Désignation des corps	Présens sous les armes		Observations
	Officiers	Sous off^ers et soldats	
5e bataillon de la garde natio-nale du pas de Calais	14	121	Sans aucun habillement militaire
8e comp^ie du 5e regim^t d'artil-lerie à pied	2	46	
Comp^ie de canonniers de la Garde nationale d'aire	4	116	

Le Commandant supérieur D'aire

Desnoyers

C'est donc avec 121 hommes du 5me bataillon de la garde nationale (arrondissement de Bethune) Dep^t du pas de Calais que je dois faire garde le fort S^t françois et tout le corps de place de la ville D'aire.

La Garde nationale sédentaire D'aire s'organise et ne sera a peu pres que de 150 hommes parce que cette ville a deja fourni son contingent pour la garde nationale mobile, une compagnie de canonniers sédentaires de 120 hommes ainsi qu'une de pompiers de même force.

La garde nationale sédentaire fait le service de l'intérieur pour la conservation des etablissemens militaires. Les canonniers sont tous employés aux travaux de l'artillerie.

Ainsi il ne me reste pour faire le service de la place et du fort et pour garder les pièces en batteries que 121 hommes de gardes nationales mobiles, quand pour faire un service passable il seroit nécessaire d'avoir chaque jour 120 hommes de Garde pour le corps de place et le fort S^t françois.

Desnoyers

———∾∾———

3ᵉ Division
Bureaue du Mouvement

Nᵒ 1471. 16 juin

Péronne le 15 juin 1815.

Le Major Commandant d'armes a Péronne

À Son Excellence le Ministre de la Guerre.

Monseigneur,

Conformément a votre ordre du 12, la 11ᵉ compagnie d'ouvriers d'artillerie arrivée en cette place, rétrograde sur Douai.

J'ai l'honneur d'être
Monseigneur
de Votre Excellence
le très humble serviteur
Major Peteil

Gravelines le 16 juin 1815.

À Son altesse Monseigneur le Prince d'Eckmühl Ministre de la Guerre.

Monseigneur,

J'ai l'honneur de rendre compte a votre altesse que la marine s'est enfin decidé à laisser mettre l'embargo sur les bateaux pécheurs ainsi qu'il y etoit mis sur tous les autres batimens indistinctement, je crois devoir vous observer, Monseigneur, que si pareille lutte d'autorité venoit de se renouveller, il seroit nécessaire que j'ai des instructions de votre altesse, pour ne pas etre dans la cruelle alternative de prendre une mesure que vous puissiez blâmer.

J'ai l'honneur d'etre avec un très profond respect
Monseigneur

de votre Altesse sérénissime

le très humble et très obeissant serviteur

Kail Colonel

Command^{t} superieur

—~~—

Gravelines, le 15 juin 1815.

À Son Altesse le Prince d'Eckmühl Ministre de la Guerre à Paris.

Monseigneur,

J'ai eu l'honneur de vous rendre compte par ma lettre du 14 courant, que l'embargo avait été mis sur tout les bâtimens de ce port; j'avais donné tous les ordres nécessaires à l'éxécution de cette mesure, après avoir communiqué ceux, de Votre Altesse à Mʳ [Baudart] préposé à l'inscription maritime pour assurer davantage la stricte éxécution de vos intentions; cet employé maritime a de suite donné connaissance au Prefet du 1ᵉʳ arrondissement en résidence à Dunkerque qui n'a pas jugé à propos que l'ordre de Votre Altesse ait son éxécution envers les bâteaux sortant journellement pour la pêche du poisson frais : comme j'ignore, Monseigneur, si des instructions plus étendues n'ont pas été données à Mʳ le Prefet maritime, je n'ai pas cru devoir lutter contre une autorité qui m'est supérieure et que la mesure concerne plus particulièrement que moi, mais si Votre Altesse juge que j'aurais du ne pas optempérer à ce que cette autorité a prescrit j'aurai l'honneur de lui dire que l'on n'a pas demandé mon avis pour donner les ordres contraires à ceux que vous m'avez adressés et qu'il est toujours à craindre de froisser les ordres d'une arme qui a si peu de rapport avec la mienne.

J'ai l'honneur d'être avec un très profond respect
Monseigneur

de Votre Altesse le très humble et très obesissant serviteur

Kail

~~~

Ministère de la guerre
3ᵉ Division

Bureau de la Correspondance générale

n°. 53.

Accuser reception. Approuver qu'il redouble de surveillance. La mise en état de siège de Sᵗ quentin lui donne des pouvoirs dont il doit user avec vigilance et fermeté. L'esprit de cette [ville] est d'ailleurs excellent. Les 2 adjud [devraient] [les] ont été envoyés. [Signature]

Sᵗ quentin le 15 juin 1815

À Son Excellence le Maréchal Prince d'Eckmühl Ministre de la guerre.

Monseigneur,

J'ai l'honneur d'adresser à votre Excellence la copie des placards incendiaires qu'on a trouvé affichés aux coins des rues de la ville de Sᵗ quentin dans la nuit du 7 au 8 du courant. Le lendemain j'en ai fait le rapport à Monsieur le Général Langeron Commandant le Département de l'aisne en lui transmettant la copie desdits placards; je lui ai même exposé les mesures que j'avais prises à cet égard, qui sont la formation de patrouilles destinées à surveiller les mal intentionnés, l'augmentation des postes et la recommandation à la police d'employer tous les moyens dont elle pouvait disposer pour découvrir les auteurs. Ainsi, Monseigneur, Votre Excellence pourra juger que je n'ai rien à me reprocher à ce sujet.

Il serait nécessaire qu'il y eut dans la place au moins deux adjudans de place pour le service et la police. Je prie Votre Excellence de vouloir bien me les accorder vû qu'il n'en existe aucun.

J'ai l'honneur d'être de V. E. avec le plus profond respect

Monseigneur,

le très-humble et très-obéissant serviteur
le Commandᵗ d'armes
Allan

— ～ —

1.

Déclaration

Louis, par la grâce de Dieu, Roi de France et de Navarre à tous nos sujets : Salut.

La France libre et respectée jouissait par nos soins de la paix et de la prospérité qui lui avaient été rendus, lorsque l'évasion de Napoléon Bonaparte de l'isle d'Elbe et son apparition sur le sol français ont entraîné dans la révolte la plus grande partie de l'armée. Soutenu par cette force illégale, il a fait succéder l'usurpation et la tyrannie à l'équitable empire des lois.

Les efforts et l'indignation de nos sujets, la Majesté du Trône et celle de la représentation nationale ont succombé à la violence d'une soldatesque mutinée, que des chefs traîtres et parjures égarée par des espérances mensongères.

Ce criminel succès ayant excité en Europe de justes allarmes, des armées formidables se sont mises en marche, et toutes les puissances ont prononcé la destruction du Tyran.

Notre premier soin comme notre premier devoir ont été de faire reconnaître une distinction juste et nécessaire entre la perturbation de la paix et la nation française opprimée.

Fidèles aux principes qui les ont toujours guidés, les souvenirs, nos alliés ont déclaré vouloir respecter l'indépendance de la France et garantir l'intégrité de son territoire. Ils nous ont donné les assurances les plus solennelles de ne point s'immiscer dans son gouvernement intérieur, c'est à ces conditions que nous nous sommes décidés à accepter leur secours généreux.

L'usurpateur s'est en vain efforcé de semer entre eux la désunion, et de désarmer par une fausse modération leur juste ressentiment. Sa vie entière lui a ôté à jamais le pouvoir d'en imposer à la bonne foi. Désespérant du succès de ses artifices, il a voulu pour la seconde fois, précipiter avec lui dans l'abime la nation sur laquelle il fait régner la terreur. Il renouvelle toutes les administrations, afin de n'y placer que des hommes vendus à ses projets tyranniques; il désorganise la garde nationale dont il a le dessein de prodiguer le sang dans une guerre sacrilège; il feint d'abolir des droits qui depuis longtemps ont été détruits; il convoque un prétendu Champ de Mai pour multiplier les complices de son usurpation; il se promet d'y proclamer au milieu des bayonnettes une imitation dérisoire de cette constitution qui, pour la première fois après 25 années de troubles et de calamités avait posé sur des bases solides, la liberté et le bonheur de la France. Il a enfin consommé le plus grand de tous les crimes envers nos sujets, en voulant les séparer de leur souverain, les arracher à notre famille, dont l'existence identifiée, depuis tant de siècles, à celle de la nation elle-même, peut seule encore aujourd'hui garantir la stabilité de la légitimité du gouvernement, les droits et la liberté du peuple, les intérêts mutuels de la France et de l'Europe.

Dans de semblables circonstances nous comptons avec une entière confiance sur les sentimens de nos sujets, qui ne peuvent manquer d'apercevoir les périls et les malheurs auxquels un homme que l'Europe assemblée a voué à la Vindicte publique les expose. Toutes les puissances connaissent les dispositions de la France. Nous nous sommes assurés de leurs vies amicales et de leur appui.

Français! Saisissez les moyens de délivrance offerts à votre courage! Ralliez-vous à votre Roi, à votre père, au défenseur de tous vos droits : accourez à lui pour l'aider à vous sauver, pour mettre fin à une révolte dont la durée pourrait devenir fatale à notre patrie, et pour accélérer, par la punition de l'auteur de tant de maux, l'époque d'une réconciliation générale.

Donné à Gand le deuxième jour du mois de Mai de l'an de grâce mil huit cent quinze, et de notre règne le vingtième.

Signé, Louis

2.

Protestation de Mr Lainé président de la Chambre des Députés

Au nom de la Nation française, et comme Président de la Chambre des représentans, je déclare protester contre tous décrets par lesquels l'oppresseur de la France prétend prononcer la dissolution des chambres. En conséquence je déclare que tous les propriétaires sont dispensés de payer des contributions aux agens de Napoléon Bonaparte et que toutes les familles doivent se garder de fournir par voie de conscription ou de recrutement quelconque des hommes pour sa force armée. Puisqu'on attente d'une manière aussi outrageante aux droits et à la liberté des français, il est de leur devoir de maintenir individuellement leurs droits; depuis longtems dégagés de leur serment envers Napoléon Bonaparte et liés par leurs vœux et leurs sermens à la patrie et au Roi, ils se couvriraient d'opprobre aux yeux des nations et de la postérité, s'ils n'usaient pas des moyens qui sont au pouvoir de chaque individu. L'histoire en conservant une reconnoissance éternelle pour les hommes qui, dans tous les pays libres, ont refusé tout secours à la tyrannie, couvre de son mépris les citoyens qui oublient assez leur dignité d'hommes pour se soumettre à ses misérables agens.

C'est dans la persuasion que les français sont assez convaincus de leurs droits pour m'imposer le devoir sacré de les défendre, que je fais publier la présente protestation qui, au nom des honorables collègues que je préside et de la France qu'ils représentent, sera deposée dans des archives à l'abri des atteintes du Tyran pour y avoir recours au besoin.

Bordeaux ce 8 mars 1815.

Signé L'ainé

3.

Déclaration du même

Comme le Duc d'Otrante se disant ministre de la police m'outrage assez pour me faire dire que je peux rester en sûreté à Bordeaux et vaquer aux travaux de ma profession, je déclare que si son maître et ses odieux agens ne me respectent pas assez pour me faire mourir pour mon pays, je les méprise trop pour recevoir leurs outrageans avis. Qu'ils sachent qu'après avoir lu le 20 mars dans la Salle des Séances la proclamation du Roi au moment où les soldats de Bonaparte entraient dans paris, je suis venu dans le pays qui m'a deputé : que j'y suis à mon poste sous les ordres de Madame la Duchesse d'Angoulême, occupé à conserver l'honneur et la liberté d'une partie de la France, en attendant que le reste soit delivré de la plus honteuse tyrannie qui ait jamais menacé un grand peuple. Non, je ne serai jamais soumis à Napoléon Bonaparte, et celui qui a été honoré de la qualité de Chef des Représentans de la France, aspire à l'honneur d'être en son pays la premiere victime de l'ennemi du Roi, de la patrie et de la liberté, si, ce qui n'arrivera pas, il était réduit à l'impuissance de contribuer à les défendre.

Signé Lainé

4.

Lettre à Monsieur le Maire de S^t quentin du 24 mai 1815, timbrée de Bailleurs. N° 57

Monsieur le Maire,

Sa Majesté est informée de la conduite que vous avez tenue depuis son absence. Sans doute que vous ignorez que son retour sera très-prochain et que vous pourrez vous mordre les doigts d'avoir suivi la cause d'un aventurier à celle de votre Roi légitime. Vous voulez sans doute dans votre égarement perdre entierement la ville de S^t quentin. Car vous devez penser que les villes qui, comme la vôtre ne sera pas épargnée, on espère que vous voudrez bien rentrer en vous même, si vous voulez bien éviter un pareil malheur.

Les opérations militaires vont commencer sous peu. Notre ville se trouvera inondée de troupes alliées.

J'ai l'honneur de vous saluer, Signé Richard

5.

Français!

Votre Roi qui est français, qui a le cœur tout français a fait tomber, dès qu'il a paru, les armes des peuples etrangers qui pouvaient se venger sur nous d'une partie des maux sous lesquels Bonaparte les avait fait gémir. La confiance que Louis a inspirée nous a sur le champ reconcilié avec toutes les nations. Quelle plus forte preuve peut-on vous donner que c'était à Bonaparte que l'on faisait la guerre, et que c'est encore à lui seul qu'on la fera jusqu'à ce qu'il ne puisse plus troubler le repos du monde! Que pourriez-vous attendre de celui qui n'a pas été corrigé par l'incendie de Moscou, par la perte dans les plaines de Russie d'une armée de 450 mille hommes et d'une seconde armée presque aussi forte dans les champs de Leipsick. Non. vous ne verrez en lui qu'un joueur effrené qui veut tenter encore la fortune au prix de tout votre sang, qu'un monstre qui dissimule avec art ses sentimens de haine et de vengeance. Louis dix huit vous a rendu la paix Bonaparte est forcé de vous annoncer la guerre. Louis dix huit est faussement accusé d'avoir voulu rétablir l'autorité absolue des dîmes, de la feodalité. Bonaparte est convaincu de n'avoir regné qu'au gré de son ambition et de ses caprices. Louis dix huit promet d'être ce qu'il fut toujours. Bonaparte dit devenir ce qu'il n'a jamais été. L'un vous offre ses sentimens et sa conduite pour gage de votre bonheur, l'autre le desaveu de ses crimes et les protestations d'un repentir accusateur. Quelle différence, grand dieu!

Vive le Roi.

6.

Braves français!

Les agens de Bonaparte fideles à leur ancienne tactique cherchent encore par tous les moyens que peuvent fournir le mensonge, la fausseté et la perfidie à vous abuser. Les journaux à gages ne contiennent que des faits mal adroitement inventés et d'absurdes calomnies.

Tantôt ils vous disent que les souverains alliés ne sont pas d'accord dans la ferme volonté de renverser le Despote qui vous opprime, tandis que l'harmonie la plus parfaite règne dans leurs conseils et dans leurs projets et qu'ils vont déployer toute leur puissance pour replacer sur le trône de ses ancêtres notre bon Roi qui vous rendra le bonheur que vous avez perdu.

Ils en ont fait le serment, ils le tiendront. Ils ne traiteront jamais avec l'homme qui n'a quitté l'isle où la magnanimité des Rois consentait à le laisser vivre, que pour vous apporter le fléau de la guerre civile et étrangère et troubler de nouveau le repos dont l'Europe jouissait.

Ils vous disent encore avec impudence que la maison du Roi l'abandonne, tandis qu'elle se grossit chaque jour des sujets fideles qui ont été cruellement abusés par un licenciement supposé.

Les braves français sur qui l'honneur, la fois du serment et la reconnoissance conservent leur empire, s'empressent de se rendre près de lui, ils prouvèrent par leur courageuse fidelité à toute l'Europe que notre nation ne partage pas les coupables erreurs d'une armée ingrate et parjure.

Les militaires et volontaires dont l'ame généreuse a déja obéi à la voix du devoir et du sentiment de l'honneur ont reçu en venant se ranger sous les drapeaux du Roi un accueil honorable et amical des troupes alliées et de leurs camarades. Sa Majesté garantit la même réception à tous ceux qui se rendront au poste où l'honneur les appelle en se présentant devant un des officiers supérieurs de l'armée royale stationnée à ypres, furne, Courtrai, Tournai, Mons et Namur; ils recevront les secours nécessaires et les moyens de se rendre au quartier général à Alost.

Le logement, le prêt et les vivres leur seront fournis par ces officiers qui donneront même des secours pécuniaires à ceux de vous qui en auront besoin.

Français! vous suivrez le chemin de l'honneur comme vous l'avez déja fait en tant de circonstances. Vous viendrez retrouver votre Roi et votre père, et vous combattrez s'il le faut les satellites du tyran qui foule aux pieds tous les droits de l'humanité et qui prétend courber nos têtes sous son affreux despotisme, si notre sang doit couler, que ce soit pour la plus noble et la plus juste des causes et non pour servir l'ambition du perturbateur du repos de l'Europe et du bonheur de la France.

Vive le Roi.

7.

Avis aux français.

Dans la crise terrible où la France se trouve à l'approche des malheurs de tout genre qui la menacent, il ne reste qu'un parti à prendre aux gens d'honneur, celui de servir de tous leurs moyens la bonne cause pour affranchir notre patrie de la Cruelle oppression sous laquelle elle gémit. Tout bon français doit y concourir en attendant le premier coup de canon qui sera le signal de notre délivrance et que l'on entendra avant le 15 juin, il faut se procurer des armes et des munitions, s'organiser dans chaque Commune sous les ordres du plus dévoué et du plus expérimenté des habitans. Cette mesure doit avoir le plus d'extension possible, il faut la rendre générale, afin d'opposer une masse imposante aux agens d'un despotisme effroyable. Pour mettre plus d'ensemble dans cette opération, il est indispensable que les hommes qui ont de l'influence par leurs moyens, leurs principes et l'éducation qu'ils ont reçue se mettent à la tête de plusieurs sections et dirigent les opérations ultérieures. Si les troupes alliées ne sont pas encore entrées en France, c'est que l'Empereur de Russie veut absolument être en ligne à la tête de son armée. La plus grande harmonie continue à régner entre les souverains alliés, tous veulent la destruction du Tyran et le rétablissement de notre bon Roi sur le trône de ses ancêtres.

Vive le Roi.

Pour copie conforme aux originaux.

Le Command^t d'armes de la Place de S^t quentin

Allan

2ᵉ Division Militaire

Place de Stenay

Fai[t] le renvoi à Mʳ Besson

Stenay le 15 juin 1815.

À Son Excellence Monseigneur le Prince d'Eckmuhl Ministre
de la Guerre

Monseigneur,

J'ai l'honneur de vous informer que les individus désignés sur l'etat que j'ai adressé a Votre Excellence en date du 2 de ce mois, sont mis en liberté, et sont rentrés dans leurs foyers avec un ordre de leur rendre leurs armes.

Avant le départ de ces individus pour montmédy il manquait journellement à l'appel au nombre de douze à quinze hommes qui désertèrent et pendant le cours de leur arrestation il ny à m'anqué [sic] personne; aujourd-hui quils sont de retour ils reprennent sans doute la même marche puisquil ny à que huit jours qu'ils ont rentré il est déserté quatorze de la garnison malgré la plus stricte surveillᶜᵉ que je mets à découvrir les coupables qui causent cette perte.

J'oserai demander les intentions de vôtre de Votre Excellence sur la marche que je dois prendre contre ses individus.

Agréez Monseigneur l'assurance de mon profond respect avec lequel j'ai l'honneur d'être

de Son Excellence le très humble et très obeissant
serviteur
le Major Commandant d'armes
Bosse

⁓

No. 140

Donner communication au ministre de la guerre

[div. ad? ?]

[m. 4a vign]

Monseigneur,

Par ma lettre d'hier, j'ai eu l'honneur de rendre compte à Votre Excellence du peu de moyens qu'on avait à Boulogne pour résister à l'ennemi, s'il fesait quelque tentative contre le pays. Des instructions ont été données depuis aux préposés des douanes pour se replier en cas d'attaque. On réussirait de cette manière à en réunir ici environ 300 : mais, en attendant, il n'y a même pas un seul homme pour garder les six forts qui sont en mer; depuis Audresselles jusques à l'ouest de Boulogne. Les anglais pourront, quand ils voudront, venir avec dix hommes pour enclouer les batteries : cet affront serait dur à digérer.

Daignez agréer
Monseigneur
l'hommage de mon très-profond respect.

Le Lieutenant extraordinaire de police
Eymard

———————

Laon le 15 juin 1815.

Reçu le 16. Écrit le 16 au Ministre

Mon Général,

En exécution des ordres de l'Empereur qui m'ont été transmis par Son Excellence le major général; le 1er bataillon d'elite garde nationale d'Eure et Loire qui est arrivé ici de Soissons le 12, part aujourd'huy pour Bethune où il arrivera le 15.

Je me trouve maintenant sans garnison à Laon, le dépot du 2e régiment de dragons étant parti hier pour St Dizier.

Je n'ai a Laon, qu'une compagnie de canonniers garde nationale non armée, et 43 hommes d'artillerie du 2e régiment. J'en ai informé aujourd'huy Son Excellence et la prie de m'autoriser à faire venir un bataillon de Soissons.

Son Excellence le ministre de la guerre, m'annonce qu'elle m'envoye 1,000 fusils, pour la garde nationale ou la levée en masse qui doit être [jellée dans Laon en cas de dangér], j'ai l'honneur d'observer que ce corps sera de deux milles hommes, j'aurai donc besoin de deux mille fusils.

Il n'existe pas encore de canons à St quentin, quoique cette ville est mise en etat de defense, deux mille hommes doivent aussi [et] jetter dans la place en cas de [dangér], et elle n'a point d'armes, il en manque [troisieme] pour le bataillon de chasseurs qui y est mobilisé.

La ville de St quentin, n'a point d'approvisionnement ni de bouche, ni de munitions de guerre.

Je vous prierais, mon général, de vouloir bien donner vos ordres en consequence.

J'ai l'honneur d'etre avec un profond respect,

Mon Général,

vote très affectionné et très dévoué serviteur.
Le Marechal de camp,
commdt le dépt de l'Aisne
Chr Langeron

Mr le Lieut général comte Caffarelli commandt la 1re don mre

Il n'existe pas de capitaine d'artillerie à St quentin, le commandt de la place en demande un, ainsi que des canonniers, pour faire les plates formes et les embrasures.

Laon le 15 juin 1815.

Il a été prévenu qu'un b^on de garde nationale devrait se rendre à Laon.

Écrit le 17 juin.

Monseigneur,

En exécution des ordres de votre Excellence en date du 13, et qui ne m'est parvenu que le 14 au soir, le 1er bataillon d'elite de garde nationale d'Eure et Loire, part aujourd'huy pour se rendre à Bethune, il est composé de 23 officiers et de 529 sous-officiers et soldats.

Ce bataillon est le seul qui éxistait dans la place de Laon. Il ne reste aujourd'huy dans la place qu'une compagnie d'artillerie du 2e régiment forte de 3 officiers et 45 sous officiers et soldats, plus une compagnie d'artillerie de garde nationale non armée, forte de 4 officiers, 105 sous officiers et canonniers.

J'ai informé Son Excellence le ministre de la guerre, du peu de troupe qui se trouvent dans cette place, et je demande ses ordres pour faire venir un bataillon de garde nationale de soissons.

J'ai l'honneur d'etre avec un profond réspèct,

Monseigneur

de votre Excellence
le très humble et très
obeissant serviteur.
Le marechal de camp
commd^t le d^t de L'aisne
Ch^r Langeron

Son Excellence Monseigneur le major général

Le 2 Corps Reille parti de [lair] à 3 du matin [par/peu] avant de Thuin, [compte] parti qu'il a [repoussé.]

+ à la Cens de Fontenelle. 15 à 10ʰ du soir.

je suis entierᵗ [remis] la droite en avant de [Winager] sur la droite de la route de Na(mur)

c'est la 8ᵉ Dᵒⁿ

de Cens à Namur le 3 D [de] Cav legere, qui [a] les postes sur Lambussart.

de la droite de Cens à la route de Fleurus, se trouve la 10ᵉ de la 11ᵉ dᵒⁿ au Camp d'[Audois].

+ d'Erlon à Marchienne à 4 1/2 [du/? soir]

j'ai laissé une Brigade de la [pᶜᵉ] à Solre et Bieune [foret] Thuin

1 Dᵒⁿ d'Infⁱᵉ à Thuin, Lobbes et l'abbaye d'aubus

mes autres troupes commencent à rentrer à Marchiennes, aussitôt que la [queue] du 2ᵉ Corps aura filé, je les ferai passer sur la Sambre. je [porterai/posterai] [auxGorges/eunedsorgas]. des le comte de [Nay/Nous] une autre restera sur avant de Marchiennes et avec les deux autres divisions je me porterai sur Gosselies.

- Gᵃˡ Gérard au Chatelet.

j'avais dejà [passé] les haies de [Rabonnes] dans la direction de Charleroy lorsque j'ai reçu l'ordre de me diriger sur Chatelet et passer la Sambre.

les 3 divᵒⁿ d'Infⁱᵉ sont arrivées au Chatelet, la 14ᵉ Dᵒⁿ Gᵃˡ hulot a passé la Sambre et occupé [Chatelincas].

les 2 autres sont au Chatelet.

le 6ᵉ dᵒⁿ Cavⁱᵉ Gᵃˡ Maurin n'a pu arriver qu'à [Bouslieux]

le dᵒⁿ d'[Aurassus] Deloit est en arriere sur la route de Shippothe en attendant qu'elle [arrive] (…)

~~d'Erlon 3 du matin.~~

+ d'Erlon de Tuinay.

rend compte de son mouvement sur Gosselies où est etabli le 2ᵉ Corps

la 3ᵉ Dᵒⁿ est restée à Marchienne. 1500 Chasseurs à marche le chateau.

+ Lobau 6ᵉ Corps rend compte de son mouvement à la suite du 3ᵉ Corps
par Clermont, d'austienne, Marbois, les haies de Malines.
la troupe est entièrement fatiguée et les chevaux encore plus.

15 Juin

1. au centre de l'Armée Pajot, formant tête de colonne, avec le 1ᵉ Corps
de Cavalerie de la Division Domon (Cavalerie de Vandamme) monta
à cheval à l'heure indiquée et marcha sur Charleroy.

près de Ham-sur-Heure, il rencontra sur 1/2 Bat Prussien, tenant la
ligne des avant postes, le Sabra lui fit 200 prisonniers et vers 8ʰ arriva
à Marcinelle.

le village, separé du pont de Charleroy par une digue de 200ᵐ, etroite
et bordée des haies, venant d'être abandonné par les Prussiens

~~les E...~~

le pont etait fermé une palissade est barricadé en arrière.

Pajol, fut essayer d'un [hourra] sur la digue par sa Brigade d'avant. la
tentative echoua, ~~sur~~ sous le feu des tirailleurs ennemis, embusqués
derrière haies

Il fallait de l'Infanterie pour aller plus loin.

Pajol, se croyait suivi à peu de distance, par celle du du 3ᵉ Corps.

il n'en etait rien, à 6ʰ du matin les 3 Divisions de Vandamme etaient
[(encore)] dans leurs [bivouacs et] n'avaient quittées qu'à 7ʰ.

15. Juin.

les premiers bataillons qui vinrent appuyer Pajol, furent ceux de la jeune
[Garde] Napoléon, tardivement prevenu de l'inaction du 3ᵉ Corps lui
etant fait prendre aux travers

2. à gauche et arriva un peu avant midi devant Charleroy.

leur approche determina la retraite des Prussiens : les Sapeurs et Marins de la Garde, se jettèrent sur la Palissade du front, la hache à la main, la detruisainet : [ainsi] que la barricade en arrière et ouvrirent le passage.

Pajol, traversa Charleroy à midi, immediatement suivi par la jeune Garde

de cette ville à Bruxelles, il y a 13 lieues.

Une chaussée y conduit et passe par Gosselies, Frasnes, les quatre Bras Genappe et Waterloo. tres près de Charleroy, une autre chaussée s'embranche sur [athés] et se dirige par Gilly, Fleurus su Namur, elle est de dix lieues.

en sortant de Charleroy, Pajol, detacha le Gal Clary avec le Reg^t de hussards sur la route de Bruxelles, pour [eclairir] sa guache, se relier avec [Reille] et avec le reste de ses troupes   il s'avança un peu sur la route de Namur.

Il avait devant lui la garnison de Charleroy, un Bataillon, qui avait fait retraite en bon ordre et reçu le secours de plusieurs bataillons d'un regiment de Cavalerie et d'un [Pattrouie]

Il s'arrêta en face de ces forces, un peu en deça de Gilly, village à une lieue de Charleroy et se borna à [esles] moucher.

15 Juin.

le General Pajol, entra à Charleroy, d'où il força le G^{al} [...] de se retirer sur Fleurus.

Se porte sur la route de namur et le G Clary sur celle de Bruxelles. ils poussent des avant-gardes, à [insitra/insitir] chemins de Namur et Bruxelles.

il ...

Pajol, enleva six pièces de Canon et fait 1500 prisonniers : quatre regimens Prussiens, sont écrasés.

Postes militaires. 2.11.144.

15 Juin

Napoléon, venu sur le terrain, fit passer Lefabvre des nouettes les Lanciers de la Garde et deux batteries sur le chaussée de Bruxelles, pour (...)

3. Clary.

Il donna l'ordre à Duhesme, Com^t la div^{on} de jeunes garde, de porter dès qu'ils auraient debouché de Charleroy, trois de ses Regimens au soutien de Pajol et le 4e en reserve de Lefèbvre-Desnouettes, à [sur à ~~ait~~] chemin de Gosselies. de Charleroy à ce village, il y a un peu moins de 2 lieues

de l'armée

la droite avant marcha plus lentement que le contre et la gauche.

—————— ∽∽ ——————

June 16

Sender	Recipient	Summary	Original
Napoléon - 22059, 40050	Grouchy	Composition of the right wing of the *Armée du Nord* under Grouchy's command; Napoléon goes to Fleurus; Grouchy will attack in Fleurus - Copy.	SHD C15-5
Napoléon - 22058, 40052	Ney	Napoléon goes to Fleurus; Ney will command the left wing of the army and Grouchy the right wing. Arrived between 11am and noon - Copy.	137AP/5
Napoléon - 40053	Ney	Attack with the greatest impetuosity all that is before you. @1 p.m.	137AP/5
Napoléon	Grouchy	With Pajol and Exelmans, reject the Prussian army beyond Sombref and prevent the junction of the Prussian troops coming from Namur. @1 p.m. - Copy	SHD C15-5
Davout	Frère, Gazan, Caulaincourt, Crès, Carnot, Lavalette	The port in Vimereux will not be submitted to the embargo: correspondance between France and England will go on	SHD C15-5
Davout	Fouché	Sends a letter about the bad attitude of the well-to-do of Grandpré with attachment	SHD C15-5
Davout	Soult	Sends a copy of a decree putting many places of the North in a state of siege	SHD C15-5
Davout	Vandamme	Pay set as Commander in chief of an army corps	SHD C15-5
Davout	Frère & Gazan	16th Div. returning interior, except 7th foreign Regiment remaining in Montreuil	SHD C15-5
Davout	Fouché & Salamon	Free passage of ships serving correspondence with England, Salamon to send order.	SHD C15-5
Davout	Chappe	Complains of telegraph malfunctions.	Private
Soult - Registre 11	All the Generals of the North	No honors for Napoléon in the advanced posts - Copy.	SHD C15-5
Soult - Registre 12	Ney	Kellerman's Cavalry made available, report position of 1st and 2nd Corps	137AP/18
Soult - Registre 13	Kellerman	Move to Gosselies under the orders of Ney - Copy	SHD C15-5
Soult - Registre 14	Lobau	VI Corps to take a position halfway between Charleroi and Fleurus - Copy.	SHD C15-5
Soult - Registre 15	Drouot	The Guard must move to Fleurus - Copy.	SHD C15-5

Sender	Recipient	Summary	Original
Soult - Registre 16	Gérard	4th corps must move to Sombref; Gérard must take Grouchy's orders - Copy.	SHD C15-5
Soult - Registre 17	Vandamme	3rd corps must move to Sombref; Vandamme must take Grouchy's orders. @8 a.m.	SHD C17-193
Soult - Registre 18	Grouchy	March to Sombref - Copy.	SHD C15-5
Soult - Registre 19	Ney	Take Quatre-Bras and distribute the divisions - investigate in all directions.	137AP/18
Soult - Registre 20	Ney	An officer of lancers has informed Napoléon of the enemy at Quatre-Bras. Ordered again to take.	137AP/18
Soult - Registre 21		Reserve parc under protection of Lobau - Copy.	SHD C15-5
Soult - Registre 22	Lobau	Come to Fleurus, leave bataillon in Charleroi to protect parc. @3:30 - Copy.	SHD C15-5
Soult - Registre 23	Ney	Attack what is in front of you and maneuver to Sombref and Bry @2 p.m., with duplicate	137AP/18
Soult - Registre 24	Ney	Orders to envelop St Amand and Bry, Fate of France is in your hands!, @3:15 p.m. and duplicate @3:30	137AP/18
Soult - Registre 25	Joseph	Announces victory at Ligny. @8:30 p.m. - Copy.	SHD C15-5
Soult		Very important notes for a report on the activities of June 15. Note, the auction summary indicates the absence of a "Bulletin Analytique" – was this and many other items stolen from the archives?	Private
Radet	Soult	The guard is not disciplined; he has taken measures; asks for gendarmes	SHD C15-5
Ney	Soult	Ney just received Soult's orders; sends a copy of the dispositions he has taken. @11 a.m.	SHD C15-5
Ney	Soult	The attack against the English was complicated due to misunderstandings. @10 p.m.	SHD C15-5
Heymès (Ney)	Reille	Ordre de Mouvement - Copy.	137AP/18
Grouchy	Soult	Positions of the cavalry corps. @5 a.m.	SHD C15-5
Grouchy	Napoléon	Prussian troops arrive; Grouchy will move to Sombref. @5am - Copy.	SHD C15-5
Grouchy	Napoléon	Girard confirms the enemy's arrival around Brie's mill, near Sombref. @6am - Copy.	SHD C15-5
Grouchy	Napoléon	Prussian troops arrive in Sombref; Grouchy will move to Sombref. @6am - Copy.	SHD C15-5
Exelmans	Grouchy	Losses of Vincent's brigade; Asks a reward for the troops who distinguished themselves	SHD C15-5
Friant	Morvan	Ordre du jour; soldiers must respect their ranks, too many women	SHD C15-5

Sender	Recipient	Summary	Original
Arsonval	Noguès	Order to leave for Gosselies. @3 a.m.	SHD C15-5
Reille	Ney	Report of Girard on Prussians at Saint-Amand. Flahaut informed Reille of Orders. @10:15am	137AP/18
Trézel	Berthezène	Asks for 50 men per division for Vandamme	SHD C15-5
Lobau	Napoléon	Report to the Emperor: the enemy appears not to be in great force or number	SHD C15-5
Kellerman	Ney	Report on his charge against the enemy; The success was not maintained due to lack of men. @10 p.m.	SHD C15-5
Kellerman	Soult	Sends an English flag taken on the 16th by Guiton's Brigade	SHD C15-5
Bonnemains		Excerpt from Bonnemains' report on the battly of Ligny	SHD C15-5
Frère	Davout	Eagles sent from Paris put in 1st & 6th regiments of artillery	SHD C15-5
Lapoype	Davout	Movement of troops, Gendarmerie lacking, no cavalry, correspondance with Dunkerque, the Lys	SHD C15-5
[d'Awersbach]	Davout	Depots have all been moved except the 7th regiment constituted of foreigners in Montreuil	SHD C15-5
Flamand	Davout	Sedition in Douai; Densy arrested, Lesage sought. Civil authorities & Nat'l Guard complaisant	SHD C15-5
Dupré	Davout	State of artillery, ammunition and supplies at Douai	SHD C15-5
Fouché	Davout	Asks for orders that allow ships to insure the correspondance between France and England in Vimereux	SHD C15-5
Fouché	Davout	Petition from Artaize Roquefueil	SHD C15-5
Fouché	Davout	Exaggerated fears and unnecessary precautions taken in 14th Division	SHD C15-5
Lorière		Notes on the battle of Ligny	SHD C15-5
[le Mieuves]	Cafarelli	Mesures taken in case enemy troops should penetrate territory	SHD C15-5

16 juin 1815.

L'Empereur au Mᵃˡ Grouchy

Mon cousin, je vous envoie La Bedoyère, mon aide-de-camp, pour vous porter la présente lettre. Le Major général a dû vous faire connaître mes intentions, mais comme il a des officiers mal montés, mon aide-de-camp arrivera peut-être avant. Mon intention est que comme commandant l'aile droite vous preniez le commandement du 3ᵉ corps, que commande le Gᵃˡ Vandamme, le 4ᵉ corps, que commande le Gᵃˡ Gérard, les corps de cavalerie que commandent les Gᵃᵘˣ Pajol, Milhaud, Exelmans ce qui ne doit pas faire loin de cinquante mille hommes. Rendez-vous avec cette aile droite à Sombref. Faites partir en conséquence de suite les corps des Gᵃᵘˣ Pajol, Milhaud, Exelmans et Vandamme, et sans vous arrêter, continuez votre mouvement sur Sombref.

Le 4ᵉ corps, qui est à Capel, reçoit directement les ordres de se rendre à Sombref sans passer par Fleurus. Cette observation est importante parce que je porte mon quartier général à Fleurus, et qu'il faut éviter les encombrements. Envoyez de suite un officier au Gᵃˡ Gérard pour lui faire connaître votre mouvement et qu'il exécute le sien de suite.

Mon intention est que tous les Généraux prennent directement vos ordres. Ils ne prendront les miens que lorsque je serai présent, je serai entre dix et onze heures à Fleurus. Je me rendrai à Sombref, laissant ma garde, infanterie et cavalerie, à Fleurus. Je ne la conduirais à Sombref qu'en cas qu'elle fût nécessaire. Si l'ennemi est à Sombref, je veux l'attaquer; je veux même l'attaquer à Gembloux et m'emparer aussi de cette position mon intention étant, après avoir connu ces deux positions, de partir cette nuit et d'opérer avec mon aile gauche que commande le Maréchal Ney, sur les Anglais. Ne perdez donc point un moment, parce que plus vite je prendrai mon parti, mieux cela vaudra pour les suites de mes opérations. Je suppose que vous êtes à Fleurus, communiquez constamment avec le Gᵃˡ Gérard, afin qu'il puisse vous aider pour attaquer Sombref, s'il était nécessaire la division G[i]rard est à portée de Fleurus; n'en disposez point à moins de nécessité absolue, parce qu'elle doit marcher toute la nuit. Laissez aussi ma jeune garde et toute son artillerie à Fleurus.

Le comte de Valmy, avec ses deux divisions de cuirassiers, marche sur la route de Bruxelles. Il se lie avec le Mᵃˡ Ney pour contribuer à l'opération de ce soir à l'aile gauche.

Comme je vous l'ai dit, je serai de dix à onze heures à Fleurus. Envoyez-moi des rapports sur tout ce que vous apprendrez. Veillez à ce que la route de Fleurus soit libre. Toutes les données que j'ai sont que les Prussiens ne peuvent point nous opposer plus de quarante-mille hommes.

Charleroy, ce 16 juin 1815. (Signé)

Napoléon

Pour copie conforme à l'original
communiqué par le Comd^t du Casse
en juin 1865.
Le commis chargé du travail :
D. Huguenin

Vu. Le Conservateur des Archives du Dépôt de la Guerre

16 juin 1815.

L'Empereur au Mᵃˡ Ney.

L'Empereur se porte sur Fleurus, et règlera sa marche selon les événements. – Positions qu'il devra faire prendre à ses troupes. – Ménager la Garde. – Division de l'armée du Nord en 2 ailes et une réserve. – Le Mᵃˡ Ney commandera l'aile gauche, le Mᵃˡ Grouchy l'aile droite. – Importance dont serait la prise de Bruxelles.

Mon cousin, je vous envoie mon aide-de-camp le Gᵃˡ Flahaut, qui vous porte la présente lettre. Le Major général a dû vous donner ses ordres, mais vous recevrez les miens plus tôt, parce que mes officiers vont plus vite que les siens. Vous recevrez l'ordre du mouvement du jour, mais je veux vous en écrire en détail, parce que c'est de la plus haute importance. Je porte le Mᵃˡ Grouchy avec les 3ᵉ et 4ᵉ corps d'infanterie sur Sombref. Je porte ma garde à Fleurus, et j'y serai de ma personne avant midi. J'y attaquerai l'ennemi, si je le rencontre, et j'éclairerai la route jusqu'à Gembloux. Là, d'après ce qui se passera, je prendrai mon parti peut-être à 3 heures après midi, peut-être ce soir. Mon intention est que, immédiatement après que j'aurai pris mon parti, vous soyez prêt à marcher sur Bruxelles. Je vous appuierai avec la garde, qui sera à Fleurus ou à Sombref, et je désirerais arriver à Bruxelles demain matin. Vous vous mettriez en marche ce soir même, si je prends mon parti d'assez bonne heure pour que vous puissiez en être informé de jour, et faire ce soir trois ou quatre lieues, et être demain à 7 heures du matin à Bruxelles.

Vous pouvez donc disposer vos troupes de la manière suivante :

Une division à 2 lieues en avant des Quatre-chemins, s'il n'y a pas d'inconvénient.

Six divisions d'infanterie autour des Quatre-chemins, et une division à Marbais, afin que je puisse l'attirer à moi à Sombref, si j'en avais besoin; elle ne retarderait d'ailleurs pas votre marche.

Le corps du Cᵗᵉ de Valmy, qui a trois mille cuirassiers d'élite, à l'intersection du chemin des romains et de celui de Bruxelles, afin que je puisse l'attirer à moi, si j'en avais besoin. Aussitôt que mon parti sera pris, vous lui enverrez l'ordre de venir vous rejoindre.

Je désirerais avoir avec moi la division de la Garde que commande le Gᵃˡ Lefebvre-Desnouettes, et je vous envoie les deux divisions du corps du Cᵗᵉ de Valmy pour le remplacer. Mais dans mon projet actuel, je préfère placer le Cᵗᵉ de Valmy de manière à le rappeler, si j'en avais besoin, et ne point faire faire de fausses marches au Gᵃˡ Lefebvre-Desnouettes, puisqu'il est probable que je me déciderai ce soir à marcher sur Bruxelles avec la Garde. Cependant couvrez la division Lefebvre par les deux divisions de cavalerie d'Erlon et de Reille, afin de ménager la Garde, et que s'il y avait quelque échauffourée avec les Anglais, il est préférable que ce soit sur la ligne que sur la Garde.

J'ai adopté comme principe général pendant cette campagne de diviser mon armée en deux ailes et une réserve. Votre aile sera composée des quatre divisions du 2ᵉ corps, du de deux divisions de cavalerie légère et des deux divisions du corps du Cᵗᵉ de Valmy. Cela ne doit pas être loin de 45 à 50 mille hommes.

Le Mᵃˡ Grouchy aura à peu près la même force et commandera l'aile droite.

La Garde formera la réserve, et je me porterai sur l'une ou l'autre aile selon les circonstances.

Le Major général donne les ordres les plus précis pour qu'il n'y ait aucune difficulté à l'obéissance à vos ordres lorsque vous serez détaché, les commandants de corps devant prendre mes ordres directement quand je me trouve présent.

Selon les circonstances, j'affaiblirai l'une ou l'autre aile en augmentant ma réserve.

Vous sentez assez l'importance attachée à la prise de Bruxelles. Cela pourra d'ailleurs donner lieu à des accidents, car un mouvement aussi prompt et aussi brusque isolera l'armée anglaise de Mons, Ostende, etc., etc.

Je désire que vos dispositions soient bien faites pour qu'au premier ordre vos huit divisions puissent marcher rapidement et sans obstacle sur Bruxelles.

Charleroi, le 16 juin 1815. (Signé Napoléon.)

Ici est écrit : cet ordre a été remis au Mᵃˡ Ney par le Gᵃˡ Flahaut entre onze heures et midi, en avant de Frasnes, le 16.

P.C.C. à la copie communiquée
par le Comdᵗ du Casse en juin 1865.
Le commis chargé du travail :
D. Huguenin

Vu. Le Conservateur des Archives du Dépôt de la Guerre

It is highly probable this document is from June 17 as the time of day matches the timeline much better. However, Gourgaud says the 16th.

Monsieur le prince de la Moskova, je suis surpris de votre grand retard à exécuter mes ordres. Il n'y a plus de temps à perdre. Attaquez avec la plus grande impétuosité tout ce qui est devant vous. Le sort de la patrie est dans vos mains.

Napoléon

1 heures aprés midi

The following comment was added by Gourgaud at a later date.

Ordre d'attaquer la position des Quatre-Bras, écrit de la main de l'Empereur Napoléon le seize juin mil huit cent quinze pour le maréchal Ney.

Le général, aide de camp de l'Empereur.
Le baron Gourgaud.

16 juin (1815), à 1 heure.

Ordre verbal donné par l'Empereur
au M^al Grouchy,
au moment où il faisait les dispositions
préparatoires de la bataille de Fleurus.

Rejeter la cavalerie prussienne au delà de Sombref, et empêcher les troupes venant de Namur d'effectuer leur jonction avec le M^al Blücher.

Avec les corps de cavalerie des G^aux Pajol et Exelmans, vous rejetterez toute la cavalerie de l'aile gauche de l'armée prussienne au-delà de Sombref, et vous empêcherez les troupes ennemies qui arrivent de Namur par la route allant de cette ville aux Quatre Bras, d'effectuer leur jonction avec le M^al Blücher.

P.C.C. à l'imprimé du M^al
Grouchy communiqué par le
Comd^t du Casse en juin 1865.
Le commis chargé du travail :
D. Huguenin

Vu. Le Conservateur des Archives du Dépôt de la Guerre

MINUTE DE LA LETTRE ÉCRITE

par le Ministre

a M. L. Lieut^{an} Gal Cte Frère commd^t la 16e d^{on} et Cte Gazan Command^t en chef la defense des places de la Somme aux frontieres du Nord

MINISTÈRE DE LA GUERRE
[?] DIVISION
BUREAU
de la Corr. G$^{ale.}$

Même lettre sauf le dernier paragraphe pour les ministres des relations exterieures Vincence de la Marine duc de Crès Cte Carnot de l'intérieur Cte Lavalette directeur g^{al} des postes M le Duc, M le [?], M^r le Comte, M^r le Comte. Expédié

Le 16 juin 1815.

Général S.E. le Ministre de la police m'écrit qu'il importe au service de Sa Majesté que la communication avec l'angleterre pour le service des journaux anglais soit libres et par consequent que les bateaux destinés à ce service et le commissaire de police à Boulogne soient exceptés de la loi générale de l'embargo. Le Port de Vimereux est celui que Sa Majesté a fixé pour le service particulier.

Je viens en conséquence d'expedier pour le Commandant sup^r de la place de Boulogne l'ordre de permettre par le port de Vimereux la libre entrée et sortie des batimens reconnus et autorisés à cet effet par le commissaire de police à Boulogne. J'envoye directement cet ordre à M le Duc d'otrante et je le prie de le faire transmettre à M^r le Colonel Durand.

J'ai cru devoir communiquer à V.E. cette disposition qui modifie seulement pour le port de Vimereux les ordres d'embargo dont j'ai eu l'honneur de lui donner connaissance par ma lettre du 9 de ce mois.

Je vous engage à surveiller l'execution de cette disposition qui modifie celles de ma lettre du 10 du courant.

Rélations exterieures
Intérieures
Marine
Adm^{on} des postes

MINISTÈRE DE LA GUERRE
9ᵉ DIVISION
BUREAU
de la Corr. Gˡᵉ

Expᵉᵉ

Envoyer copie

MINUTE DE LA LETTRE ÉCRITE

par le Ministre

au Ministre de la Police Générale

le 16 juin 1815.

Monsieur le Duc, j'ai l'honneur de transmettre à votre Excellence la copie d'une lettre qui m'est adressée sur le mauvais esprit des riches habitans de Grandpré et autres lieux environnans situés dans le dépᵗ des ardennes. Ces particuliers sont désignés comme cherchant à refroidir les bonnes dispositions des paysans de ces communes, en les engageant à faciliter l'entrée des ennemis de France.

J'ai cru devoir faire cette communication à Votre Excellence afin de la mettre à portée d'ordonner à cet égard les mesures de surveillance qu'elle jugera necessaires.

———◆———

À Son Excellence le Maréchal D'avout, Ministre de la guerre.

Monseigneur,

Je crus devoir vous avertir, il y a six semaines environ, que l'ennemi cherchoit à etablir des rapports avec les habitants des environs de grandpré et autres lieux, leur faisant espérer de grands avantages et de grandes récompenses s'ils permettoient l'entrée de leur païs en tems utile… j'engageois votre Excellence à surveiller cette clef des Ardennes, qui sembloit ne présenter aucune inquiettude. Maintenant, Monseigneur, animée du même amour pour ma patrie et pour l'Empereur, je crois devoir vous dire, de faire surveiller des habitans riches, de ces mêmes campagnes que j'avois désignées, dont l'ardent royalisme travaille sans cesse et sourdement à détruire, où tout au moins, à rèfroidir le zèle des habitants, simples, de la campagne, si nécéssaire à eux-mêmes et à la France. Ces [menaces] sourdes sont bien dangereuses, en ce qu'elles paralisent l'enttousiasme. Puissent nos braves armées détruire ces hordes de brigands, leurs chefs dont la haine et la bâsse jalousie ne sont allumées que parce que la France renferme des hommes à grand caractère. Un ministère fort de lumière et d'intégrité, et un Empereur à qui la nature en prodiguant tous ces dons les fait parroitre si petits et si médiocres aux yeux de l'Europe puissent, mes fils, [élevés] de l'Empereur, et qui brulent du désir ardent de se signaler aux frontieres contribuer à cette grande œuvre sans m'être enlevés! Leur patriotisme les rend utiles à leur païs.

Je suis, Monsieur le Marechal, de Votre Excellence, la personne la plus dévouée.

Paris ce mercredi le 14 juin 1815.

————— ∾ —————

Ministère de la Guerre
3ᵉ Division
Bureau de la Correspondance Générale

Etat major

Paris le 16 juin 1815.

Monsieur le Maréchal, j'ai l'honneur d'adresser ci-joint à Votre Excellence ampliation d'un décret impérial en date du 11 de ce mois qui met plusieurs places en état de siége par supplément au tableau annexé au Décret du 27 mai dernier.

J'ai donné sur le champ les ordres nécessaires pour en assurer l'éxécution.

Agréez, Monsieur le Maréchal, l'assurance de ma haute considération

le Maréchal Ministre de la Guerre
Prince d'Eckmühl

———— ◆ ————

Decree attached to previous.

Ministère de la Guerre
Extrait des Minutes de la Secrétairerie d'Etas

Au Palais de l'Elysée le 11 juin 1815.

Napoléon, Empereur des Français,

sur le rapport de notre Ministre de la Guerre nous avons decrété et décrétons ce qui suit :

Article 1er

Sont déclarés en état de siège par supplément au tableau annexé à notre décret du 27 Mai dernier, les places de bapeaume, St Quentin, Guise, Lafère, Laon, Soissons, Vitry, Langres, Auxonne, St Tropez, Lefort Pecail, Aiguemorte, Le Chateau de Salles et Granville.

Article 2

Les dispositions de notre décret du 27 Mai sont applicables à ces places.

Article 3

La mise en état de siège de Pont St Esprit ne concernera que la Citadelle.

Article 4

La mise en état de siège de Dieppe ne regardera que le Chateau.

Article 5

La mise en état de siège et l'approvisionnement de Blaye s'étendront du fort [patté] et au fort Medoc.

Article 6

La mise en état de siège et l'approvisionnement du chateau de ham s'étendront à la ville.

Article 7

Nos Ministres de la Guerre et de l'Intérieur sont chargés de l'exécution du présent décret.

Collationné le Chef du bureau des loix et
archives signé Senneville

Signé, Napoléon.

Par l'Empereur
le Ministre de la Guerre
Signé le M^{al} prince d'Eckmühl

Certifié conforme.
Le Ministre Secrétaire d'Etat
Signé le Duc de Bassano
Pour ampliation
B^{on} [Marchand]

[Succ. Sevarte] Vandamme

Ministère de la Guerre
1ère Division
16 Juin - Ligny.

Paris, le 16 Juin 1815.

Général, J'ai l'honneur de vous prévenir que par Décrét de Sa Majesté Impériale du 10 Juin présent mois, le traitement extraordinaire dont vous devez jouir comme Commandant en Chef un Corps d'armée, a été fixé à la Somme de deux mille francs par chaque mois.

Je donne des ordres à l'Inspecteur aux armes pour que ce traitement extraordinaire vous soit payé sur ses Revues et Sur les fonds de la solde à compter du 1er mai dernier, époque où le Corps d'armée que vous Commandez a été mis Sur le pied de guerre.

Agréez, Je vous prie, Général, l'assurance de Considération distinguée

Le Ministre de la Guerre

M Prince d'Eckmühl

À Monsieur Le Lieutenant Général Comte Vandamme,

Commandant en Chef le 3ᵉ Corps de l'Armée du Nord.

Le Ministre

à M^r le Lt Gal Cte Frère, Command^t la 16e D^on M^r

Le 16 Juin 1815.

Général, Je vois par votre Lettre du 12 de ce mois que Suiv^t les ordres de l'Empereur que je vous ai adressés le 9., tous les Dépots qui Se trouvaient restés dans les Places de la 16e D^on M^re, ont été mis en marche pour rentrer dans l'interieur, à l'exception de celui du 7e Reg't. Etranger qui est à Montreuil.

exp

Comme ce Dép^t est établi dans une Place de 2e Ligne il n'y a point d'inconvénient qu'il y reste encore, cependant j'ecris au Gal Cte Gazan que Si les événements de la guerre venaient à rendre nécessaire le départ de ce Corps, il le fasse reployer derrière la Somme./.

———◆———

MINUTE DE LA LETTRE ÉCRITE

par le Ministre

a M^r. le Lt Gal Cte Gazan

MINISTÈRE DE LA GUERRE.
DIVISION.
BUREAU

Le 16 Juin 1815.

Général, D'après les ordres de l'Empereur, tous les Dépots d'Infanterie et de Cavalerie qui Se trouvaient restés dans les Places de la 16e D^on M^re, ont du en partir ~~pour~~ le 12 Juin, pour rentrer dans l'intérieur, à l'exception de celui du 7e Rég^t Etranger, ~~qui [est] établi à Montreuil~~ destiné à recevoir les Anglais et Irlandais qui voudraient prendre du Service en france et qui est ~~[est]~~ établi à Montreuil.

exp.

Cette Place Se trouvant en 2e ligne, il n'y a point d'inconvenient à y laisser encore le dépot du Rég^t Etranger, mais Si les événements de la guerre [rendaient] venaient à exiger que cette troupe ~~[se rende dans]~~ évacue la Ville de Montreuil, vous la feriez alors reployer derrière la Somme.

~~Je vous prie, G, de m'instruire des dispositions de veillez à ce que cette ... son exécution, ... préparatoires que vous aurez faites à cet egard.~~

———〰〰———

MINUTE DE LA LETTRE ÉCRITE

par Le Ministre

a S.E Le Ministre de la police generale

MINISTÈRE DE LA GUERRE.
9ᵉ DIVISION.
BUREAU
de la Corr. Gᵃˡᵉ

Le 16 Juin 1815

Monsieur le Duc, Je m'Empresse de répondre à L'objet de la lettre en date de ce 6 Juin par laquelle V.E. m'a fait l'honneur de m'inviter a [....] [....] Excepter de la mesure de l'Embargo des batimens destinés aux ~~Se~~ Communications avec l'angleterre pour le Service des Journaux Anglais et a permettre la libre entrée et Sorties de ceux de ces Batimens qui seront reconnus et autorisés par le Commissaire de police à Boulogne.

V.E. trouvera ci joint L'ordre que Je donne Conformément à Ses intentions au Commandant de ~~cette place~~ [.........] Boulogne [et que] je la prie de Vouloir bien lui faire transmettre [....] il spécifie [....] particulièrement que c'est par le part de Vimereux que les [...] communications devront avoir lieu.

——— • ———

Mr Salamon

Envoyer au Ministre de la Police l'ordre qu'il demande pour le Commandant de Vimereux.

En premier [lenunecier]

le 16 Juin 1815

À Expedier de Suite [S.]
Vu le Secʳᵉ Gᵃˡ
    Bᵒⁿ Marchand

Vu [Remis]
Exp
Ministère de la Guerre.

——— ∿ ———

June 16

Davout to Chappie

Complains of telegraph malfunctions.

Pierre Bergé, Lettres Autographes Documents Manuscrits,
17 June 2009, Lot 79

DAVOUT Louis (1770-1823).

Lettre signée, 1 page in-folio ; Paris, 16 juin 1815. En-tête imprimé.

Deux jours avant waterloo !

Pièce historique témoignant de la désorganisation qui régnait au sein de l'armée deux jours avant la célèbre bataille de Waterloo.

Davout se plaint auprès d'Abraham Chappe (1773-1849), « Directeur des Télégraphes », du mauvais fonctionnement des télégraphes. «Monsieur, il est déjà arrivé plusieurs fois que je n'ai pas reçu… avis des dépêches télégraphiques que je transmets aux différents généraux et commandants. Il est d'une grande importance qu'il ne me reste aucune sollicitude à cet égard… S'il arrivait que mes dépêches fussent contrariées par le mauvais temps ou que d'autres dépêches télégraphiques plus importantes en retardassent le départ, je vous invite à m'en faire part… ». Trois lignes autographes de le main de Chappe en tête précisent qu'ayant eu «… une conférence avec le Ministre…», il n'a point de réponse à faire à cette lettre.

———— ~~ ————

Charleroi, le 16 juin 1815.

Le M^al duc de Dalmatie, major g^al,
à tous les Généraux en chef de l'armée
du Nord.

Il ne sera point rendu d'honneurs à l'Empereur aux avant-postes.

Ordre de ne point rendre d'honneurs à l'Empereur quand il se trouve aux avant-postes.

P.C.C. au registre de correspond^ce
communiqué par le Comd^t du Casse en
Juin 1865 (registre du M^al duc de Dalmatie –
texte imprimé).
Le commis chargé du travail :
D. Huguenin

Vu. Le Conservateur des Archives du Dépôt de la Guerre

Charleroi, le 16 Juin 1815.

Monsieur le maréchal, l'empereur vient d'ordonner M. le Comte de Valmy, commandant le 3ᵉ corps de cavalerie, de le réunir et de le diriger sur <u>Gosselies</u> où il sera à voire disposition.

L'intention de Sa Majesté est que la cavalerie de là garde, qui a été portée sur la route de Bruxelles, reste en arrière et rejoigne le restant de la Garde Impériale ; mais, pour qu'elle ne fasse pas de mouvement rétrograde, vous pourrez, après l'avoir lait remplacer sur la ligne, la laisser un peu en arrière, où il lui sera envoyé des ordres dans le mouvement de la journée. M. le lieutenant général Lefebvre-Desnouettes enverra, à cet effet, un officier pour prendre des ordres.

Veuillez m'instruire si le 1ᵉʳ corps a opéré son mouvement, et quelle est, ce matin, la position exacte des 1ᵉʳ et 2ᵉ corps d'armée, et des deux divisions de cavalerie qui y sont attachées, en me faisant connaître ce qu'il y a d'ennemis devant vous, et ce qu'on a appris.

Le Major Géneral
duc de dalmatie

—⁂—

Charleroi, le 16 juin 1815.

Le M^al duc de Dalmatie, major g^al,

au (G^al) comte de Valmy

Diriger le 3e corps de cavalerie sur Gosselies, où il sera à la disposition du M^al Ney

Ordre au comte de Valmy de réunir et diriger le 3e corps de cavalerie sur Gosselies, où il sera à la disposition du M^al Ney.

P.C.C. au registre de corresp^ce du M^al duc de Dalmatie, - texte imprimé, - communiqué par le Comd^t du Casse en juin 1865. Le commis chargé du travail : D. Huguenin

Vu. Le Conservateur des Archives du Dépôt de la Guerre

Charleroi, le 16 juin 1815.

Le M^al duc de Dalmatie, major g^al, au (G^al) comte de Lobau.
(Porté par Mr Poirau.)

Le 6e corps prendra position à mi-chemin de Charleroi à Fleurus. – Faire garder Charleroi, y nommer un commandant provisoire. – Les prisonniers et blessés seront dirigés sur Avesnes.

Monsieur le comte, l'Empereur ordonne que vous mettiez en marche le 6e corps, pour lui faire prendre position à mi-chemin de Charleroi à Fleurus, et que vous fassiez en même temps garder Charleroi, où vous nommerez provisoirement un commandant. J'ai ordonné que tous les prisonniers, ainsi que tous les blessés ennemis et français, fussent dirigés sur Avesnes. Je vous prie de veiller à l'exécution de cet ordre.

P.C.C. au registre de corresp^ce

communiqué par le Comd^t du Casse

en juin 1865 (registre du M^al duc

de Dalmatie – texte imprimé).

Le commis chargé du travail :

D. Huguenin

Vu. Le Conservateur des Archives du Dépôt de la Guerre

Charleroi, le 16 juin 1815.

Le M^al duc de Dalmatie, major g^al, au (G^al) comte Drouot.

La Garde impériale se mettra immédiatement en marche pour Fleurus. – Le Gal Lefebvre-Desnouettes recevra directement des ordres.

Monsieur le comte, l'Empereur ordonne que la garde impériale, infanterie, cavalerie et artillerie, se mette immédiatement en marche pour Fleurus; veuillez lui donner des ordres en conséquence. La division du Gal Lefebvre-Desnöettes étant détachée, en recevra directement.

P.C.C. au registre de correspond^ce du M^al duc de Dalmatie – texte imprimé – communiqué par le Comd^t du Casse en juin 1865. Le commis chargé du travail : D. Huguenin

Vu. Le Conservateur des Archives du Dépôt de la Guerre

〜

Charleroi, le 16 juin 1815.

Le M^al duc de Dalmatie, major g^al, au (G^al) Cte Gérard
(Porté par Mr Crova)

Monsieur le comte, l'Empereur ordonne que vous mettiez en marche le 4e corps d'armée et que vous le dirigiez sur Sombref, en laissant Fleurus à gauche, afin d'éviter l'encombrement.

Je vous préviens que l'intention de Sa Majesté est que vous preniez les ordres de M^r le M^al Grouchy comme commandant d'aile; ainsi, vous l'instruirez de votre mouvement. Vous enverrez sur le champ près de lui un officier pour lui demander des ordres, sans cependant retarder votre marche. M^r le M^al Grouchy doit se trouver en ce moment du côté de Fleurus. Vous ne recevrez des ordres directs de l'Empereur que lorsque sa Majesté sera présente; mais vous continuerez à m'adresser vos rapports et états ainsi qu'il est établi.

P.C.C. au registre de corresp^ce
du M^al duc de Dalmatie – texte
imprimé – communiqué par le
Comd^t du Casse en juin 1865.
Le commis chargé du travail :
D. Huguenin

— ∼∼ —

Porter le 4e corps sur Sombref sans passer par Fleurus. – Il prendra les ordres du M^al Grouchy et n'en recevra directement de l'Empereur que lorsque Sa Majesté sera présente.

Vu. Le Conservateur des Archives du Dépôt de la Guerre

Charleroi Le 16 Juin 1815
à 8 heures du matin

Monsieur Le Général Vandamme, l'Empereur ordonne que vous vous mettiez en marche avec le 3ᵉ Corps pour vous diriger sur Sombref où le 4ᵉ Corps et l'Escorte de reserve de Cavalerie vont se rendre également.

S.M. ordonne aussi que vous preniez des ordres de Mʳ Le Mᵃˡ Grouchy comme Commandant une Aile de l'armée, ainsi vous l'instruirez de votre mouvement & vous lui enverrez sur le champ un officier pour lui demander des ordres sans cependant retarder votre marche. M Le Cᵗᵉ Grouchy doit être en ce moment du côté de Fleurus. Vous ne recevrez des ordres directes de l'Empereur que lorsque S.M. sera presente, mais vous continuerez à m'adresser vos rapports et Etats, ainsi qu'il est établi.

Le Major Général

duc de dalmatie

———— • ————

Charleroy, le 16 juin 1815.

Le Mᵃˡ duc de Dalmatie, major gᵃˡ, au Gᵃˡ Vandamme.
(porté par Mʳ Guyardin.)

Monsieur le Général, l'Empereur ordonne que vous vous mettiez en marche avec le 3ᵉ corps pour vous diriger sur Sombref, où le 4ᵉ corps et les corps de réserve de cavalerie vont se rendre également. Sa Majesté ordonne aussi que vous preniez les ordres de Mʳ le Mᵃˡ Grouchy comme commandant d'une aile de l'armée. Ainsi vous l'instruirez de votre mouvement et vous lui enverrez sur le champ un officier pour lui demander des ordres, sans cependant retarder votre marche. Mʳ le Cᵗᵉ Grouchy doit être en ce moment du côté de Fleurus. Vous ne recevrez des ordres directs de l'Empereur que lorsque Sa Majesté sera présente, mais vous continuerez à m'adresser vos rapports et états ainsi qu'il a été établi.

Pour copie conforme au registre
de correspondance du duc de Dalmatie
-texte imprimé – communiqué par le
Comdᵗ du Casse en juin 1865.
Le commis chargé du travail :
D. Huguenin

———— ～～ ————

Copy of above is in SHD C15-5

Porter le 3ᵉ corps sur Sombref. – Prendre les ordres du Mᵃˡ Grouchy; il n'en recevra directement de l'Empereur que lorsque Sa Majesté sera présente.

Vu. Le Conservateur des Archives du Dépôt de la Guerre

Charleroy, le 16 juin 1815.

Se porter avec la cavalerie sur Sombref. – Les G^{aux} Vandamme et Gérard sont placés sous ses ordres. – Le Cte de Valmy est mis à la disposition du prince de la Moskowa, qui se porte dans la direction de Bruxelles et qui a ordre de se lier avec lui. – Faire reconnaître tous les abords de Sombref, surtout la grande route de Namur. – La garde se dirige sur Fleurus.

Le M^{al} duc de Dalmatie, major g^{al}, au M^{al} Cte Grouchy.

Monsieur le Maréchal, l'Empereur ordonne que vous vous mettiez en marche avec les 1er, 2e et 4e corps de cavalerie, et de les diriger sur Sombref, où vous prendrez position.

Je donne pareil ordre à M^r le Lt Gal Vandamme pour le 3e corps d'infanterie, et à M^r le Lt Gal Gérard pour le 4e corps, et je préviens ces deux généraux qu'ils sont sous vos ordres, et qu'ils doivent vous envoyer immédiatement des officiers pour vous instruire de leur marche et prendre des instructions. Je leur dis cependant que lorsque Sa Majesté sera présente, ils pourront recevoir d'elle des ordres directs, et qu'ils devront continuer à m'envoyer les rapports de service et états qu'ils ont coutume de fournir.

Je préviens aussi M^r le Lt Gal Cte Gérard que dans son mouvement sur Sombref, il doit laisser la ville de Fleurus à gauche, afin d'éviter l'encombrement. Ainsi vous lui donnerez une direction pour qu'il marche d'ailleurs bien réuni et à portée du 3e corps et soit en mesure de concourir à l'attaque de Sombref, si l'ennemi fait résistance.

Vous donnerez aussi des instructions en conséquence à M^r le Lt Gal Cte Vandamme.

J'ai l'honneur de vous prévenir que M^r le Cte de Valmy a reçu l'ordre de se rendre à Gosselies avec le 3e corps de cavaleries, où il sera à la disposition de M^r le M^{al} prince de la Moskowa.

Le 1er régiment de hussards, qui a été détaché au 1er corps, rentrera dans la journée. Je prendrai à son sujet les ordres de l'Empereur.

J'ai l'honneur de vous prévenir que M^r le M^{al} prince de la Moskowa reçoit l'ordre de se porter avec le 1er et le 2e corps d'infanterie et le 3e de cavalerie à l'intersection des chemins dits les trois bras sur la route de Bruxelles, et qu'il détachera un fort corps à Marbais, pour se lier avec vous sur Sombref et seconder au besoin vos opérations. Aussitôt que vous vous serez rendu maître de Sombref, il faudra envoyer une avant-garde à Gembloux, et faire reconnaître toutes les directions qui aboutissent à Sombref, particulièrement la grande route de Namur, en même temps que vous établirez vos communications avec M^r le M^{al} Ney.

La garde impériale se dirige sur Fleurus.

Vu. Le Conservateur des Archives du Dépôt
de la Guerre

Le M^al d'empire

major général :

(Signé) Duc de Dalmatie

P.C.C. à l'original communiqué

par le Comd^t du Casse en juin 1865.

Le commis chargé du travail :

D. Huguenin

Charleroy le 16 Juin 1815

Monsieur le Maréchal, l'Empereur ordonne que vous mettiez et marche les 2ᵉ et 1ᵉʳ corps d'armée, ainsi que le 3ᵉ corps de cavalerie, qui a été mis à votre disposition , pour les diriger sur l'intersection des chemins dits <u>les Trois-Bras,</u> (route de Bruxelles) où vous leur ferez prendre position, et vous porterez en même temps des reconnaissances, aussi avant que possible, sur la route de <u>Bruxelles</u> et sur <u>Nivelles</u>, d'où probablement l'ennemi s'est retiré.

S. M. désire que, s'il n'y a pas d'inconvénient, vous établissiez une division avec de la cavalerie à <u>Genappe</u>, et elle ordonne que vous portiez une autre division du côté de <u>Marbais</u>, pour couvrir l'espace entre <u>Sombre</u> f et les <u>Trois-Bras</u>. Vous placerez, près de ces divisions, la division de cavalerie de la garde impériale, commandée par le général Lefebvre-Desnouettes, ainsi que le 1ᵉʳ régiment de hussards, qui a été détaché hier vers <u>Gosselies</u>.

Le corps qui sera à <u>Marbais</u> aura aussi pour objet d'appuyer les mouvements de M. le maréchal Grouchy, sur <u>Sombref</u>, et de vous soutenir à la position des <u>Trois Bras</u>, si cela devenait nécessaire Vous recommanderez au général, qui sera à Marbais, de bien s'éclairer sur toutes les directions, particulièrement sur celles de <u>Gembloux</u> et de <u>Wavre</u>.

Si cependant la division du général Lefebvre-Desnouettes était trop engagée sur la route de Bruxelles, vous la laisseriez et vous la remplaceriez au corps qui sera à Marbais par le 3ᵉ corps de cavalerie aux ordres deM. le comte de Valmy, et par le 1ᵉʳ régiment de hussards.

J'ai l'honneur de vous prévenir que l'Empereur va se porter sur <u>Sombref</u>, où, d'après les ordres de Sa Majesté, M. le maréchal Grouchy doit se diriger avec les 3ᵉ et 4ᵉ corps d'infanterie, et les 1ᵉʳ, 2ᵉ et 4ᵉ corps de cavalerie. M. le maréchal Grouchy fera occuper <u>Gembloux</u>.

Je vous prie de me mettre de suite à même de rendre compte à l'Empereur de vos dispositions pour exécuter l'ordre que je vous envoie, ainsi que de tout ce que vous aurez appris sur l'ennemi.

Sa Majesté me charge de vous recommander de prescrire aux généraux commandant les corps d'armée de faire réunir leur monde et rentrer les hommes isolés, de maintenir l'ordre le plus parfait dans la troupe, et de rallier toutes les voitures d'artillerie et les ambulances qu'ils auraient pu laisser en arrière.

Le Maréchal d'Empire
Major Général
duc de dalmatie

Monsieur au Maréchal Prince de la Moskowa

Charleroy le 16 juin 1815.

Monsieur le Maréchal,

Un officier de lanciers vient de dire à l'empereur que l'ennemi présentait des masses du côté des 4- Bras ; réunissez les corps des comtes Reille et d'Erlon, et celui du comte de Valmy qui se met à l'instant en route pour vous rejoindre ; avec ces forces, vous devrez battre et détruire tous les corps ennemis qui peuvent se présenter. Blücher était hier à Namur, et il n'est pas vraisemblable qu'il ait porté des troupes vers les 4-Bras; ainsi, vous n'avez affaire qu'à ce qui vient de Bruxelles.

Le maréchal Grouchy va faire le mouvement sur Sombref, que je vous ai annoncé et l'Empereur va se rendre à Fleurus ; c'est là où vous adresserez vos nouveaux rapports à Sa Majesté.

Le maréchal d'empire
Major Général
duc de dalmatie

Mr le Mal Prince de la Moskowa

Charleroi, le 16 juin 1815.

Le M^al duc de Dalmatie, major g^al,

au prince de la Moskowa?

Entrée à Charleroi du parc de réserve, protégé par le corps du Cte de Lobau

Le parc de réserve doit entrer en arrière de Charleroi, sous la protection du corps de M^r le comte de Lobau.

P.C.C. au registre de corresp^ce

communiqué par le Comd^t du Casse

en juin 1865 (registre du M^al duc

de Dalmatie, - texte imprimé)

Le commis chargé du travail :

D. Huguenin

Vu. Le Conservateur des Archives du Dépôt de la Guerre

En avant de Fleurus, le 16
(juin 1815), à 3 h. ½

Le M^{al} duc de Dalmatie, major g^{al},

au Cte de Lobau.

Ordre au comte (de) Lobau de se rendre à Fleurus; il laissera un bataillon à Charleroi pour conserver la place et protéger le parc.

P.C.C. au registre de correspond^{ce}
communiqué par le Comd^t du Casse
en juin 1865 (registre du M^{al} duc de
Dalmatie – texte imprimé).
Le commis chargé du travail :
D. Huguenin

Se rendre à Fleurus. – Laisser un bataillon à Charleroi pour conserver la place et protéger le parc.

Vu. Le Conservateur des Archives du Dépôt de la Guerre

En avant de Fleurus le 16 juin
à 2 heures

Monsieur le Maréchal, l'Empereur me charge de vous prévenir que l'ennemi a réuni un corps de troupes entre <u>Sombref</u> et <u>Bry</u>, et qu'à deux heures et demie M. le maréchal Grouchy, avec les troisième et quatrième corps, l'attaquera ; l'intention de Sa Majesté est que vous attaquiez aussi ce qui est devant vous, et qu'apres l'avoir vigoureusement poussé, vous rabattiez sur nous pour concourir a envelopper le corps dont je viens de vous parler. Si ce corps était enfoncé auparavant, alors S. M. ferait manœuvrer dans votre direction pour hâter également vos opérations.

Instruisez de suite l'Empereur de vos dispositions et de ce qui se passe sur votre front.
Le Maréchal d'Empire Major Général
duc de dalmatie

M. Le M^al P^nc de la Moskowa
On back of this order

M. Le M^al Prince de la Moskowa
A Gosselies sur la route de Bruxelles
    Wagnée
    [Bos de Lombuc]

———— • ————

Duplicata

En avant de Fleurus le 16 juin
à 2 heures

Monsieur le Maréchal, l'Empereur me charge de vous prévenir que l'ennemi a réuni un corps de troupes entre <u>Sombref</u> et <u>Bry</u>, et qu'à deux heures et demie M. le maréchal Grouchy, avec les troisième et quatrième corps, l'attaquera ; l'intention de Sa Majesté est que vous attaquiez aussi ce qui est devant vous, et qu'apres l'avoir vigoureusement poussé, vous rabattiez sur nous pour concourir a envelopper le corps dont je viens de vous parler. Si ce corps était enfoncé auparavant, alors S. M. ferait manœuvrer dans votre direction pour hâter également vos opérations.

Instruisez de suite l'Empereur de vos dispositions et de ce qui se passe sur votre front.
Le Major Général
duc de dalmatie

M. Le M^al Prince de la Moskowa
On back

M. Le M^al Prince de la Moskowa
A Gosselies sur la route de Bruxelles
    Wagnée
    Ransart

—∿∿—

Monsieur le Maréchal, je tous ai écrit, il y a une heure, que l'empereur ferait attaquer l'ennemi à 2ʰ 1/2 dans la position qu'il a prise entre les villages de Sᵗ Amand et de Bry; en ce moment l'engagement est très prononcé ; Sa Majesté me charge de tous dire que tous devez manœuver sur-le-champ de manière à envelopper la droite de l'ennemi et tomber à bras raccourcis sur ses derrières ; cette armée est perdue si tous agissez vigoureusement ; le sort de la France est entre vos mains. Ainsi n'hésitez pas un instant pour faire le mouvement que l'empereur vous ordonne, et dirigez-vous sur les hauteurs de Bry et de Sᵗ Amand, pour concourir à une victoire peut-être décisive. L'ennemi est pris en flagrant délit au moment où il cherche à se réunir aux Anglais.

Le Major Général

duc de dalmatie

En avant de Fleurus

le 16 Juin 1815

à 3ʰ ¼

Mʳ le Mᵃˡ Prince de la Moskowa

Duplicata

Monsieur le Maréchal, je tous ai écrit, il y a une heure, que l'empereur ferait attaquer l'ennemi à 2ʰ 1/2 dans la position qu'il a prise entre les villages de Sᵗ Amand et de Bry; en ce moment l'engagement est très prononcé ; Sa Majesté me charge de tous dire que tous devez manœuver sur-le-champ de manière à envelopper la droite de l'ennemi et tomber à bras raccourcis sur ses derrières ; cette armée est perdue si tous agissez vigoureusement ; le sort de la France est entre vos mains. Ainsi n'hésitez pas un instant pour faire le mouvement que l'empereur vous ordonne, et dirigez-vous sur les hauteurs de Bry et de Sᵗ Amand, pour concourir à une victoire peut-être décisive. L'ennemi est pris en flagrant délit au moment où il cherche à se réunir aux Anglais.

Le Major Général

duc de dalmatie

En avant de Fleurus le 16

Juin 1815 à 3ʰ ½

à Mʳ le Mᵃˡ Prince de la Moskowa

En avant de Fleurus, ou en arrière
de Ligny, à 8 heures ½ du soir,
le 16 (juin 1815).

Le M^al duc de Dalmatie, major g^al, au prince Joseph (Napoléon).
(Porté par le courrier Bécotte.)

Lui annonce la victoire de Ligny, remporté sur les armées prussiennes et anglaises réunies

L'Empereur vient de remporter une victoire complète sur les armées prussiennes et anglaises réunies sous les ordres du lord Wellington et du M^al Blücher. L'armée débouche en ce moment par le village de Ligny, en avant de Fleurus, pour suivre l'ennemi. Je m'empresse d'annoncer cette heureuse nouvelle à Votre Altesse impériale.

P.C.C. au registre de corresp^ce
communiqué par le Comd^t du Casse
en juin 1865 (registre du M^al duc
de Dalmatie, texte imprimé).
Le commis chargé du travail :
D. Huguenin

Vu. Le Conservateur des Archives du Dépôt de la Guerre

June 16

Soult?

Very important notes for a report on the activities of June 15. Note, the auction summary indicates the absence of a "Bulletin Analytique" – were this and many other items stolen from the archives?

<u>Gros & Delettrez, Autographes & Manuscrits, 17 May 2006, Lot 166</u>

Ordres préparatoires à la bataille de Waterloo

Ensemble de quatorze documents comprenant ordres, rapports et notes dictés par Napoléon concernant les prises de décisions pour l'Armée du Nord en vue de sa formation et de son établissement dans différentes places quelques jours avant l'ultime bataille de Waterloo. Les ordres sont corrigés de la main du Maréchal Soult et dictés par Napoléon 1er.

5ᵉ document : Rapport daté du 16 juin 1815, Charleroi, accompagné de notes non datées et non signées. Le rapport ne porte pas de signature. Il est écrit sur du papier à en-tête. Il contient 1 page et ½ in-folio. Les notes sont également manuscrites et comptent 3 pages et ½ in-folio. Elles ne sont pas accompagnées de l'habituel « Bulletin Analytique ». Le rapport concerne, les mouvements et progressions du Général Comte Reille, du Général Comte d'Erlon et du Général Pajol. Très important compte rendu de la situation du 15 juin 1815. Les notes concernent des ordres pour le Maréchal Ney, et plusieurs généraux dont Grouchy, Reille et d'Erlon. Il est dit que les ordres sont urgents et le ton est pressant. Excellent état de conservation général malgré quelques trous d'épingles.

Armée du Nord

Au Grand-Quartier général imp^{al}, à Charleroi, le 16 juin 1815

Le Lieutenant-général Bon Radet, Inspecteur-général, Commandant en chef la Gendarmerie impériale et Grand-Prévôt de Sa Majesté à l'Armée du Nord,

Rapport à Son Excellence le Major Général

Monseigneur,

La maraude et le désordre se renouvellent dans l'armée, la Garde en donne l'exemple. J'ai passé hier de la queue à la tête de la colonne de l'armée pour m'assurer de l'exécution de l'ordre du 14. J'ai fait sortir plus de cent voitures de bagages appartenant à l'Etat major Général, à la Garde et à différents corps de l'armée, qui s'étaient glissées dans les colonnes, elles ont ensuite été placées où elles devaient être.

J'ai fait chasser et joindre beaucoup de traineurs qui se faisaient donner à boire et à manger de force. J'ai fait cesser le pillage des grains et fourrages de plusieurs fermes que l'artillerie et les équipages enlevaient en désordre.

J'ai fait joindre plusieurs détachements montés de l'artillerie, entr'autres un détachement de celle de la Garde qui rétrogradait pour fourrager sans avoir à sa tête aucun officier, ni ordre ni réquisition par écrit, pas même de bons.

J'ai été obligé de laisser des sauvegardes dans chaque village pour y maintenir l'ordre jusqu'après le passage de la colonne; elles ont rejoint cette nuit les équipages du Grand quartier Général qui sont parqués à Mar[cin]ville en arrière de Charleroy. Elles me font le rapport qu'elles avaient arreté plusieurs militaires pris en flagrant délit et avec pièces de conviction, mais que tous leur ont été enlevés de vive force et avec tant de véhémence, d'injures et de mauvais traitements par des régiments en marche, qu'il a été impossible aux Gendarmes de pouvoir connaitre même les numéros de corps.

Arrivé à midi à Montigny, j'ai fait relever les Gendarmes d'elite qui gardaient les prisonniers; j'ai placé dans Charleroi le Colonel avec une quarantaine d'hommes sur la grande place pour faire la police, et je suis venu joindre Votre Excellence au haut de la ville avec les six hommes qui me restaient.

Je suis revenu en ville d'après ses ordres, pour rétablir l'ordre que l'on disait troublé; l'armée défilait avec ordre et enthousiasme et il ne se commettait pas le plus petit désordre, je m'en suis assuré par moi-même.

Seulement l'artillerie de la Garde faisait piller un Grénier de fourrage au haut de la Ville, j'ai chassé les pillards et ordonné qu'il en fut arreté un; ce qui eut lieu. Un soldat du train fut saisi, deux Gendarmes me l'amenaient le long de la colonne, lorsque l'adjudant major nommé Morel, des chasseurs à pied de la Garde le fit enlever de leurs mains en disant que c'était lui qui l'avait autorisé à prendre des fourrages; j'envoyai un Capitaine vérifier le fait et il en reçut des injures.

Jusqu'à dix heures du soir la police fut maintenues; mais cette nuit le Magasin des eaudevies a été pillé par la Garde, malgré les efforts de la Gendarmerie que j'y avais placés; cependant les habitants n'ont pas été pillés ni maltraités quoique surchargés de logement.

Votre Excellence sentira qu'avec le peu de Gendarmes que j'ai, il m'est impossible de faire la police de l'armée. Je vais recevoir les 75 hommes d'excédent de l'armée, mais je dois la supplier d'observer que, quand j'aurais mille gendarmes, je ne pourrai reprimer les désordres si la gendarmerie n'est respectée ainsi que les ordres généraux, si les officiers ne maintiennent la discipline et l'obeissance, enfin si les régiments ne font leur police et executer les ordres de l'Empereur.

Je vais m'attacher à pouvoir faire quelques exemples, mais un nouvel ordre général est nécessaire pour en prévenir l'armée.

Les deux colonnes de prisonniers sont parties, le Général Denzel m'a rendu compte. Environ cinquante d'entr'eux étant blessés et hors d'état de marcher, restent à Charleroi. Je donne quelques gendarmes à Monsieur l'Intendant Général pour ramasser les voitures inutiles à la suite des corps afin de les faire conduire avec nos blessés de l'armée sur Avesnes.

B Radet

Frasne, le 16 juin à 11 heures du matin.

À Son Excellence le Maréchal Duc de Dalmatie, Major Général.

Je reçois à l'instant vos instructions sur le mouvement des 1er et 2e corps d'infanterie;

De la division de cavalerie légère du Général Piré et des 2 divisions de cavalerie du 3e corps.

Celles de l'Empereur m'étaient déjà parvenues.

Voici les dispositions que je viens d'expédier.

Le 2e corps, Général Reille, aura une division en arrière de Genappe, une autre à Banterlet, les 2 autres à l'embranchement des quatre-Bras.

Une division de cavalerie légère du Général Piré ouvrira la marche du 2e corps.

Le 1er corps s'établira savoir : une division à Marbais, les 2 autres à Frasne, une division de cavalerie légère à Marbais, les 2 divisions du Comte de Valmy à Frasne et Liberchies.

Les 2 divisions de cavalerie légère de la Garde resteront à Frasne où j'établis mon Quartier Général.

Tous les renseignements portent qu'il y a environ 3000 hommes d'infanterie ennemie aux quatre Bras et fort peu de cavalerie. Je pense que les dispositions de l'Empereur pour la marche ultérieure sur Bruxelles s'exécuteront sans grands obstacles.

Le Maréchal Prince de le Moskova. (Signé) Neÿ

Certifié conforme à l'original communiqué par Mr. Charavay le 20 février 1890 le Lt Colonel Chef de la Section historique. E. Henderson

Lettre autographe inédite du Maréchal Ney mise en vente à Paris, en 1903, par Gabriel Charavay et acquise 1200f par le prince de la Moskowa.

Copie prise sur une photographie de l'original possédée par le C^t Esperandieu.

Frasne le 16 juin 1815. 10 heures du soir.

Monsieur le Maréchal, l'attaque que j'ai dirigée contre les Anglais dans la position des quatre bras a surement été de la plus grande vigueur; un mal-entendu de la part du Comte d'Erlon m'a privé de l'espérance d'une belle victoire, car un moment les 5e et 9e divisions du Général Reille avaient tout culbuté. Le 1er corps a marché sur St Amand pour appuyer la gauche de S.M. et ce qu'il y a de fatal, c'est que ce corps ayant rétrogradé ensuite pour me rejoindre, n'a pu ainsi être utile à personne. La division du Prince Jérôme a donné avec une grande valeur; S.A.I. a été légèrement blessée il n'y a donc eu réellement d'engagé que trois divisions d'inf^{te} et une brigade de cuirassiers et la cavalerie du g^{al} Piré. Le Cte de Valmy a fait une belle charge. Tout le monde a fait son devoir excepté le 1er corps. L'ennemi a perdu beaucoup de monde; nous avons pris du canon et un drapeau. Nous n'avons réellement perdu qu'environ deux mille hommes tués et quatre mille blessés.

J'ai demandé les rapports des g^{aux} Cte Reille et d'Erlon, et je les enverrai à V.E.

Agréez, Monsieur le Maréchal, l'assurance de ma haute considération.

Le M^{al} P^{ce} de la Moskowa Ney

S.E. le major g^{al}

———※———

Frasnes le 16 Juin 1815

Ordre de Mouvement.

Conformément aux instructions de l'Empereur, le 2ᵉ corps se mettra en marche de suite pour aller prendre position, la cinquième division en arrière de Gennapes, sur les hauteurs qui dominent cette ville, la gauche appuyée à la grande route. Un bataillon ou deux couvriront tous les débouchés en avant sur la route de Bruxelles. Le parc de réserve et les équipages de celte division resteront avec la 2ᵉ ligne.

La 9ᵉ division suivra les mouvements de la 5ᵉ, et viendra prendre position en seconde ligne sur les hauteurs à droite et à gauche du village de Banterlet.

Les 6ᵉ et 7ᵉ divisions à l'embranchement des 4 Bras, où sera votre quartier général. Les trois premières divisions du Cᵗᵉ d'Erlon viendront prendre position à Frasnes; la division de droite s'établira à Marbais avec la 2ᵉ division de cavalerie légère du général Pire ; la première couvrira votre marche, et vous éclairera sur Bruxelles et sur vos deux flancs. Mon quartier à Frasnes.

Pour le Maréchal prince de la Moskowa ,
Le Colonel Heymés
1ᵉʳ aide de camp,

Deux divisions du comte de Valmy, s'établiront à Frasnes et à Liberchies.

Les divisions de la garde des généraux Lefebvre-Desnouettes et Colbert resteront dans leur position actuelle de Frasnes.

Pour copie conforme :
Cᵗᵉ REILLE

À M. Le Comte Reille Commandant le 2e Corps d'Armée

———※———

Campinaire le 16 juin 1815 à 5 heures du matin

Monsieur le Maréchal,

Les Quatre corps de cavalerie sont placés de la manière suivante :

Le 1er a une de ses divisions à l'ambusar, et la séconde sur la route de Gily, à Fleurus, en avant de l'embranchement de capinaire.

Le 2e corps, a une de ses divisions à l'ambusar, et l'autre en arrière du défilé de [b]auchamp.

Le 4eme corps a raillé sa séconde division, et est au village de St François, et [censes] environnantes.

Le 3e corps, doit se trouver entre Charleroi, et le point où nous avons chargé les carrés de l'infanterie prussienne. Le Général Kellerman ne m'a point envoyé de charleroi, son emplacement; mais il est de ce coté ci.

Je n'ai point encore le rapport des pertes qu'ont fait, les 1er et 2eme corps dans la journée d'aujourd'hui, je l'ai demandé et le remettrai dès qu'il me sera parvenu. Ci-joint copie de celui que j'adressai hier à l'Empereur.

Le total des prisonniers faits par la cavalerie, dans la journée d'hier, est de huit à neuf cents hommes.

Agréez, Monsieur le Maréchal, l'assurance
de ma haute considération.
Le Maréchal command^t la cav^{ie}
Cte de Grouchy

P.S. Le premier de hussards, fesant partie du 1er corps, en a été détaché par vôs ordres, et je désire que Vous lui fesiéz raillier la division Soult, dès qu'il sera possible.

Au bivouac près Fleurus
le 16 juin 1815, 5 heures du matin

Le M^{al} Grouchy à l'Empereur

Sire,

En faisant la tournée de mes avant-postes, je viens d'apercevoir de fortes colonnes ennemies se dirigeant vers Brie, St Amand et autres villages environnants : elles paraissent venir par la route de Namur.

Le Gal Girard, dont la division d'infanterie placée sur ma gauche occupe un plateau plus élevé que ceux où se trouvent les troupes que je commande, vient de me confirmer l'arrivée incessante, depuis le point du jour, de corps prussiens.

Je ne perds donc pas un instant à transmettre à Votre Majesté ces renseignements importants et positifs. Je réunis en ce moment mes troupes, pour effectuer le mouvement que vous avez ordonné vers Sombref.

Je suis etc.

Signé Le M^{al} Grouchy
P.C.C. à l'imprimé du M^{al}
Grouchy communiqué par le Comd^t du
Casse en juin 1865.
Le commis chargé du travail :
D. Huguenin

Le 16 juin 1815, 6h du matin.

Le M^{al} Grouchy à l'Empereur.

Sire,

le Gal Girard confirme l'arrivée de l'ennemi sur les hauteurs qui environnent le moulin de Brie, près Sombref.

Je viens d'être informé par le Gal Girard que l'ennemi continue à se porter en force par Sombref, sur les hauteurs qui environnent le moulin de Brie. Je m'empresse de transmettre à Votre Majesté ce nouvel avis confirmatif de celui que je lui ai fait parvenir il y a une heure.

Je suis, etc.

Signé le M^{al} Grouchy.
P.C.C. à l'imprimé du M^{al} Grouchy
communiqué par le Comd^t du Casse
en juin 1865.
Le commis chargé du travail :
D. Huguenin

Vu. Le Conservateur des Archives du Dépôt de la Guerre.

———◆———

Le 16 juin 1815, 6 heures du matin.

Le M^{al} Grouchy à l'Empereur

Sire,

L'ennemi débouche en force par Sombref; cette nouvelle est confirmée par le Gal Girard. — Se prépare à effectuer son mouvement sur Sombref.

Je viens d'être informé, et le Gal Girard me confirme, que l'ennemi débouche en force par Sombref sur les hauteurs de St Amand, paraissant venir par la route de Namur. Je m'empresse de donner cet avis à Votre Majesté; elle peut le regarder comme positif.

Je réunis les troupes afin d'effectuer le mouvement que Votre Majesté vient d'ordonner sur Sombref.

Je suis avec respect, etc.

P.C.C. à la minute communiquée
par le Comd^t du Casse en juin 1865.
Le commis chargé du travail :
D. Huguenin

Vu. Le Conservateur des Archives du Dépôt de la Guerre

———～———

16 juin 1815

Le Gal Cte Exelmans au M^al Grouchy.

Monsieur le Maréchal,

J'ai l'honneur d'informer Votre Excellence que dans l'affaire qui a eu lieu hier sous vos yeux, la brigade du Gal Vincent a eu deux officiers de blessés, avec une vingtaine de dragons, et sept de tués. Cette brigade a parfaitement fait son devoir, conduite par le brave Gal Vincent, qui joint à une grande expérience la fermeté et le sang-froid les plus rares. J'ai l'honneur de prier Votre Excellence de demander pour le Gal Vincent le grade (mot omis dans l'original) dans la Légion d'honneur.

Le Colonel Briqueville (du 20e) s'est très bien conduit, ainsi que le Chef d'escadron Guibourg (du 15e) qui commandait le 1er escadron avec la plus grande vigueur; comme cet officier est très ancien, je demande pour lui le grade de major.

Les militaires ci-après désignés sont ceux qui se sont particulièrement distingués dans la petite affaire d'hier :

- Du 20e dragons, M^rs les capitaine Marguiannes et Rancorette;
- Le L^t [Ybry];
- L'adjudant Barie;
- Le sous-Lt Warin;
- Les M^aux des logis Marcey, blessé, et Rey;
- Et le grenadier Piné, qui a ramené 27 prisonniers.

Dans mon Etat-major,

Le Colonel Ferroussat s'est conduit au mieux; cet officier est digne de commander un régiment. Le Chef d'escadron [S]encier, mon aide de camp, s'est conduit également avec une bravoure extraordinaire.

Le Capitaine Fanchon, attaché à mon Etat-major, ancien officier de grenadiers, ne le cède en rien aux plus intrépides; je demande pour lui le grade de chef de bataillon.

Je demande la croix de la Légion pour Mr Dibon, mon aide-de-camp, et pour M^r [S]énarmont, Lieutenant au 1er de chasseurs, qui se sont conduits au mieux; ce dernier est assez dangereusement blessé; il est attaché à mon Etat-major.

Pertes de la brigade Vincent dans l'affaire de cavalerie du 15 juin. – Demandes de récompenses pour les militaires qui s'y sont le plus distingués

Le 1ᵗ Gᵃˡ Cᵗᵉ

(Signé) Exelmans.

P.C.C. à l'original communiqué
par le Comdᵗ du Casse en juin 1865.
Le commis chargé du travail :
D. Huguenin

Vu. Le Conservateur des Archives du Dépôt
de la Guerre

Ordre du Jour   Charleroi le 16 Juin 1815.

Le Lieutᵗ Gᵃˡ Colonel de l'arme a vu avec etonnement et avec beaucoup de mecontentement que Des Grenadiers se permettent de Conduire des Chevaux de Bat ou de Sabre. Il ne peut attribuer cet oubli des devoirs et de la descence de leur part qu'à la negligence de MM. les officiers qui n'exigent pas que les hommes soient Constamment à leur rang & qui tolèrent un trop grand nombre de femmes à la suite des Compagnies. Il ordonne donc à MM. les marechaux de Camp de faire disparaitre de la Colonne toutes Celles qui exéderaient le nombre fixé par les règlemens & qui n'auraient pas reçu l'autorisation de suivre l'armée. Toutes Celles qui après avoir reçu ordre de s'éloigner se montreraient à la suite des Régimens seront arrêtées & remises à la gendarmerie.

Tout Grenadier qui sera trouvé conduisant un Cheval de bat ou autre sera conduit chez le Lieutᵗ Gᵃˡ Colonel de l'orme qui prendra à son Egard les dispositions qu'il Jugera Convenables.

Les Corvées de vivre se feront à l'avenir avec plus d'ordre. Les hommes iront toujours avec leurs armes s'il y aura un officier par Regᵗ à leur tête, les [fourrés] Commandant leurs Compagnies. On remettra chaque jour au Lᵗ Gᵃˡ Colonel de l'orme l'Etat nominatif des hommes qui auront manqué aux appels. MM. les Mᵃᵘˣ de Camp enverront dans le jour au

chef de l'Etat major leurs situations de [de 15ᵉᵐ] suivant le Modèle cijoint. On n'y fera figurer que les hommes présent à chaque Corps au moment de leur Départ de Paris, à l'excéption du détachement du 1ᵉ Regᵗ laissé pour le Service de l'Empereur - & qui doit rejoindre incessamment. Tous les autres hommes seront [rayés] & portés en mutation: passé à la Compagnie de dépôt. L'état nominatif de ces hommes avec leur position au Depart de Paris sera envoyé à M. [Villennieureux] quartier maitre par MM. les officiers [payeurs].

Indépendamment des Situations de [15ᵉ] qui doivent être remises les 14 & 29 de chaque mois il sera adréssé journellement, comme par le passé un rapport journalier où on mentionnera la perte & le gain de Chaque Jour & les événemens survenus dans les 24 heures.

Le Lieutᵗ Gᵃˡ Colonel de l'orme

Comte (Friant)

M Le Gᵃˡ bᵒⁿ l'oret de [morvan]

Au quartier général à Marchienne au Pont

le 16 juin 1815 à 3 heures du matin

D'après l'intention du général en chef le lieutenant général, me charge de vous inviter à faire partir de suite votre brigade avec une ½ batterie pour être rendue à six heures du matin et plustot s'il est possible à <u>Gosselies</u>.

Le Commandant D'artillerie a ordre

de vous envoyer de suite les 2 pièces qui vous

manquent pour completter votre ½ batterie.

L'adjudant Commandant

Chef d'Etat Major Ch^{er}

D'arsonval

P.S. la 2ᵉ brigade reste ici jusqua l'arrivée de la 1ᵉʳᵉ division quelle suivra pour se rendre a la [même] destination.

Mettez vous en route pour la grande route.

Written on the back

Service militaire.

À Monsieur

le Maréchal de Camp Nogues

en avant de Marchienne au pont.

Etat major de la d^{on}.

—◦◦◦—

Gosselies le 16 juin 1815, 10 heures et ¼ du matin.

Monsieur le Maréchal,

J'ai l'honneur d'informer Votre Excellence du rapport que me fait faire verbalement le général Girard par un de ses officiers.

L'ennemi continue à occuper Fleurus par de la cavalerie légère qui a des vedettes en avant ; l'on aperçoit deux masses ennemies venant par la route de Namur et dont la tête est à la hauteur de Saint-Amand; elles se sont formées peu à peu, et ont gagné quelque terrain à mesure qu'il leur arrivait du monde : on n a pu guères juger de leur force à cause de l'eloignement ; cependant ce général pense que chacune pouvait être de six bataillons en colonne par bataillon. On apercevait des mouvements de troupes derrière.

M. le lieutenant-général Flahaut m a fait part des ordres qu'il portait à Votre Excellence; j'en ai prévenu M. le comte d'Erlon, afin qu'il puisse suivre mon mouvement. J'aurais commencé le mien sur Frasnes aussitôt que les divisions auraient été sou» les armes; mais d'après le rapport du général Girard, je tiendrai les troupes prêtes à marcher en attendant les ordres de Votre Excellence, et comme ils pourront me parvenir très vile, il n'y aura que très peu de temps de perdu.

J'ai envoyé à l'Empereur l'officier qui m'a fait le rapport du général Girard.

Je renouvelle à Votre Excellence
les assurances de mon respectueux dévouement
Le général en chef du 2ᵉ corps.
Cᵗᵉ REILLE

— ∞ —

Au quartier général à la ferme de fontenelle

sous [farcine] le 16 juin 1815.

Monsieur le Général,

S.E. le Général en chef comte Vandamme ordonne que chaque division d'infanterie du corps d'armée fournisse un détachement de cinquante hommes commandé par un lieutenant pour [les] [?] parcs et équipages du corps d'armée.

Veuillez donner vos ordres pour que ce détachement se rende de suite au quartier général de S.E. où il sera à la disposition de Monsieur le colonel Von Land[ten] qui en est le commandant.

Agréez mon Général l'assurance mon respect.
L'adj^t command^t sous chef de l'Etat major
g^{al} du 3e corps de l'armée du nord
Trézel

M. le Gal Berthezène au camp de la 11e division d'inf^{ie}.

Vous devez avoir reçu un brigadier et 4 chasseurs du 9e rég^t

Written on the back

Service militaire.
Monsieur le Lt Général Berthezenne
au camp de la 11eme division
d'infanterie.
Etat Major Général du 3e corps

Vu

Rapport à S.M. L'Empereur

Sire,

En conformité des ordres de Votre Majesté, j'ai envoyé L'adjudant Commandant jeanin au corps commandé par M^r le Maréchal Prince de la Moscowa. Cet officier a trouvé ces troupes échelonnées depuis les environs de [Gosselie] jusqu'au delà de frasne ; il a beaucoup d'habitude de la guerre et croit que l'ennemi n'est pas en très grande force; mais il est difficile, en raison des forêts, de juger avec précision. Le colonel précité a causé avec plusieurs officiers supérieurs, il a aussi interrogé des déserteurs, et aucun des individus questionnés n'a porté le nombre de l'ennemi au-delà de vingt mille hommes; quand cet officier a quitté Le terrain, il n'y avait que des tirailleurs engagés, même en assez petit nombre.

Je suis toujours en position en avant de Charleroi où je resterai jusqu'à nouvel ordre. il seroit bon que Votre Majesté voulut bien faire remplacer Le bataillon que j'ai en ville pour La police et pour un assez grand nombre de [passages[Bagages] ; protéger les blessés &c^{ta}. ; ce point ne pouvant, ce me semble, rester totalement dégarni de troupes.

Le Lieut^t G^{al} aide de Camp de l'empereur

Commandant en chef le 6e Corps

Cte N Lobau

Charleroi Le 16 juin 1815.

P.S.
Le Colonel jeanin rapporte que le Colonel tancarville, chef d'état major du Cte de Valmy, lui a dit que les émissaires venus au Cte d'Erlon Lui avoient déclaré que l'ennemi devoit aujourd'hui marcher de Mons sur charleroi. Votre majesté sera surement à porter d'apprécier cet avis.

Pres Frasne le 16 juin 1815. 10 h. du soir

Monsieur le Marechal,

J'ai executé la charge que vous m'avés ordonnée, j'ai rencontré l'infanterie ennemi placée dans un vallon au dessous de ses pièces à l'instant, sans laisser aux troupes le tems de reflechir, je me suis precipité à la tête du 1er escadron du 8e avec [la 5e] Guiton, sur l'infanterie anglo hanovrienne, malgré le feu le plus vif de front et de flanc les deux lignes d'infanterie ont été culbutées, le plus grand desordre était dans la ligne ennemie, que nous avons traversé deux à trois fois, le succès le plus complet était assuré avec les resultats que vous attendiés, si les lanciers nous eussent suivi, mais les cuirassiers criblés de coups de fusil de tous les cotés, n'ont pu profiter de l'avantage qu'ils avaient obtenu par une des charges les plus resolues et les plus hardies, contre une infanterie qui ne se laissa point intimider et qui fit son feu avec le plus grand sang froid comme à l'exercice. Nous avons pris un drapeau du [69me] qui a été enlevé par les cuirassiers Valgaye[r] et [Nourain], la brigade ayant fait une perte enorme et ne se voyant pas soutenue, se retira dans le desordre ordinaire en pareille circonstance, mon cheval, a été renversé de deux coups de feu, et moi sous lui ce n'est qu'avec peine que je suis parvenu à m'échapper le Gal Guiton, le colonel Gazan [apres] ont été démontés ainsi que nombre d'officiers et de cuirassiers, j'ai eu le genou et la jambe [froissée], mais, je n'en serai pas moins demain à cheval, la division [roussel], est bivouaqué dans la plaine, près de Frasne, la don L'heritier, n'a pas rejoint, je ne sais ou lui adresser des ordres.

Je suis avec respect le Cte de Valmy, Kellerman

———•———

Envoie d'un drapeau anglois pris dans la charge faite par la brigade du Gal Guiton le 16 juin à l'affaire de Frasne par les [cuirassiers] albisson et henry du 8e regt.

———〰〰〰———

Campage de 1815 dite a Waterloo.
2ᵉ Corps de cavalerie
Brigade du Gᵃˡ Bonnemains

Extrait du rapport du Gᵃˡ Bonnemains sur les opérations de la brigade sous ses ordres pendant la campagne de 1815.

Bataille de Ligny, le 16 juin 1815.

« La brigade du Gᵃˡ Bonnemains était en 1ʳᵉ ligne à l'extrême droite vis à vis Sombref et fut pendant toute la durée de l'action exposée à un feu très meurtrier d'artillerie et de mousqueterie.

« deux fois la cavalerie prussienne tenta de déboucher sur lui et, quoiqu'elle fût très nombreuse, la brigade du Gᵃˡ Bonnemains réussit à la rejeter au delà du défilé de Sombref, en lui fesant éprouver une perte considérable.

« une 3ᵉ fois vers la fin du jour, la cavalerie ennemie se porta de nouveau en avant avec plus de forces encore que dans les deux précédentes occasions et soutenue par une batterie d'artillerie elle fut attaquée en tête par le Gᵃˡ Bonnemains et en flanc par une brigade de la division Stroltz. Ces charges eurent, comme les deux premières, l'heureux résultat de rejeter l'ennemi au dela du ruisseau et de lui prendre son artillerie.

« le Général Bonnemains eut environ 200 hommes tués ou blessés : du nombre de ces derniers étaient un de ses aides de camp le lieutenant de Tilly et le Colonel Bouquerot du 4ᵉ régᵗ de dragons. Lui-même eut son cheval blessé.

« les 4ᵉ et 12ᵉ régiments de dragons soutinrent leur ancienne réputation.

Mᵣ de tilly fut blessé par une balle au cou dans la 2ᵉ charge au delà du défilé

Certifié le présent extrait par le lieutenant général soussigné qui atteste en outre que Mᵣ de tilly fut promu au grade de capitaine par le gouvernement provisoire le 2 juillet 1815, nomination qui ne fut point reconnue par la restauration que celle qui me conférait le grade de lieutenant.

Paris le 24 janvier 1845.

16ᵉ Division Militaire

Bureau de la correspondance générale

[Classer]

au quartier généraˡᵉ à Lille, le 16 juin 1815

A Son Excellence le Maréchal Prince D'Eckmühl, ministre de la guerre.

Monseigneur

J'ai l'honneur de rendre compte à Votre Excellence, que Mʳ le Général Joufroy, a remis dimanche dernier, les aigles aux prémiere d'artillerie à cheval et 6ᵉ d'artillerie à pied, apportés de Paris par les députations de ces deux régimens, et que cette cérémonie à eu lieu avec toute la pompe et la soℓlémnité que le permettoit le peu de monde, qui reste dans les dépôts de ce corps.

Je prie Votre Excellence d'agréer l'hommage de mon profond respect.

Le Lieutenant Général commandant La 16ᵉ Division Militaire

Cᵗᵉ Frère

———∼∼∼———

Lille le 16 juin 1815

N 1 — 19 juin
acuser réception j'écris au G Gazan pour lui
envoyer 50 chevaux Le 19   Lemez

a Classer.

À Son Excellence Monseigneur le Maréchal princesse ministre de la guerre

Monseigneur

J'ai l'honneur de prévenir Votre Excellence que d'après les ordres qu'elle m'a donné par le télégraphe en date du 12 de ce mois, et dont j'ai donné connaissance à M le L. General C^t Frère Comdt le 16e division, j'ai retiré de l'extrême frontiere les deux Bataillons et des ardennes 3e et 4e, qui, vû le mouvement du 1e corps d'armée sur sa droite, pouvait être exposé.

J'ai pensé que cependant, Monseigneur, je ne devais pas faire rentrer ces bataillons dans la place, et je n'ai fait que les rapprocher de manière qu'il puisse toujours opérer leur retraite. J'ai même crû devoir les renforcer par un autre Bataillon le 2e de l'[airas]. En consequence nous tenons les dehors de la place, à une lieue ou une lieue et demi, pour intercepter les grandes routes de Tournai - Lannoi - Roubaix - Menin - Deulsemont et Armentiere. La droite est à Lezennes et la gauche à somme (carte de capitaine)

La Gendarmerie vient de m'observer qu'elle se trouvait à découvert, et que n'ayant que trois hommes par brigade elle risque d'être enlevée. D'après un rapport qui m'a été fait, un hanovrien se serait introduit pendant la nuit jusques à Orchie conduit par un païsan, et auroit pris des informations sur la force de la Brigade. Il n'est pas douteux, Monseigneur, que l'abandon que nous sommes obligés de faire de la ligne ~~frontiere~~ douanes, jusqu'à ce que le Général Gazan vienne manœuvrer entre les places et sur l'extrême frontiere, peut permettre à quelques partis de rouiller le territoire français, et pourrait culbuter la ligne de nos Douaniers. Si j'avais des forces, ou même si les troupes que j'ai étaient bien habillées armées et équipées, je tiendrais beaucoup à m'étendre jusqu'aux frontières. Mais la chose la plus importante pour cet objet serait d'avoir un peu de cavalerie, ce qui me manque entièrement

Votre excellence me donnera ses ordres.

Le général Frère me fait observer qu'il ne faut dans ce moment qu'un parti de cinquante hommes pour empêcher la correspondance directe avec Dunkerque. Et aussi pour intercepter la navigation de la Lis.

Votre Excellence sait qu'à la guerre il y a toujours des inconvénients, on ne peut être partout.

IV-391

Je suis avec un profond prospect

De Votre Excellence
Monseigneur

Le très anglais et très obéissant serviteur
Le Lieutenant General Gouverneur de Lille
La Poype

—◦∾◦—

3ᵉ Division
BUREAU du Mouvement

MINISTÈRE DE LA GUERRE
RAPPORT FAIT AU MINITRE

le 16 juin 1815.

Le Génᵃˡ Commandant la 16ᵉ division militaire rend compte, que d'après les intentions de l'Empereur tous les dépôts d'infanterie de cavalerie, d'artⁱᵉ et du Génie, qui se trouvaient restés dans la division, ont reçus l'ordre de se rendre dans l'Intérieur et qu'en conséquence il ne restera plus dans les places aucun dépôt, à l'exception de celui du 7ᵉ régiment etranger, fort d'environ 90 offᵉʳˢ 300 sous-offᵉʳˢ et soldats qui est encore établi à Montreuil et qui n'a point reçu d'ordre pour une autre garnison.

Vu.

Le 7ᵉ Régᵗ etranger est destiné à recevoir les irlandais et les anglais qui voudraient prendre du service en France, il se trouve ainsi en arrière et dans tous les cas le Génᵃˡ Gazan pourrait le faire reployer derriere la Somme, si les circonstances venaient à l'exiger.

Le Chef du Bureau Mouvement [?] [D'awersbach]

Vû par le chef de division le Bᵒⁿ Salamon

———∾∾∾———

16ᵉ Division Militaire

Place de Douai.
Nº 2 - 19 ~~mai~~ juin
approuvé sa conduite la sureté de la place
repose sur lui il doit faire usage des pouvoirs
qui lui sont confiés pour reprimer les
malvaillans [Les G Lemtz]

A Son Excellence Monseigneur Le Prince d'Eckmülh Ministre de la Guerre.

Monseigneur

depuis que le temps j'avois remarqué que le mauvais Esprit qui règne ici étoit devenue plus Calme et plus Circonspect ; j'avois lieu d'être satisfaits de cette tranquillité et des mesures sévères que je m'étois décidé à prendre pour détruire dans son principe l'effervescence qui paraissait se manifester lors de mon arrivée dans cette ville mais depuis peu de jours je me suis encore aperçu et l'on me rendait compte qu'il circuloit des bruits séditieux et allarmans que quelques instigateurs se plaisaient à répandre et à faire naître eux-mêmes. Je redoublai de surveillance pour m'assurer ces malfaiteurs et parmi les différentes nottes qui me sont parvenues deux des plus forts et des plus a apprécier sont contre les sieurs Densy et Le Sage, avocats à la Cour Impériale déjà connus comme détestant le Système Impérial et l'Empereur. L'on prétendait que bientôt on allait prendre tous ces monstres à idées Libérales, que le moment approchait ou ces Brigands alloient recevoir le châtiment qu'ils méritent; l'autre, que le parti Royaliste dans la Vendée, faisait les progrès les plus effrayants, que l'on n'y mettait tout à feu et à sang, que l'insurrection gagnait les Pays méridionaux ou déjà quelques villes avaient arborer le drapeau blanc, qu'une partie de l'armée française n'attendait que l'arrivée des alliés pour prendre la cocarde royale et que l'Empereur avoit trompé les français en leur faisant espérer le retour de l'Impératrice Marie-Louise puisqu'elle lui avoit envoyé l'acte de Divorce qu'elle avait fait prononcé. enfin tout deux affectoient de faire courir les nouvelles les plus propres à égarer l'opinion et a [Lester] de l'inquiétude. J'ai cru prudent <u>d'ordonner l'arrestation</u> de ces deux individus, <u>Densy</u> a été pris, l'autre, <u>LeSage</u>, ne s'est pas trouvé chez lui on le poursuit toujours. J'ai transmis les Nottes au Comité de haute Police par un Rapport que je lui ai adressé et Il s'occupe en ce moment de Cette affaire.

Je désire, Monseigneur, que ce nouvel exemple produise et quelque'effets car je suis bien moins content que je ne l'étois il y a quelques jours. Les esprits fermentent et ne m'inspire plus autant de confiance + les autorités civiles ne se prononcent pas pour le Gouvernement aussi franchement qu'elles devroient le faire. La majeure partie des riches fait réagir Sourdement Les prêtres qu'il ne perdent aucune occasion favorable pour eux, de faire détester le Gouvernement actuel.

La Garde Nationale Sédentaire montre peu de bonne volonté pour faire son Service, et on a beaucoup de peine à l'émouvoir.

16 Juin 1815.

Je suis avec le plus profond respect

Monseigneur

De votre excellence

Le très anglais et très obéissant serviteur

Le M^{al} de Camp Command. Supérieur du Douai

Baron [flamand]

16ᵉ

N 249

Bureau de la Correspondance générale

quesnoy le 16 Juin 1815.

Dupré Colonel, Commandant Supérieur de la place
à Son Excellence

Le Marechal Prince d'Eckmuhl, Ministre de la Guerre

Monseigneur

j'ai l'honneur de vous adresser le rapport journalier du 15 au 16 de ce mois.

Les Etats [Soumises] de l'artillerie, munitions de Guerre et des approvisionnemens de boucher de la place, qui conformement aux ordres de Son Excellence du 12. Courant, ne lui seront plus adressés que les 10, 20, et 30 de chaque mois confome au modele y annéxé.

J'ai l'honneur d'être avec un profond respect
Monseigneur

de Votre Altesse

le très humble et très subordonné
Dupré

———— ᔆᨪᨪᕁ ————

Monsieur le Marechal, il importe au service de Sa Majesté que les communications avec l'Angleterre pour le service des journaux anglais soient libres, et par conséquent que les bateaux ou batimens que mon commissaire de police à Boulogne a destinés à ce service, soient exceptés de la loi générale de l'embargo. Le Port de Vimereux est celui que Sa Majesté a fixé pour ce service particulier. Je vous serai obligé de donner des ordres pour la libre entrée et sortie des dits batimens, reconnus et autorisés par mon commissaire de Police.

Agréez, Monsieur le Maréchal, l'assurance de ma haute consideration,

Paris 16 juin 1815.

Fouché

— ∾ —

Paris le 16 Juin 1815.

Police Administrative

Nord

Nº 30, 111.

Renvoyé aux Besson pour un [prompt] rapport Le 18 Juin [Le Mez]

Monsieur Le Maréchal, J'ai l'honneur de faire passer à Votre Excellence une pétition qui m'est adressée par le Sieur Alexandre <u>D'Artaize Roquefeuil, ancien Chef d'escadron arrêté à Stenay</u>, et qui a pour objet de réclamer contre cette mesure.

Il est probable que le réclamant est du nombre des 22 habitans de la même ville, qui ont été arrêtés ou recherchés par ordre de Votre Excellence et dont j'ai cru devoir l'entretenir, en dernier lieu./.

Police

Nº 578.

Lu

Agréez, Monsieur Le Maréchal, les assurances de ma plus haute considération.

Le Ministre de la Police Générale

Fouché

A S. E. Le Ministre de la Guerre.

———∿∿∿———

Paris, le 16 Juin 1815.

3e D^on

Monsieur le Maréchal, M^r le Préfet du Calvados m'informe que le 3 Juin à 8 heures du soir, m^r le Commandant de la 14e division lui annonça qu'il était autorisé à penser que la tranquillité publique serait troublée dans la nuit par des étrangers arrivés de la journée, et que d'autres devaient suivre bientôt. Leur projet était, disait-on, de tomber sur une quarantaine de maisons désignées et de répandre l'alarme partout en faisant battre la générale, quoique l'autorité civile n'eût reçu de son côté aucuns renseignemens qui confirmâssent ces craintes. Elles s'est empressée de se rallier à l'autorité militaire pour prendre des précautions particulières. Le château a été extraordinairement occupé par la force armée, et des patrouilles secrètes se sont jointes aux patrouilles ordinaires. Rien n'a paru. Rien n'a justifié la moindre des conjectures ; et le calme le plus parfait n'a pas cessé de régner.

Quoiqu'en général il convienne d'applaudir

aux mouvements de sollicitude qui animent les autorités locales, il serait à desirer que de semblables alarmes qui se trouvent bientôt dénouées de tout fondement ne se multipliassent pas. Il y a beaucoup d'inconvéniens à ces sortes d'appels sans objet. Les véritables amis de l'ordre s'en étonnent, ceux dont les sentiments sont moins éprouvés y trouvent quelque fois de nouveaux motifs d'incertitude ou d'espérance.. En s'abandonnant aux premiers soupçons, en croyant si facilement aux dangers, on crée souvent des dangers réels. Je prie Votre Excellence de vouloir bien adresser sur cet objet quelques instructions à M.M. les Commandants militaires de l'Intérieur.

Veuillez agréer, Monsieur le Maréchal, les nouvelles assurances de ma plus haute considération.

Le Ministre de la police générale,

Fouché

———~~———

Notes du Colonel Simon-Lorière sur la bataille de Ligny, 16 juin 1815.

Le combat du 15 fut engagé par une batterie du 3ᵉ corps sous les ordres du général Doguerau et par la tête de colonne du général Vandamme qui quitta la grande route de Bruxelles, tourna à droite dans la direction de Gilly, et, par un mouvement à gauche, marcha ensuite vers la gauche des corps ennemis. Napoléon arrivant dans ce moment sur le terrain, regretta que le général Vandamme eût fait ce grand circuit, qui fesait perdre un tems précieux : il ordonna au général Letort de se porter directement sur l'ennemi par la grande route avec les escadrons de service.

Il parait que l'intention de l'Empereur était de se porter rapidement, avec la masse de ses forces, sur la grande route de Namur à Bruxelles, entre Sombreff et L'Orneau. Il aurait par là empêché les prussiens de se réunir aux Anglais, et il aurait pu exterminer les 2 armées l'une après l'autre.

Les avis que Blücher reçut de notre marche lui donnèrent le tems de rassembler ses troupes et de les porter au delà de L'Orneau, sur la route de Namur à Bruxelles. Le plan de Napoléon eût....... (*phrase inachevée*).

L'Empereur est arrivé au delà de Fleurus le 16 entre 10 et 11 heures du matin; on reconnut que le ruisseau de Ligny était gardé par des troupes ennemies et on apperçut des masses considérables sur le penchant des coteaux qui sont au delà du ruisseau.

L'armée ennemie paraissait avoir sa droite à Sᵗ Amand, et sa gauche à Sombreff.

La masse principale des forces ennemies était placée sur la route de Namur à Bruxelles, ou, parallèlement à cette route, depuis la hauteur de Bry jusqu'au delà de Sombreff, dans la direction de Mazy. Le corps de Bulow arrivait en hâte sur Gembloux, pour former la réserve de cette ligne de bataille.

A midi, le 16, l'attaque fut ordonnée; le 3ᵉ corps fut chargé de l'attaque de Sᵗ Amand; le 4ᵉ sur Ligny. Ces 2 attaques étaient liées par une nombreuse batterie; une formidable réserve, placée en avant de fleurus, devait se porter sur Bry, par Ligny, lorsque le Général Gérard aurait forcé le village de Ligny, et le passage du ruisseau. Des ordres fûrent donnés au 1ᵉʳ corps de se porter, par la droite, sur Bry. Le résultat de ces dispositions devait entraîner la perte du 1ᵉʳ corps prussien et d'une grande partie de l'armée ennemie.

Vers 3 heures de l'après midi, notre artillerie avait fait éprouver des pertes effroyables aux masses découvertes de l'ennemi; le village de St Amand avait été pris et repris, et se trouvait encore en partie à notre pouvoir. Le 4e corps commençait à s'emparer de Ligny. (C'est là où l'Empereur apprit que le 1er corps avait été mis en marche sur le Maréchal Ney).

C'est vers 4 heures que l'ennemi se renforça considérablement vers Ligny; elles fûrent contenues par nos troupes et le feu des batteries de réserve. On supposait que l'armée prussienne était en retraite au delà de L'Orneau vers Namur.

L'approvisionnement de nos batteries ne pouvait pas se renouveler, nous devions économiser notre feu; nos parcs d'artillerie étaient éloignés d'un jour de marche; le 16 au soir, ils étaient au Châtelet.

La bataille de Mont St Jean commença à midi; ce fut à 5 heures du soir, qu'on apperçut le corps de Bulow que l'Empereur prenait pour le corps de Grouchy, conformément aux ordres qu'il en avait reçus.

Distance de Walin au P^t de Moustier – 2 lieues;

Distance de Moustier aux P^{ts} de Limale et Limelette – 1 lieue;

De Walin à la Dyle, 1 quart de lieue.

C.C. aux notes autographes rendues à la famille du C^{el} Simon Lorière Le commis P^{pal} [Ech. Lacroix]

Vu. Le Conservateur de la Bibliothèque et des Archives, Camille [Reufret]

Laon, le 16 Juin 1815

Monsieur le Comte.

Préfecture de l'Aisne.
1re Division militaire

Etat major général
à Classer B^{on} [Cyr]

J'ai reçu la lettre que vous m'avez adressée le 15 de ce mois relativement aux mesures qu'il conviendrait de mettre en usage dans le cas où des partis ennemis viendraient à pénétrer sur le territoire de ce Département. J'ai écrit aussitôt aux Sous Préfets et les ai chargé de me faire connaître dans le plus court délai le nombre d'homme de tout âge qu'on pourrait levée en masse dans leur arrondissement, en les invitant d'organiser sur le papier cette force publique dans les Confédérés formeront le noyau, De manière qu'on puisse la diriger au besoin sur les points menacés. J'ai recommandé aux Sous Préfets la plus grande célérité dans cette opération dont je m'empresserai de faire connaître le résultat aussitôt qu'elle sera terminée.

Le bon esprit qui anime ce Département

est déjà une garantie du Succès qu'on à droit d'attendre de la levée en masse. mais on ne doit pas se dissimuler la multitude est bien facile à dissiper Si elle n'est soutenu par la présence de quelques troupes régulieres.

Je suis avec la plus haute considération

Monsieur le Comte
    Votre très humble et très obeissant Serviteur.
      Le préfet
        B^{on} [de mieves]

———∽∾∽———

June 17

Sender	Recipient	Summary	Original
Bertrand	Grouchy	Support advance via Marbais. @~11:30 a.m., original and SHD C15-5 Copy.	699 Mi
Bertrand	Grouchy	Teste division under his orders; follow enemy, Emperor's HQ to 4 Chemins @ ~Noon - Copy	SHD C15-5
Napoléon	Grouchy	Verbal order to pursue the Prussians. @1 p.m. - Copy	SHD C15-5
Davout	Soult	First Corps Volunteer Chasseurs to leave Noyon for Maubeuge	SHD C15-5
Davout	Caffarelli	To give orders to 1st Corps Chasseurs volontaires de la Seine to go to Maubeuge, with draft.	SHD C15-5
Davout	Frère	1st Corps Volunteer Chasseurs to leave Noyon for Maubeuge	SHD C15-5
Davout	Caffarelli & Com-mdᵗ ordᵉᵘʳ Paris	2nd Lancers and 7th Hussars sent to Breteuil and Senlis, under orders of Gen. Margaron	SHD C15-5
Davout	Lapoype	Lack of harmony between generals at Lille. Harmony must be restored so that internal enemies don't take advantage.	SHD C15-5
Davout	Commdt Sup à Calais	Will lift embargo on fishing boats and smugglers if no relationship with England established and all foreign letters presented	SHD C15-5
Soult - Registre 26	Ney	Announces victory of Ligny, orders to take position or notify if cannot	137AP/18
Soult - Registre 27	Davout	Announces victory of Ligny, the need for troops - three copies	SHD C15-5
Soult	Ney	Napoléon is at Marbais, will support Ney taking Quatre Bras. @Noon	137AP/18
Radet	Soult	Tremendous disorder in Fleurus.	SHD C15-5
Daure	Davout	Evacuation of the injured and enlargement of hospitals	SHD C15-5
Daure	Davout	Lack of surgeons and hospital personnel	SHD C15-5
Daure	Soult	State of the injured in Fleurus	SHD C15-5
Lebel		Morning report about ambulances at GHQ	SHD C15-5

Sender	Recipient	Summary	Original
Ney	Soult	Report to Soult on position of Wellington.	Private
Grouchy	Napoléon	Gembloux occupied. Prussian retreat. Will pursue. 20,000 out of combat at Ligny. @10 p.m. - Copy	SHD C15-5
Grouchy	Vandamme	3rd Corps to march at 6 a.m. the following day to Sart-à-Walhain .	SHD C15-5
Grouchy	Vandamme	Order to continue past Sart à Walhain so that Gen. Gérard can take position behind.	SHD C15-5
Grouchy	Gérard	To order cavalry in Bothey to leave at dawn for Grand-Lez - Copy.	SHD C15-5
Grouchy	Gérard	Request for Gen. Gérard to march, following Vandamme. @10 p.m. - Copy	SHD C15-5
Grouchy	Exelmans	Waiting for orders to march against the Prussians. Pajol in their pursuit in direction of Perwez - Copy.	SHD C15-5
Grouchy	Pajol	Orders to leave June 18 to join M^{al} Grouchy. Push hard on the route to Namur. @10 p.m. - Copy	SHD C15-5
Grouchy		First report from Sart-à-Walhain - Copy	SHD C15-5
Grouchy		Second report from Sart-à-Walhain - Copy	SHD C15-5
Grouchy		Third report from Sart-à-Walhain - Copy	SHD C15-5
Exelmans	Grouchy	Moment on Gembloux. Points occupied by the enemy. Request for light cavalry to help his dragoons - Copy.	SHD C15-5
Bonnemains	Exelmans	Enemy occupied Tourines until 8:30 p.m. Bonnemains awaiting orders - Copy.	SHD C15-5
Pajol	Grouchy	Advantage over the enemy. Will pursue with Teste division. Request help from Subervie's division - Copy.	SHD C15-5
Cappelle		Report of ammunition used by artillery of Guard division.	SHD C15-5
d'Erlon	Ney	Report of I Corps position	137AP/18
Vandamme	Grouchy	Two Prussian Gen. confirm 20,000 men put out of combat at Ligny - Copy.	SHD C15-5
Guyardin	Berthezène	15 men from the 11th division to escort a shipment of goods from Charleroy. @6 a.m.	SHD C15-5
Guyardin	Berthezène	Ordre du Jour - Instructions on submitting posting letters.	SHD C15-5
Guyardin	Berthezène	Ordre du Jour - Distribution of break and spirits to the 3rd corps	SHD C15-5
[LePos/Marioz]		Report on the Battle of June 16, with a state of losses and casualties	SHD C15-5
Berthezène		Report on the attack in and near Fleurus and St Amand	SHD C15-5

Sender	Recipient	Summary	Original
[de Veaux]		Report of losses in the 11th division (3rd Corps) on June 16 (note: accounting error)	SHD C15-5
Domon	Vandamme	Report of 3rd Cavalry Division and 12th Regiment of Chasseurs	SHD C15-5
Dupré	Soult	A detachment of 3rd Lancers destined for Le Quenoy	SHD C15-5
Gazan	Davout	Request for support (personnel) for the subsistence of troops during their march	SHD C15-5
Langeron	Caffarelli	Request pay for gardes (champêtres) sent to arrest deserters	SHD C15-5
Langeron	Col chef état ma. 1st div.	Transport of prisoners	SHD C15-5
Langeron	Col chef état ma. 1st div.	Retired, reformed and former military	SHD C15-5
Langeron	Col chef état ma. 1st div.	Mobilizing Nat'l Guard; no garrison in Laon; request troops from St. Quintin	SHD C15-5
Prefet Aisne	Caffarelli	Conscription hitting its limits, many young men active guards or married	SHD C15-5
Savary	Davout	An officer came to inquire how the Commission of the high police (under Gen. Allix) functioned	SHD C15-5
Dériot	Davout	4 regiments, voltigeurs et tirailleurs will garrison in Laon until they are complete enough.	SHD C15-5
Cafarelli	Davout	Detailed on location of 21st, 25th & 46th line reg't (St Quentin) & 95th (Beauvais) to be sent.	SHD C15-5
Dumonceau	Davout	The enemy left Givet June 16 to go to Namur. 17th line of Belgian custom officers dispersed.	SHD C15-5
Plaige	Davout	Daily report of the troops.	SHD C15-5

Le Gal Bertrand

ordre au M^al Grouchy.

Ordonnez au Gal Domon de se rendre sur le champ à Marbais. Il y sera sous les ordres du Comte de Lobau. il dirigera de détachements sur les 4 chemins, route de Bruxelles, et se réunira par la gauche avec les troupes des 1er et 2e Corps, qui occupent ce matin le village de Frasne et qui doivent aussi marcher sur les 4 chemins, où les Anglais sont supposés être. Ordonnez au Gal Milhaud de se rendre à Marbais. Il aura devant lui la cavalerie légère du Gal Domon. il y trouvera le corps du Cte de Lobau et la Garde. Ligny ce 17 Juin.

Dicté par l'Empereur en l'absence
du Maj G^al L G. M^al
Bertrand

———◆———

17 Juin 1815.

Ordre (de l'Empereur)
au M^al Grouchy.

Ordonnez au Gal Domon de se rendre sur le champ à Marbais. Il y sera sous les ordres du Cte de Lobau. Il dirigera des détachements sur les Quatre chemins, route de Bruxelles, et se réunira par la gauche avec les troupes des 1er et 2e Corps, qui occupent ce matin le village de Frasne et qui doivent aussi marcher sur les Quatre chemins, où les Anglais sont supposés être.

Ordonnez au Gal Milhaud de se rendre à Marbais. Il aura devant lui la cavalerie légère du Gal Domon. Il y trouvera le corps du Cte de Lobau et la Garde.

Ligny, ce 17 Juin.
Dicté par l'Empereur en l'absence du Major-général.

Le Grand Maréchal :
(signé) Bertrand.
Pour copie conforme à l'original communiqué
communiqué par le Comd^t du Casse en Juin 1865.
Le commis chargé du travail :
D. [Haguenin]

Donner l'ordre au Gal Domon de se rendre à Marbais, où il sera sous les ordres du Cte de Lobau ; il enverra des détachements sur les Quatre Chemins, et se liera avec les 1 et 2 corps. - Ordonner au Gal Milhaud de se rendre également à Marbais.

Vu
Le conservateur les archives de Dépôt de la Guerre

17 Juin 1815.

Ordre de l'Empereur. (au M Grouchy.)

Ordre de se porter sur Gembloux. —
Division Teste placée momentanément
sous ses ordres. — Poursuivre l'ennemi
et l'instruire de ses mouvements. —
L'Empereur porte son Quartier g^al aux
Quatre Chemins. — Faire occuper Namur,
s'il est évacué ; précautions à prendre en vue
des mouvements de l'ennemi.

Rendez-vous à Gembloux avec le Corps de cavalerie du Gal Pajol, la
cavalerie légère du 4e Corps, le corps de cavalerie du Général Exelmans, la
division du Gal Teste, dont vous aurez un soin particulier, étant détachée
de son Corps d'armée, et les 3e et 4e Corps d'infanterie. Vous vous ferez
éclairer sur la direction de Namur et de Maëstricht, et vous poursuivrez
l'ennemi. Éclairez sa marche et instruisez-moi de ses mouvements, de
manière que je puisse pénétrer ce qu'il veut faire. Je porte mon quartier
général au Quatre Chemins, où ce matin étaient encore les Anglais. Notre
communication sera donc direct par la route pavée de Namur. Si l'ennemi
à évacué Namur, écrivez au Général commandant la 2e division militaire
à Charlemont de faire occuper Namur par quelques bataillons de gardes
nationales et une batterie des canons qu'il formera à Charlemont. Il donnera
ce commandement à un maréchal de camp.

Il est important important de pénétrer ce que l'ennemi veut faire. Ou il
se sépare des Anglais, ou ils veulent se réunir encore pour couvrir Bruxelles
et Liège, en tentant le sort d'une nouvelle bataille. Dans tous les cas, tenez
constamment vos deux corps d'infanterie réunis dans une lieue de terrain
et occupez tous les soirs une bonne position militaire, ayant plusieurs
débouchés de retraite. Placez des détachements et cavalerie intermédiaire
pour communiquer avec le quartier général.

Ligny, le 17 Juin 1815.
Dicté par l'Empereur en l'absence du Major général.
Le Grand Maréchal
(Signé) Bertrand.
P.C.C. à l'original communiqué
par le Comd^t du Casse en Juin 1865.
Le commis chargé du travail :
D. Huguenin

Vu
Le Conservateur des Archives du Dépôt de
la Guerre :

While recorded in the archives, there are some who doubt this order. Is there any difference in credability between this transcription, and any others provided by Grouchy, when original written orders don't exist?

Ordre de poursuivre les Prussiens. - pour aller 17 juin (1815) à 1 heure après-midi

Vu
Le Conservateur des Archives du Dépôt de la Guerre

Le 17 juin 1815 à 1 heure après-midi.

Ordre verbal donné par l'Empereur au M^{al} Grouchy,

lorsque S.M. quitta le champ de bataille de Ligny pour se porter vers les 4 Bras, le 17 Juin, à une heure après midi.

Mettez vous à la poursuite des Prussiens, complétez leur défaite en les attaquant dès que vous les aurez joints, et ne les perdez jamais de vue. Je vais réunir au Corps du M^{al} Ney les troupes que j'emmène et attaquer les Anglais, s'ils tiennent est de ce côté-ci la forêt de Soignes. Vous correspondrez avec moi par une byte pavée (qu'il montra du doigt, et qui était celle de Namur au Quatre Bras).

P.C.C. à l'imprimé communiqué
par le Comd^t du Casse en Juin 1865.
(imprimé publié par le M^{al} Grouchy en 1843)
Le commis chargé du travail:
D. Huguenin

~~~

MINIST'ERE DE LA GUERRE.
DIVISION.
BUREAU d

Expédié

MINUTE DE LA LETTRE ÉCRITE

par le Ministre

a M^r le M^al Duc de Dalmatie, Major G^al

Le 17 Juin 1815.

M^r le M^al, J'ai l'honneur d'informer V.E. que je donne l'ordre au 1er Corps des Chasseurs Volontaires de la Seine, commandé par M. [Lercaro] et fort d'environ 500 h^m, de partir de Noyon le ~~19~~ 24 Juin pour se rendre à Maubeuge où il arrivera le 28 — ainsi que l'indique l'itineraire dont je joins ici copie.

Je charge le Gal Command la 16e D^on M^re de donner des ordres pour qu'il soit fourni à cette troupe, de l'arsenal de Maubeuge, le nombre de fusils dont il ~~pourra avoir~~ aura besoin p^r complétter son armement./.

~~G...~~

———◦∾◦———

Paris le 17. Juin 1815.

Général, le 1e Corps de chasseurs volantaires de la Seine, commandé par M Lercaro, fort d'Environ 500 hes se trouve maintenant à Noyon.

Donnez l'ordre à cette troupe, de se mettre en marche de cette ville le 24 juin, pour se rendre à Maubeuge, conformément à l'ordre de route ci-joint

Instruisez-moi de l'Exécution de ce mouvement.

Recevez, Général, l'assurance de ma parfaite considération

Le Maréchal Ministre de la Guerre
Prince d'Eckmühl

——————•——————

Ministère de la Guerre
3e Division.
Bureau du Mouvement des Troupes
execute le 19
Expedier de suite les ordres et [avis] [A.C.]

M Le Lieutenant Gal Cte Caffarelli,
aide de camp de L'Empereur, commandt
la 1ere Division Militaire
1er

Le Ministre

à M. le Lt. Gal. Cte. Caffarelli, aide de Camp de L'Empereur, Command la 1ere Don Mre

Le 17 Juin 1815.

Général, Le 1er Corps des Chasseurs Volontaires de la Seine, commandé par M. Lerearo, fort d'environ 500 hommes, se trouve maintenant à Noyon. Donnéz l'ordres à cette troupe, de Se mettre en marche de cette ville le 19 24 Juin, pour Se rendre à Maubeuge, conformément à l'ordre de route cijoint.

Instruiséz moi de l'exécution de ce mouvement./.

——————ᨆ——————

Expédiée

MINISTERE DE LA GUERRE.
DIVISION.
BUREAU d

Expédié

MINUTE DE LA LETTRE ÉCRITE

par le Ministre

a M le Lt Gal Cte Fère, Command^t la 16e D^{on} M^{re}

Le 17 Juin 1815.

Général, Je vous préviens, que j'adresse au 1er Corps des Chasseurs Volontaires de la Seine, commandé par M. Lercaro, fort d'environ 500 h^m, qui se trouve maintenant à Noyon, l'ordre de partir de cette ville le ~~19~~ 24 Juin et de se rendre et ....Maubeuge où il arrivera le 28. Suiv^t l'itineraire dont je joins ici copie.

Comme ce Corps n'est point armé, je vous prie de donner des ordres pour qu'il ~~soit~~ ....lui soit fourni .....de l'arsenal et Maubeuge, le nombre de fusils ~~dont il aura besoin pour~~ ... necessaire pour son l'armement. ... troupe. Instruiséz moi de ~~f.~~ l'arrivée de cette troupe à Maubeuge et des dispositions que vous auréz ordonnées p^r la mettre en bon état./.

———~∾~———

Paris Le 17. Juin 1815.

Général, je vous préviens que le dépôt de 2ᵉ Régiment de Lanciers qui était à Amiens vient de recevoir l'ordre de se rendre à Breteuil et que le Dépôt du 7ᵉ Régiment de hussards qui se trouvait à Abbeville doit en partir le 18 ou août le 19 de ce mois pour se rendre à Senlis. Ces deux dépôts continueront d'être sous les ordres directs du Gᵃˡ Margaron Commandant le Dépôt Gᵃˡ de Cavalerie à Beauvais.

Donnez vos ordres pour faire préparer à l'avance leur établissement à Breteuil et Senlis et instruisez-moi de leur arrivée à ces destinations./.

Recevez, Générale, l'assurance
de ma parfaite considération.
Le Maréchal, ministre de la guerre,
p deckmulh

Ministère de la Guerre
3ᵉ Division.
Bureau du Mouvement des Troupes
En Ecrire à l'ordonnateur et au Gᵃˡ Comᵗ le Depᵗ de l'oise [A.C.]

execute le 19

le Lieutenant Gᵃˡ Caffarelli, Commandᵗ la (1ᵉ) division Militaire à Paris.

MINUTE DE LA LETTRE ÉCRITE

par le Mᵗʳᵉ

a Mʳ le Lieutᵗ Gᵃˡ Cᵗᵉ Caffarelli, Commandᵗ la 1ᵉ Dᵒⁿ Milʳᵉ

Le 17 Juin 1815.

Général, S. E. Je vous préviens que le dépôt de V. Régᵗ de Lanciers qui était à Amiens vient de recevoir l'ordre de se rendre à Breteuil et que le dépôt du 7ᵉ Régᵗ de hussards qui se trouvait à Abbeville doit en partir le 18 ou le 19 de ce mois pour se rendre à Senlis. [...] Ces dépôts continueront d'être sous les ordres directs du Gᵃˡ [Margarous] Commandᵗ le Dépôt Gᵃˡ de Cavⁱᵉ à Beauvais.

Donnez vos ordres pour faire préparer à l'avance ł leurs établissement [de] ces deux dépôts à Breteuil ou Sentis et instruisez-moi de leur arrivée à ces destinations.

MINISTERE DE LA GUERRE.
3ᵉ DIVISION.
BUREAU du Mouvement des troupes

Expédié

A Mʳ le Commdᵗ ordᵉᵘʳ de la 1ʳᵉ Divᵒⁿ Milʳᵉ à Paris
Mʳ l'ordᵉᵘʳ je vous préviens [alors] jusqu'à [ces fins]

17 juin (1815)

16ᵉ
Partie

Mr Le Lt Gal Cte F de Lapoype gouverneur de Lille

Général, ~~ce n'est pas sans~~ j'apprends avec une vive peine ~~que j'apprends~~ que la plus parfaite harmonie ne regne pas entre vous et les autres généraux qui se trouvent à Lille, et qu'entre autres choses on doit attribuer à ce défaut d'harmonie le refus que vous avez fait d'envoyer des colonnes mobiles pour faire rentrer les déserteurs, mesure qui était d'autant plus importante qu'elle pouvait beaucoup contribuer à l'amelioration de l'esprit public dans le départemt du Nord.

~~Général~~, j'en entrerai par ici dans le détail de toutes les difficultés, de tous les de forme, de toutes les petites malentendus discussions qui nuisent si essentiellement à la marche des diverses opérations ; je ne veux ici en appeler qu'à votre dévouement si bien connu à la patrie et à l'Empereur.

Général, les Services [...] que vous avez rendus ne sont point oubliés ~~méconnus~~ ; ~~oubliés~~ ; Ceux qui ~~comme~~ vous connaissent sont convaincus que vous en rendrez de nouveaux, et c'en est un bien important que de savoir, dans certaines circonstances, faire abnégation d'~~un~~ l'amour propre, qui nous est ~~Si~~ naturel ; c'est un sacrifice dont S.M. vous saura le plus gd gré et que ~~c'est ce que~~ je vous demande avec confiance parce que je suis assuré de la pureté de vos intentions. Et parce que l'accord parfait qui régnera entre vous et M les Gaux Gazan et Frère évitera tous les embarras et tous les malentendus dont nos ennemis intérieurs ne manqueraient pas de profiter.

recevez, général, [...] l'ap

MINUTE DE LA LETTRE ÉCRITE

par L'Ministre

Au Commandant Supérieur de Calais

Le 17 Juin 1815

Général, j'ai reçu votre Lettre du 13 de ce mois, relative à l'embargo que vous avez mis Sur le port de Calais. ~~Comme~~ cette mesure ~~a été également appliqué au port de Dunkerque et qu'elle~~ a donné lieu à des réclamations de la part des armateurs des bateaux de Pêche et j'ai cru devoir leur accorder des facilités ; vous trouverez ci-joint copie de la lettre que je leur ai ecrite a ce sujet + ~~je vous adresse copies de la lettre que j'ai écrite à ce sujet. En commandant de cette place où ces armateurs~~ ; elle vous ~~indiquera les facilités que vous pourrez en disposer la pêche et la condition qui y est mise~~

Cependant avant d'étendre cette faveur aux pêcheurs de votre arrondissement, vous devrez, comme condition expresse, exiger que les armateurs des bateaux de pêche vous donnent leur parole d'honneur de se borner au commerce de la pêche et de ne facilitèrent aucune manière les communications avec l'étranger ou de Vendée. Vous ferez de concert avec les autorités locales des règlements sévères qui [tout en regularisant] l'usage de la faveur que j'accorde, garantissent [...] cependant que les bateaux pêcheurs ne ~~seront~~ serviront pas à établir des relations avec l'Angleterre et les mauvais Français de l'intérieur. La moindre infraction à cet égard la parole donnée à cet égard par les armateurs, devra faire révoquer sur le champ les facilités accordées pour la pêche et rétablir l'embargo sous toute sa sévérité. Quant aux Smogleurs qui exportent les Guinées d'Angleterre et qui en apportent les journaux, il ne doivent pas être l'objet d'une moindre surveillance. ~~vous [...]~~ il n'y a pas de doute qu'on en abusera et que les malveillans entretiendront, par ce moyen, des correspondances dangereuses, cependant l'importance de ce commerce doit déterminer à ~~à leur accorder L'~~ autoriser la continuation de leurs voyages. ~~Comme il est toutefois essentiel de prévenir les abus que ce genre de communications pourrait occasionner~~, Mais afin de prévenir les abus que ce gendre de communication pourrait occasionner, faites vous remettre toutes les Lettres, journaux et paquets dont ces passagers seront porteurs ; ~~et qu'ils que~~ les armateurs de ces bateaux vous ~~[egalement donner ... comme des bateaux de pêche]~~ devront vous donneront également leur parole d'honneur, ainsi que le maire de Calais et les négociants qui font ce commerce ~~du charge qu'il~~ de ne recevoir aucunes Lettres de l'étranger sans vous les représenter. Vous connaitrez par là les personnes qui correspondent avec l'Angleterre et tout en évitant de porter aucune atteinte au Secret ~~de la~~

de leur correspondance, vous serez à même d'en arrêter le cours Si vous avez des doutes sur leur conduite ou leur opinion politique.

Vous saurez, Général, faire apprécier aux habitants de Calais ~~cette~~ la marque de la confiance que le Gouvernement + accorde aux armateurs des Bateaux de Pêche et aux Smogleurs. Profitez de cette circonstance pour électriser les citoyens de cette ville, et les rappeler les ~~d'un~~ par une proclamation à cet amour de la Patrie et de l'honneur dont ils ont donné dans tous les Temps de grandes preuves. Calais est une des villes les plus illustres sous ce rapport./.

———— ∾ ————

Fleurus, le 17 juin 1815

Monsieur le maréchal, le général Flahaut, qui arrive à l'instant, fait connaitre que vous êtes dans l'incertitude sur les résultats de la journée d'hier. Je crois cependant vous avoir prévenu de la victoire que l'empereur a remportée. L'armée prussienne a été mise en déroute et le général Pajol est à sa poursuite sur les routes de Namur et de Liège. Nous avons déjà plusieurs milliers de prisonniers et trente pièces de canon. Nos troupes se sont bien conduites ; une charge de six bataillons de la garde, des escadrons de service et la division de cavalerie du général Delort ont percé la ligne ennemie, porté le plus grand désordre dans les rangs et enlevé la position.

L'Empereur se rend au moulin de Bry, où passe la grande route qui conduit de Namur aux Quatre Bras ; il n'est donc pas possible que l'armée anglaise puisse agir devant vous; si cela était, l'Empereur marcherait directement sur elle par la route des quatre bras, tandis que vous l'attaqueriez de front avec vos divisions, qui, à présent, doivent être réunies, et cette armée serait dans un instant détruite. Ainsi, instruisez Sa Majesté de la position exacte des divisions et de tout ce qui se passe devant vous. L'Empereur a vu avec peine que vous n'ayez pas réuni hier les divisions ; elles ont agi isolément. Ainsi, vous avez éprouvé des pertes.

Si les corps des comtes d'Erlon et Reille avaient été ensemble, il ne réchappait pas un Anglais du corps qui venait vous attaquer. Si le comte d'Erlon avait exécuté le mouvement sur Saint Amand que l'empereur avait ordonné, l'armée prussienne était totalement détruite et nous aurions fait peut-être trente mille prisonniers.

Les corps des généraux Gérard, Vandamme et la garde impériale ont toujours été réunis ; l'on s'expose à des revers lorsque des détachements sont compromis.

L'empereur espère et désire que vos sept divisions d'infanterie et la cavalerie soient bien réunies et formées, et qu'ensemble elles n'occupent pas une lieue de terrain, pour les avoir bien dans votre main et les employer au besoin.

L'intention de Sa Majesté est que vous preniez position aux Quatre Bras, ainsi que l'ordre vous en a été donné ; mais, si, par impossible, cela ne peut avoir lieu, rendez-en compte sur-le-champ avec détail, et l'empereur s'y portera ainsi que je vous l'ai dit; si, au contraire, il n'y a qu'une arrière-garde, attaquez-la et prenez position.

La journée d'aujourd'hui est nécessaire pour terminer cette opération et pour compléter les munitions, rallier les militaires isolés et
faire rentrer les détachements. Donnez des ordres en conséquence
et assurez-vous que tous les blessés sont pansés et transportés sur
les derrières; l'on s'est plaint que les ambulances n'avaient pas fait
leur devoir.

Le fameux partisan Lützow, qui a été pris, disait que l'armée prussienne
était perdue et que Blücher avait exposé une seconde fois la monarchie
prussienne.

Le Maréchal d'Empire
Major Général
duc de dalmatie

Le Maréchal Prince de la Moskowa

Fleurus, le 17 juin 1815

Monsieur le Maréchal,

J'ai annoncé hier du champ de bataille de Ligny à S.A.I. le 7prince Joseph la victoire signalée que l'Empereur venait de remporter. je suis rentré avec S.M. à 11 heures du soir et il a fallu passer la nuit à soigner les blessés <u>car les ambulances sont si mal organisés et manquent tellement soit de personnel soit d'autres objets indispensables, qu'on ne peut compter sur Elles.</u>

L'Empereur remonte à cheval pour suivre les succès de la bataille de Ligny. On s'est battu avec acharnement & le plus grand enthousiasme de la part des troupes; nous étions un contre trois, à 8 heures du soir, l'Empereur a marché avec sa garde; six bataillons de Vieille Garde, les Dragons & Grenadiers à Ch^{al} et les cuirassiers du général Delort ont débouché par Ligny et ont exécuté une charge qui a partagé la ligne ennemie, Wellington et Blücher ont eu peine à se sauver. Cela a été comme un effet de théatre, dans un instant, le feu a cessé et l'ennemi s'est mis en déroute dans toutes les directions. Nous avons déjà plusieurs milles prisonniers et 40 pièces de canon. Le 6e & le 1er corps n'ont pas donné. <u>Le Cte d'Erlon a eu des fausses reur avait prescrit, l'armée prussienne était entièrement perdue.</u> L'aile gauche s'est battue contre l'armée anglaise & lui a enlevé du canon et des drapeaux.

La nuit prochaine je vous donnerai d'autres détails, car à chaque instant on nous annonce des prisonniers. Notre perte ne parait pas énorme puisque sans la connaitre je ne l'évalue pas à plus de 3,000 hommes, mais c'est le moment de nous envoyer des troupes et de faire passer la levée de Deux cent mille hommes. Je viens de donner ordre à 10 bataillons des garnisons de la 16e Div^{on} M^{re} de se réunir sur le champ à Avesnes pour être employés à l'Escorte des prisonniers ou pour en disposer. Je vous prie de donner des ordres pour faire accélérer leur réunion et de prescrire qu'on choisisse ceux qui sont les mieux complets & le mieux en état. Il sera nécessaire d'y mettre des Généraux & des Officiers supérieurs. Si on excite ces bataillons tous voudront marcher, déjà l'Empereur a reçu plusieurs demandes à ce sujet: l'on doit profiter de cet enthousiasme. il faut toujours en France profiter du premier moment : d'ailleurs cette augmentation de moyens fera du bien et assurera de nouveaux succès.

Recevez, Monsieur le Maréchal, la nouvelle assurance
de ma plus haute considération

Le Maréchal d'empire
Major Général.
duc de dalmatie

classer [R..]

P.S. L'armée est formée sur la Grande route de Namur à Bruxelles où l'Empereur se rend en ce moment. Le dernier rapport du Gal Pajol est daté de Mazi : et la gauche dans la direction des Trois Bras. [Cls]

———•———

S.E. le Ministre de la Guerre.

Extr. Du livre d'ordres imprimé du M Soult.

Insuffisance des ambulances pour les soins à donner aux blessés. Détails sur la bataille de Ligny. Demande de renforts ; on doit profiter de l'enthousiasme qu'a produit cette victoire pour augmenter les moyen d'obtenir de nouveaux succès. L'Empereur se porte vers Bruxelles.

Fleurus, 17 Juin (1815)

Le M^al duc de Dalmatie, major G^al au Ministre de la Guerre.

J'ai annoncé hier le champ de Bataille de Ligne à S.A.I. le prince Joseph la victoire signalée que l'Empereur venait de remporter. Je suis rentré avec sa majesté à 11 heures du soir et il a fallu passer la nuit à soigner les blessés, car les ambulances sont si mal organisées et manquent tellement du personnel et d'autres objets indispensables qu'on ne peut compter sur elles.

L'empereur remonta à cheval pour suivre les succès de la bataille de Ligny. On s'est battu avec acharnement et le plus grand enthousiasme de la part des troupes ; nous étions un contre trois. À huit heures du soir, l'Empereur a marché avec sa Garde, six bataillons de vieille Garde, les dragons et les grenadiers à cheval, et les cuirassiers du Gal Delort ont débouché par Ligny, et ont exécuté une charge qui a partagé la ligne ennemi. Lord Wellington et Blücher ont eu de la peine à se sauver. Cela a été comme un effet des théâtres ; dans un instant le feu a cessé et l'ennemi s'est mis en déroute dans toutes les directions. Nous avons déjà plusieurs milles prisonniers et 40 pièces de Cannes. Le 6e est le 1er Corps n'ont pas donné. Le Cte d'Erlon a eu de fausses directions, car s'il eut exécuté l'ordre de mouvement que l'empereur avait préscrit, l'armée prussienne était entièrement perdue.

L'aîle gauche s'est battue contre l'armée anglaise, il lui a enlevé des canons et des drapeaux.

La nuit prochaine, je veux donnerai d'autres détails car à chaque instant on nous annonce des prisonniers.

Votre perte ne paraît pas énorme puisque sans la connaître, je ne l'évalue pas à plus de 3 mille hommes, mais c'est le moment de nous envoyer des troupes et de faire passer la levée de 200 000 hommes. Je viens de donner l'ordre a dit bataillons des garnisons de la 16e division militaire de se réunir sur le champ à Avesnes, pour être employé à l'escorte les prisonniers, ou pour en disposer.

Je vous prie de donner des ordres pour faire accélérer leur réunion, et de prescrire qu'on choisisse ceux qui sont les plus complets et le mieux en état ; il sera nécessaire d'y mettre des généraux et des officiers supérieurs. Si on excite ces bataillons, tous voudront marcher. Déjà l'Empereur a reçu plusieurs demandes à ce sujet ; l'on doit profiter de cet enthousiasme. En France, c'est toujours le moment qu'il faut choisir ; d'ailleurs, cette augmentation de moyens fera du bien et assurera de nouveaux succès.

P.-S. L'armée est formée sur la grande route de Namur à Bruxelles, où l'Empereur se rend en ce moment. Le dernier rapport du Gal Pajol est daté de Mazy, et la gauche dans les directions des Trois-bras.

P.C.C. au registre de corresp^ce du M^al duc de Dalmatie ; texte imprimé - communiqué par le commd^t du Casse en Juin 1865.
Le commis chargé du travail :
D. Huguenin

Vu

Le Conservateur des Archives du Dépôt de la Guerre:

A truncated copy of Soult's letter to Davout
Ministère de la Guerre
Armée du Nord

~~Copie~~ Extrait d'une

Lettre du Major Général au Ministre de la Guerre.

Fleurus le 17 Juin 1815.

M. le Maréchal,

J'ai annoncé hier du champ de Bataille de Ligny à [SAI] Le Prince Joseph, la victoire signalée que l'Empereur venait de remporter. Je suis rentré avec S.M. à onze heures du soir et il a fallu passer la nuit a Soigner les blessers. L'Empereur remonte à cheval pour suivre les succès de la Bataille de Ligny. On s'est batti avec acharnement et le plus grand enthousiasme de la part des troupes. Nous étions un contre trois. a huit heures du soir l'Empereur a marché avec sa garde. Six Bataillons, de vieille garde, les Dragons & grenadiers a Cheval ; et les cuirassiers du général [Delors] ont débouché par Ligny, et ont éxécuté une charge qui a partagé la Ligne ennemie. Wellington et Blücher ont eu peine à se sauver cela a été comme un effet de theâtre. Dans un instant le feu à cessé et l'Ennemie fut mis en déroute dans toutes les directions. nous avons déjà plusieurs milliers de prisonniers et 40 pièces de canon les 6e et 1er Corps n'ont pas donné l'aile gauche s'est battue contre l'Armée anglaise et lui a enlevé du canon et des drapeaux.

La nuit prochaine je vous donnerai d'autres détails car à chaque instant on nous annonce des prisonniers. Notre perte ne me paraît pas énorme, puisque sans la connaitre je ne l'evalue pas à plus de 3000 hommes.

Signé : Le Mal Duc de Dalmatie
Pour Copie conforme,
Le Secrétaire général du Ministère
B Marchand

en avant de Ligny le 17 juin,à midi.

Monsieur le Maréchal l'Empereur vient de faire prendre position en avant de Marbais à un corps d'infanterie et à la garde impériale; S. M. me charge de vous dire que son intention est que vous attaquiez les ennemis aux 4 Bras, pour les chasser de leur position, et que le corps qui est à Marbais secondera vos opérations, S. M. va se rendre à Marbais et elle attend vos rapports avec impatience.

Le maréchal d'Empire, Major Général
duc de dalmatie

[?] M. le P^{nc} de la Moskowa

Writen on the back

à.le M. le Prince de la Moskowa
[4e] Corps d'armée,
à Gosselies

Major Général

—∿∿—

Rapport à Son Excellence le major général,

Monseigneur,

Le désordre a été à son comble toute la nuit ; la garde, tant à pied qu'à cheval et artillerie n'a pas discontinué de piller. L'on ne voyait, l'on n'entendait que portes et fenêtres caissées, qu'armoires, comptoires et coffres dévalisés, tant chez les habitants qui avaient soigné nos blessés et donné de bon coeur ce qu'ils avaient, que dans les maisons isolées dont on avait fait fuir les propriétaires.

Il n'a pas été possible de trouver aucun Général de la garde pour l'exécution de vos ordres ; il m'a été rapporté qu'ils se font garder chez eux, notamment le général Morand, par la gendarmerie d'élite. J'ai écrit à ce dernier et ma lettre m'a été remise ce matin à trois heures en rentrant chez moi.

J'ai mis toute la gendarmerie sur pied, j'ai été à sa tête toute la nuit pour la faire servir, elle avait arrêté plusieurs hommes de la garde pris en flagrant délit, j'en ai arrêté moi même deux, mais tous ont été enlevés de vive force du lieu où quatre gendarmes les gardaient.

À l'exception de quelques officiers de la garde, que j'ai trouvé dans les logements et forcés de me seconder, mais qui ont été méconnu, aucun officier supérieure de la garde n'a paru pour empêcher le désordre.

La gendarmerie a été insultée, menacée et battue, on lui a même enlevé deux chevaux à son piquet; pendant qu'elle courait à pied pour rétablir l'ordre au nom de l'honneur, de la Patrie et de l'Empereur, Monseigneur, faites cesser le désordre, sans quoi je préfère me faire tuer à la tête de quelques uns de mes braves, à me [désonhorer] comme grand Prévôt.

Je vous conjure, Monseigneur, d'ordonner que chaque arme et chaque corps, dans les quartiers généraux et cantonnements, soient tenues de donner main forte à la gendarmerie, de faire des patrouilles pour le maintien de l'ordre et même de faire battre la générale quand le désordre l'exige, car la cause sacrée n'a pas de plus cruel ennemie que le désordre.

Si le Commandant du Grand quartier Général avait exigé du maire et fait publier que tous les habitants illuminassent et missent de l'eau et de la bierre sur leurs fenêtres, il aurait fallu peu de patrouilles, et peut être la gendarmerie aurait elle suffi pour maintenir l'ordre, mais je suis rentré trop tard. J'en écris au général [Lebel] pour qu'il le fasse désormais et qu'il prenne les mesures coercitives que les circonstances exigeront.

Il a été donné des ordres à ce sujet au G^{al} [Lebel]

le 17 Juin ——

Que Votre Excellence m'envoie de ma personne pour maintenir l'ordre lorsque nous aurons à traverser ou à nous établir dans quelques villes d'importance, et je réponds de tout si je suis secondé.

Je vais m'occuper de moyens de faire transporter mes blessés. Six patrouilles de gendarmerie parcourent en ce moment le champ de bataille pour réunir les prisonniers, les blessés et les armes.

Les équipages et les Bagages du Grand quartier Général sont parqués en arrière de fleurus. Le vaguemestre Général en a rendu compte.

Il n'y a point de vaguemestre Général pour la garde, j'en écrit au général Drouot.

Le lieutenant Général, Grand Prévôt,

B Radet

———～～———

Intendance générale.
Bureau des hopit^x
9e D^on

Quartier-Général à Fleurus le 17. Juin 1815.

Monseigneur,

Votre Excellence est certainement déjà informé de la victoire signalée remportée hier par l'armée de S.M. l'empereur sur celle des Prussiens et des Anglais réunis ; Elle doit savoir aussi que l'ennemi supérieur en nombre et occupant de fortes positions, il a fallu combattre avec opiniatreté pour les lui enlever ; il en est résulté un assez grand nombre de blessés.

Ces blessés ont été enlevé hier et aujourd'hui du champ de bataille où des ambulances des divers corps d'armée. tous ceux qui étaient en état de marcher ont été dirigés sur Charleroi dès hier, aujourd'hui on s'occupe de faire évacuer sur le même point les blessés qui ne peuvent marcher. De Charleroy les évacuations seront dirigées, moitié sur la 2de division par Philippeville, moitié sur la 16 par Maubeuge et Avesnes. j'en ai déjà donné avis aux commiss^res ordonnateurs de ces deux divisions, et je les ai invités à prendre les mesures les plus promptes pour que les malades à leur arrivée sur le territoire francais trouvent tous les secours que leur état exige et soient répartis dans les hopitaux déjà formés, mais j'ai tout lieu de craindre que ces établissements soient insuffisans, l'armée étant à la poursuite de l'ennemi, on croit s'attendre prochainement à de nouveaux combats et par conséquence à une augmentation de blessés ; d'un autre coté, si le temps pluvieux qui règne ici dure encore quelque jours nous aurons aussi des fièvraux. Votre Excellence sentira d'après cela combien il est important que les augmentations d'hopitaux qu'elle a déjà prescrite dans les 2. et 16. d^ons recoivent promptement leur exécution. Je ne puis que la supplier de vouloir bien ordonner à cet égard les mesures qu'elle jugea les plus promptes et les plus efficaces.

Daignez, Monseigneur, agréer l'hommage de mon respect.

L'Intend Général.
Daure

S. E. de Ministre de la Guerre.

IV-427

Bureau des hopitaux.
9ᵉ division./.

Monseigneur,

L'armée manque de chirurgiens ; l'insuffisance de ceux qu'elle a s'est fait sentir d'une manière pénible hier et aujourd'hui ; les ambulances du quartier général où arrivait la plus grande partie des blessés n'avait que 15 chirurgiens ; il en est résulté que beaucoup de blessés n'ont pû être encore pansés.

J'aurai désiré pouvoir placer des chirurgiens dans les places des gites où passent les évacuations, je ne l'ai pû.

Je renouvelle à V.E. la demande que j'ai déjà eu l'honneur de lui faire pour l'augmentation du personnel de l'armée en officiers de santé. Je la supplie de vouloir bien faire partir le plus tôt possible en poste cent chirurgiens que je lui ai demandés.

Nous manquons aussi d'employés d'hôpitaux, je prie V.E. de faire diriger de suite sur le quartier général ceux que je lui ai demandés.

Agréez, Monseigneur, l'assurance de mon profond respect.

L'intendᵗ Gˡ
Daure ./.

S.E. le Ministre de la Guerre.

Quartier Général à Fleurus le 17 juin 1815

Intendance générale.
~~Bureau du Personnel.~~
hopitaux

Monsieur le maréchal,

Je n'ai encore reçu que des rapports verbaux sur le nombre de blessés qu'a produit la Bataille d'hyer. je ne pourrai le connoitre exactement que lorsque MM. les ordonnateurs des corps d'armée m'auront envoyé les états numériques des blessés qui ont été reçus aux ambulances de chaque Division. j'ai envoyé un Commissaire de guerre auprès de chaque Corps d'armée pour recueillir ces renseignements, aussitot que je les aurai reçus je m'empresserai d'en adresser le résultat à Votre Excellence.

En attendant je dois lui faire connoitre que le nombre des Blessés qui ont été reçus & Pansés dans les cinq ambulances établies ici, s'élève à environ 1600 ; sur lesquels près de 800 blessés légèrement ont déjà été évacués sur Charleroy ; nous en avons encore dans ce moment 7 à 800, mais il en arrive encore. J'ai envoyé sur le champ de bataille des Commissaires de Guerres avec des voitures pour enlever les blessés qui n'ont pu l'être hier.

J'ai donné des ordres pour qu'il soit fait ce matin une nouvelle visite de tous les blessés qui sont ici, afin de faire filer de suite sur Charleroy & Avesnes ceux qui peuvent marcher. Je ferai Evacuer dans la journée sur des voitures ceux qui sont transportables.

Un rapport que j'ai reçu ce matin du Commissaire des Guerres que j'ai laissé à Charleroy m'annonce que tous les blessés qui y sont déjà arrivés hier y ont été placés, & qu'il a pris des Dispositions pour recevoir convenablement tous ceux qui lui arriveront encore aujourd'huy.

Daignez agréer, Monseigneur, l'hommage de mon respect,

L'intendant général,
Daure

A son Excellence Le major Général.

Rapport du 17 Juin au Matin

Il Existe dans la ville de fleurs Cinq ambulances dont une destinée à la Garde Imp

Ambulance de la Garde Imp
- Officiers. 2
- S^s off^{rs} Et Soldats. . . . . .55 . . . . . .} 57

Dans les Quatre autres ambulances
- Officiers. 78
- S^s off^{rs} Et Soldats. . . . . . . .1521 . . . . .} 1599

Total 1666

Evacués sur Charleroÿ
- Officiers. 33
- S^s off^{rs} Et Soldats. . . . . . . .387. . . . . .} 420
- Total des Blessés connu
  Jusqu'à ce moment. . . . . 2,076.

Tous les Blessés ont reçu hier du Bouillon, ils en recevront encore ce matin.

Les ambulances du grand quartier G^{al} manquent D'officiers de Santé ainsi que D'Infirmiers.

Le Maréchal du Camp Comd^t Le Grand q^{er} G^{al}

Lebel

<u>Galerie ARTS ET AUTOGRAPHES, 18 June 2015</u>

Waterloo a été la fin d'un règne, la fin d'une époque. La France s'est tournée vers un autre destin. Celui qui avait inventé l'Europe avant tout le monde perdait son avenir et ses rêves.

Le 17 juin, la veille de la bataille de Waterloo, le Maréchal Ney écrivait une lettre « cérémonieuse » au moment de charger avec sa cavalerie… On n'était plus dans le contexte des conquêtes, déjà l'amorce de la fin se profilait. Il n'y a qu'à lire cette lettre extraordinaire pour le comprendre. Chaque mot a son importance.

Lettre signée, adressée au maréchal SOULT, duc de Dalmatie. Frasne, le 17 juin 1815 ; 1 page in-4° avec adresse et contreseing manuscrit.

À LA VEILLE DE WATERLOO : Extraordinaire missive de Ney :

« L'ennemi présente plusieurs colonnes d'infanterie et de cavalerie qui semblent vouloir prendre l'offensive. L'infanterie du comte d'Erlon est enfin réunie ; je tiendrai avec elle et la cavalerie du général Roussel, jusqu'à la dernière extrémité et, espère même repousser l'ennemi jusqu'à ce ce que Sa Majesté m'ait fait connaître sa détermination dans ces circonstances. Je ferai prendre une position intermédiaire aux troupes du comte Reille. Je vous renouvelle, Monsieur le Maréchal, l'assurance de ma haute considération. Le M^al P^ce de la Moskowa. Ney ».

Gembloux, le 17 (juin 1815), à dix heures. (du soir.)

Le M^{al} Grouchy à l'Empereur.

Sire,

J'ai l'honneur de vous rendre compte que j'occupe Gembloux, et que ma cavalerie est à Sauvenière. L'ennemi, fort d'environ trente mille hommes, continue son mouvement de retraite. On lui a saisi ici un parc de 400 bêtes à cornes, des magasins, et des bagages.

Il parait, d'après tous les rapports, qu'arrivés à Sauvenière, les Prussiens se sont divisés en deux colonnes : l'une a dû prendre la route de Wavres, en passant par Sart-à-Walhain ; l'autre colonne parait s'être dirigée sur Perwez.

On peut peut-être en inférer qu'une partie va joindre Wellington, et que le reste, qui est l'armée de Blücher, se retire sur Liège, une autre colonne, avec de l'artillerie, ayant fait son mouvement de retraite par Namur.

Le Gal Exelmans a ordre de pousser ce soir six escadrons sur Sart-à-Walhain, et trois escadrons sur Perwez. D'après rapports, si la masse principale des Prussiens se retire sur Wavres, je les suivrai dans cette direction, afin qu'ils ne puissent pas gagner Bruxelles et de les séparer de Wellington.

Si au contraire mes renseignements prouvent que la principale force prussienne a marché sur Perwez, je me dirigerai par cette ville à la poursuite de l'ennemi.

Les G^{aux} Thielmann et Borstell faisaient partie de l'armée que Votre Majesté a battue hie ; ils étaient encore ce matin à 10 heures ici, et ont avoué que vingt mille hommes avaient été mis hors de combat. Ils ont demandé en partant les distances de Wavre, Perwez et Hannut.

Blücher a été blessé légèrement au bras, ce qui ne l'a pas empêché de continuer à commander, après d'être fait panser. Il n'a point passé par Gembloux.

Je suis avec respect, de Votre Majesté, Sire, le fidèle sujet,

P.C.C. à l'original communiqué
par le Comd^t du Casse en Juin 1865.
Le commis chargé du travail :
D. Huguenin

Occupe Gembloux. — Directions prises par les Prussiens dans leur mouvement de retraite. — Va se mettre à leur poursuite du côté de Wavre ou de Perwez, selon les derniers rapports qu'il recevra. — Ils avouent avoir eu 20 mille hommes hors de combat à Ligny.

Vu

Le Conservateur des Archives du Dépôt de la Guerre :

Gembloux, le 17 juin

Ainsi que nous en sommes convenus, mon cher général, je désire que vous vous mettiez en marche demain à six heures et que vous vous portiez sur Sart-à-Walhain. Vous serez précédé de la Cavalerie du Gal Exelmans et suivi du corps du Général en Chef Gérard.

Le Général Pajol a ordre de marcher de Mazy, route de Namur, où il est en ce moment sur Grand-Léz où il recevra une nouvelle direction d'après celle que nous suivrons nous-mêmes. — Agréez, mon cher Général les assurances de ma haute considération et de mon sincère attachement.

Le Maréchal
Cte de Grouchy

Au L. Gal Cte Vandamme, com en chef le 3eme corps

———————•———————

Gembloux, le 17 Juin 1815.

Au Lt Gal Cte Vandamme, C^t en chef le 3e Corps. (armée du Nord.)

Copy

3e Corps
Copie.
L'original est joint

Ainsi que nous en sommes convenus, mon cher Général, je désire que vous vous mettiez en marche demain matin à six heures et que vous vous portiez sur Sart à Walhain. Vous serez précédé de la cavalerie du Gal Exelmans et suivi du corps du G^al en chef Gérard.

Le Gal Pajol a ordre de marcher de Mazy, route de Namur, où il est en ce moment, sur Grand -Lis Lez, où il recevra une nouvelle direction d'après celle que nous suivrons nous-mêmes.

Agréez, mon cher Général, les assurances de ma haute considération et de mon sincère attachement.

Le Maréchal
(Signé) Cte de Grouchy.

P.C.C. à l'original qui existe dans la correspondance de l'armée du Nord pendant les Cent-jours.
D. Huguenin
Commis attaché aux Archives du Dépôt de la Guerre

Gembloux, le 17 juin, 1815.

J'avais oublié de vous prier, mon cher Général, de dépasser Sart-à-Walhain avec votre corps d'armée, afin que le Général Gérard puisse prendre position en arrière. Je pense que nous nous posterons plus loin que Sart-à-Walhain : Ce sera donc plutôt une halte qu'une position définitive.

Mille amitiés.   Le maréchal
Cte de Grouchy

Général en Chef Cte Vandamme.

Gemblousse [sic], le 17 juin 1815

Le M^al Grouchy au Gal Gérard.

Veuillez, mon cher Général, envoyer l'ordre à votre cavalerie qui est restée à Bothey d'en partir demain à la petite pointe du jour pour se porter à Grand-Lez. Elle ne devra pas passer par Gembloux, que dans son mouvement elle laissera sur sa gauche; l'ennemi se retirant sur Perwez-le-Marché. Votre cavalerie se ralliera à nous dans notre mouvement de demain matin, qui sera dans cette direction, mais il est nécessaire que cette cavalerie parte demain de très bonne heure, afin d'arriver à temps pour que nous la rallions quand nous serons à hauteur de Grand-Lez. Faites-moi le plaisir de m'envoyer un officier de votre état-major, qui vous reportera l'ordre de mouvement pour demain; je l'expédierai aussitôt que j'aurai reçu le rapport d'Exelmans.

Mille amitiés,

P.C.C. à la minute communiquée
par le Comd^t du Casse en Juin 1865.
Le commis chargé du travail :
D. [Huquenin]

La cavalerie devra partir le 18 au matin pour Grand-Lez, où elle sera ralliée par le M^al Grouchy dans son mouvement sur Perwez, direction prise par les Prussiens.

Ici est écrit au crayon: Cet ordre est écrit de la main du Chef d'Etat-major le Sénécal

Vu
Le Conservateur des archives du Dépôt de la Guerre

Gembloux, le 17 juin 1815, à 10 heures du soir.

Le M^al Grouchy au Gal Gérard

Je désire, mon cher Général, que vous vous mettiez en marche demain, 18 du courant, à 8 heures du matin. Vous suivrez le corps du Gal Vandamme, et nous nous porterons d'abord sur Sart-à-Walhain. Les renseignements ultérieurs que je recueillerai et les rapports de mes reconnaissances sur Perwès et Sart-à-Walhain règleront ma marche ultérieure.

Voulez-vous bien faire donner, à raison du mauvais temps, double ration d'eau de vie aux troupes sous vos ordres.

Signé Le M^al Grouchy,
P.C.C. à la l'imprimée du M^al
Grouchy communiqué par le Comd^t
du Casse en Juin 1865.
Le commis chargé du travail :
D. Huguenin

———◆———

Lettre du M^al Grouchy au Gal Gérard

Gembloux, le 17 juin 1815,
à dix heures du soir.

Je désire, mon cher Général, que vous vous mettiez en marche demain, 18 du courant, à 8 heures du matin. Vous suivrez le corps du Gal Vandamme, et nous nous porterons d'abord sur Sart-à-Walhain. Les renseignements ultérieurs que je recueillerai et les rapports de mes reconnaissances sur Perwès et Sart-à-Walhain règleront ma marche ultérieure.

Voulez-vous bien faire donner, à raison du mauvais temps, double ration d'eau de vie aux troupes sous vos ordres.

(Signé) Le Maréchal Grouchy,

Certifié conforme à la pièce
imprimée dans l'ouvrage intitulé
Le M^al Grouchy du 16 au 19 Juin 1815
par le G^al M^[is] de Grouchy (1864).
Le [C D. W.]

———〰———

Se mettre en marche le 18 à 8 heures du matin et suivre le Corps du Gal Vandamme, pour se partir d'abord sur Sart-à-Walhain.

Vu
Le Conservateur des Archives du Dépôt de la Guerre :

Double

[penille] par l'auteur ? Par [sescuves] contraires.

Cette lettre n'a pas été reçue par le Gal Giroud ⸗⸗⸗ Cte de Pontécoulant

Gembloux, le 17 Juin 1815, à 7 heures du soir.

Lettre du M^{al} Grouchy au Gal Exelmans

Mon cher Général, j'arrive ici avec les corps de Vandamme et de Gérard. Donnez-moi de vos nouvelles en toute hâte, afin que je règle mes mouvements d'après votre rapport et la marche de l'ennemi, qui se retire par divers chemins, et a pris, m'assure-t-on, la route de Perwez-le-Marché et Leuze. Il est poursuivi dans cette direction par le général Pajol, qui espère arriver ce soir à Leuze. Il faut demain que nous le talonnions de très près. Je mettrai donc Vandamme en marche à la petite point du jour et me lierai à vous.

Vos misères pour vous garder vont finir, puisque je commande l'aile droite de l'armée et disposerai d'infanterie et de cavalerie légère à mon gré.

Répondez-moi promptement et donnez moi le plus de détails que vous pourrez quant au mouvements de Prussiens, afin que je les transmette à Sa Majesté, ui attaque aujourd'hui Wellington, s'il est encore aux Quatre Bras.

Pajol a pris ce matin huit pièces, beaucoup de bagages et bon nombre de prisonniers.

P.C.C. à la minute communiquée par le Comd^t du Casse en Juin 1865.

Le commis chargé du travail :
D. Huguenin

Attend son rapport pour régler sa marche contre les Prussiens, qui se retirent, dit-on, sur Perwez. — Le Gal Pajol les poursuit dans cette direction. — Il ne manquera plus de moyens pour se garder.

Vu
Le Conservateur de sArchives du Dépôt de la Guerre:

Gembloux, le 17 juin, 10 h. du soir

Le M^al Grouchy au Gal Pajol, à Mazy.

Veuillez, mon cher Général, partir demain 18 du courant, à la pointe du jour, de Mazy, et vous porter avec votre corps d'armée et la division Teste à Grand-Lez, où je vous transmettrai de nouveaux ordres.

Je marche à la suite de l'ennemi, qui avait encore une trentaine de mille hommes ici à midi. Je me dirige sur Sart-à-Walhain, mais suivant les renseignements que je recueillerai dans la nuit et les vôtres, peut-être rabattrai-je sur Perwez-le-Marché.

Aussitot que vous serez arrivé à Grand-Lez, liez vous avec moi par des partis, et me donnez de vos nouvelles.

L'Empereur me prescrivant d'éclairer la route de Namur et de savoir ce qui s'est retiré sur cette ville, poussez-y une très forte reconnaissance bien commandée, qu'elle tâche d'aller jusques à Temploux, s'il est possible ; qu'elle sache ce qui y a passé en infanterie, cavalerie et artillerie, et si Namur est évacué. De Temploux, elle pourra vous rejoindre à Grand-Lez par le chemin le plus court, et sans revenir à Mazy.

Je désire aussi que vous vous portiez sur Grand-Lez, sans revenir passer à Gembloux, que vous trouveriez encombré ; allez donc par la route directe qui sera toujours aussi bonne que celle que nous avons suivie. Vandamme a donné ordre à Subervie de vous rejoindre ; ne l'a-t-il donc pas fait ? Renvoyez-moi deux officiers et de vos nouvelles, en m'accusant réception de la présente.

Mille amitiés,
P.C.C. à la minute communiquée
par le Comd^t du Casse en Juin 1865.
Le commis chargé du travail :
D. Huguenin

Se porter par la route directe sur Grand-Lez, où il se liera avec le M^al Grouchy, qui se dirige sur Sart-à-Walhain. — Poussez une forte reconnaissance sur la route de Namur. — Le Gal Subervie ne l'a-t-il pas encore rejoint ?

Vu
Le Conservateur des Archives du Dépôt de la Guerre :

17 Juin 1815 ?

1 Renseignement, recueilli à Sart-à-Walhain par le M Grouchy.

Nombreuses troupes prussiennes passées à Sart-à-Walhain, se dirigeant sur Wavre.

A Sart-à-Walhain est passé environ entre trente à quarante mille hommes. Le passage était sur trois colonnes, et a duré depuis 9 heures du matin jusqu'à trois heures après-midi.

Il a passé environ 60 bouches à feu.

Le 3ᵉ corps de Witgenstein a passé à Sart-à-Walhain. On a des réquisitions signées de ses commissaires. Le Prince Auguste était avec cette colonne. Elle venait de Hannut et des environs de Liège. Le passage a fini hier 17 à 3 heures après-midi. La queue de la colonne est encore à Corroy. Tous se dirige sur Wavres. — Les blessés ont été dirigés par la chaussée des Romains sur Liège et Maëstricht.

On pense qu'il a passé trois corps, le 2ᵉ et le 3ᵉ bien sûrement, et probablement le 1ᵉʳ. —

Le 1ᵉʳ et le 2ᵉ ont pris part à la bataille de Fleurus. Ils ont annoncé vouloir livrer bataille près Bruxelles, où ils veulent se masser. — Leur artillerie est venu par Grand-lez.

(1) Sic ; il faut lire Lamelle.

La meilleure route pour aller à Wavres est par Nil - pierreux, à la chapelle de Corbais, à la Baraque, à Lousel. (1)

P.C.C. à l'original communiqué
par le Comdᵗ du Casse en Juin 1865.
Le commis chargé du travail :
D. Huguenin

Vu

Le Conservateur des Archives du Dépôt de la Guerre :

17 Juin 1715 ?

<u>2ᵉ Renseignement, reccueilli à Sart-à-Walhain par le M Grouchy</u>

Marche des Prussiens vers Wavre. —
Blücher cherche à se réunir à Wellington
pour livrer une nouvelle bataille.

Les blessées filent sur Liège, se dirigeant sur Bomal, Jodoigne et Tirlemont.

Les disponibles, et ceux venant de Liège et n'ayant pas pris part à l'affaire de Fleurus, marchent sur Wavre, et quelques un sur Tirlemont.

La masse est campée sur la plaine de la Chyse, près la route de Namur à Louvain, à deux lieues et demie de Louvain, et une lieue et demie de Jodoigne.

(1) Sic ; il faut lire Gottechain.

La plaine de la Chysee est à deux lieues et demie de Wavres, sur la droite, près Goddechins. (1)

Ce dernier avis est positif. C'est là où ils paraissent vouloir se masser.

Ils disent qu'ils ont conservé le champ de bataille, et qu'ils ne se retirent que pour livrer bataille après la réunion, qui a été combi(…) entre Blücher et Wellington.

P.C.C. à l'original communiqué
par le Comdᵗ du Casse en Juin 1865.
Le commis chargé du travail :
D. Huguenin

Vu
Le Conservateur des Archives du Dépôt de
la Guerre :

17 Juin 1815 ? Au soir.

3ᵉ Renseignement, reccueilli à Sart-à-Walhain par le M Grouchy

L'ennemi, fort d'environ une trentaine de mille hommes, continue sa retraite assez en désordre.

Exelmans leur a saisi un parc de plus de 400 bêtes à cornes.

L'ennemi se retire dans la direction de Wavres, ce qui me semble devoir indiquer qu'il veut reprendre la route de Bruxelles, pour se réunir, s'il le peut, à Wellington par Sart-à-Walhain, Tourinnes, etc.

Ils ont fait filer aussi beaucoup de monde par Haute bandès (1), suivant la même direction de Sart-à-Walhain.

A Sauvenière, ils se sont séparés en deux ; la plus forte colonne a suivi sur Perwez, ce qui indique peut-être que portion de Prussiens va joindre Wellington, et l'autre est l'armée de Blücher. Tous demandent le chemin de Bruxelles.

Cette nuit Exelmans a dû détacher six escadrons avec le Gᵃˡ Bonnemains sur Sart-à-Walhain, trois autres escadrons sur Perwez. Les Prussiens, qui ont occupé Sauvenière, Haute et Basse Bandès (1), se sont dirigés sur Ouray (2), passant par Grand-lez. Ils ont suivi la chaussée des Romains pour aller du coté de Maëstricht.

P.C.C. à l'original communiqué
par le Comdᵗ du Casse en Juin 1865.
Le commis chargé du travail :
D. Huguenin

Les Prussiens se retirent dans la direction de Wavre et paraissent vouloir se réunir à Wellington. — Une portion de leurs troupes se dirige sur Perwez. — Mouvement du Gᵃˡ Exelmans sur Sart-à-Walhain et Perwez.

(1) Sic ; il faut lire Haute-Baudeset.

(1) Il faut lire Baudeset.
(2) C'est Hanret.

Vu
Le Conservateur des Archives du Dépôt de la Guerre :

17 Juin 1815.

Le Gᵃˡ Exelmans au Mᵃˡ Grouchy, comdᵗ en chef la cavalerie de l'armée, à Sᵗ Amand

Monseigneur,

J'ai eu l'honneur de vous informer ce matin du mouvement que j'ai faits sur Gembloux pour y suivre l'ennemi qui s'y est massé.

Je l'ai observé jusqu'à présent et je ne lui ai pas vu faire de mouvement. Son armée est sur la gauche de l'Orneau ; il a seulement sur la droite de cette rivière un bataillon en avant de Basse-Bodecet. (1) Aussitôt qu'il se mettra en mouvement, je le suivrai.

J'ai l'honneur d'être de votre Excellence le très humble et dévoué serviteur,

(Signé) Exelmans.

P.S. J'ai écrit ce matin à Votre Excellence que mon monde était sur les dents. Ce qui les a le plus fatigués, c'est le service que les dragons ont été obligés de faire cette nuit, et l'on peut pas exiger qu'ils fasse [sic] cela aussi bien que la cavalerie légère, car ils n'y entendent presque rien et erreintent [sic] leurs chevaux bien plus vite. Cela me fait sentir la nécessité d'attacher à un corps de dragons quelques escadrons de cavalerie légère. Je prie Votre Excellence de vouloir faire quelque attention à ce que j'ai eu l'honneur de lui exposer.

P.C.C. à l'original communiqué
par le Comdᵗ du Casse en Juin 1865.
Le commis chargé du travail:
D. Huguenin

Mouvement qu'il a fait sur Gembloux. — Points occupés par l'ennemi. — Il demande un peu de cavalerie légère pour soulager ses dragons.

(1) Sic ; lisez Baudeset.

Vu
Le Conservateur des Archives du Dépôt de la Guerre:

Le Gal Exelmans commandait le 2e Corps de cavalerie, dont le Gal Bonnemains faisait partie, mais on lit dans le recueil publié par le M^al Grouchy que cette lettre fut adressée au M^al Grouchy, le Gal Bonnemains ne sachant pas où se trouvait le Gal Chastel, son Général de division.

En marge de la pièce originale est écrit : « J'ai lu ce rapport, qui me paraît devoir accélérer encore notre marche. (Signé) Le M^al Cte Grouchy. »

Marche de l'ennemi. Position prise par le Gal Bonnemains. Il ignore où se trouve le Gal Chastel, son Général de division.

Vu
Le Conservateur des Archives du Dépôt de la Guerre:

Ernage, le 17 juin 1815 à 10 heures 1/4 du soir

Le Gal Bonnemains (C^t G^ale de 2e Corps de cavalerie) au Gal Exelmans ?

Mon Général,

L'ennemi a occupé jusqu'au soir le village de Tourînes. Il y avait, selon le dire des paysans, beaucoup d'infanterie et quelque cavalerie qui couvraient la marche d'un convoi. Je les ai observés jusqu'à la nuit, et ai rétrogradé sur Baudeset où j'avais laissé un régiment, dans l'intention d'y loger avec ma brigade, mais j'y ai trouvé le 5e dragons établi. Je me suis alors déterminé à venir ici et j'y attendrai vos ordres.

Un paysan que j'ai envoyé de Sart-à-Walhain à Tourînes m'assure à l'instant que l'ennemi est parti de ce dernier endroit à 8 heures 1/2 du soir.

Je vous prie, mon Général, d'agréer l'assurance de mon respect.

(Signé) Le Gal Bon Bonnemains

P.S. Ne sachant où se trouve M^r le Gal Chastel, je ne lui écris point.

Pour copie conforme à l'original communiqué par le Comme du Casse en Juin 1865.
Le commis chargé du travail :
D. Houguenin

En avant de Massy, le 17 juin 1815, à midi.

Le Gal Pajol au M^{al} Grouchy

J'ai eu l'honneur de vous envoyer, ce matin à 3 heures, mon aide de camp Dumoulin, pour vous rendre compte que l'ennemi ayant évacué à 2 heures 1/2 sa position, je me mettais à sa suite. Depuis, j'ai eu celui de vous prévenir qu'ayant chargé sa queue de colonne, je m'étais emparé, en avant de ce village, de huit pièces de canon et d'une quantité immense de voitures de bagages, fourrage, etc. dont les chevaux avaient été enlevés.

L'ennemi continuant sa retraite sur St Denis et Leuze, pour gagner la route de Namur à Louvain, et prévenu que beaucoup d'artillerie et de munitions partent de cette première ville pour se retirer aussi par la même route, je vais me mettre en marche avec la division Teste, que Sa Majesté vient de m'envoyer, pour chercher à arriver ce soir à Leuze, et couper la route de Namur à Louvain, et me saisir de ce qui sera en retraite. Je vous prie donc, Monseigneur, d'avoir la bonté de m'y adresser sur chemin vos ordres.

Je renvoie à la division Subervie sa batterie. J'aurais bien désiré que cette division me rejoignît, car il m'en reste peu de celle de Soult.

Je prie Votre Excellence d'agréer l'assurance de mes respects.

Le Lieutenant Général :
(Signé) Cte Pajol.
P.C.C. à l'original communiqué
par le Comd^t du Casse en Juin 1865.
Le commis chargé du travail :
D. Huguenin.

Avantage remporté sur l'ennemi, qui cherche à gagner la route de Namur à Louvain. — Va continuer de le poursuivre en se portant sur Leuze avec la division Testes que l'Empereur vient de lui envoyer. — Demande à être rejoint par la division Subervie.

Vu
Le Conservateur des Archives du Dépôt de la Guerre :

Garde Impériale   1ere Division

<u>Artillerie</u>

Etat nominatif des hommes de la dite division tués ou Blessés le 16 juin 1815.

<u>Néant</u>

Consommation en Munitions
    Cartouches. . . . . . . Boulets de 6 80
                  Balles de 6. 18

au Bivouac le 17 juin 1815

Le Major chef de Bataillon Commandant
Artillerie de la dite division
Cappelle

Armée du Nord

1er Corps

Au bivouac à le 17 juin 1815

Monsieur le maréchal,

Conformément aux ordres de S.M. le 1er corps d'armée tient la prémière ligne à cheval sur la route de Bruxelles, la 1ere division de cavalerie flanque 1er corps d'armée et couvre son front. J'ai l'honneur d'informer V.E. que la 1ere division de cavalerie a fait plusieurs charges heureuses et qu'elle a enlevé quelques voitures et un certain nombre de prisonniers.

Daignez agréer l'hommage de mon respect,

Le lieutenant général en chef de 1er corps,

D. Cte d'Erlon

S. E. Le M^{al} Prince de la Moskowa

17 Juin 1815

Le Gal Vandamme au M^{al} Grouchy.

Monsieur le maréchal,

J'ai l'honneur d'informer Votre Excellence que les Généraux Thilmann et Borstell faisaient partie de l'armée que nous avons eue en tête. Ils sont arrivés ici ce matin vers 6 heures et en sont partis vers dix heures.

Ils ont avoué à mes hôtes que la journée d'hier avait mis hors de combat 20,000 hommes de l'armée prussienne.

Ils ont demandé les distances de Wavre, Perwès et Hannut.

J'ai l'honneur d'être, Monsieur le Maréchal, de Votre Excellence le très humble et très obéissant serviteur,

(Signé) D. Vandamme

P.C.C. à l'original communiqué
par le Comd^t du Casse en Juin 1815.
Le commis chargé du travail :
D. Huguenin

Passage à Gembloux de deux Généraux prussiens, qui ont avoué avoir eu à Ligny 20 mille hommes hors de combat.

Gembloux, 17 Juin 1815.

Vu
Le Conservateur des Archives du Dépôt de la Guerre:

St Amand le 17 Juin 1815

Recu A 6 ʰʳˢ du matin. Ordonné sur le champ

Monsieur le lieutenant général

S. E. Le général en chef Comte Vandamme vous prie de mettre sans délai 15 hommes pris sur votre division à la disposition de Mʳ. L'ordonnateur en chef. Ces hommes seront envoyés de suite à St Amand où ils se rassemblèrent contre l'église d'où ils partiront avec un Commʳᵉ de guerre pour aller au devant d'un Convoi de vivres venant de Charleroy et qui doit se trouver à la hauteur de Fleurus.

Ces détachements devront apporter une attention particulière à ne rien laisser détourner de ce Convoi et opposeront, s'il le faut la force à la force

Le Chef de Bᵒⁿ [8] pour le chef d'état major du 3ᵉ corps,

Guyardin

Written on back

A Monsieur Le Lieuᵗ Gᵃˡ Berthezène

Commdᵗ la 11ᵉ Divᵒⁿ d'infⁱᵉ

Au Camp du Moulin

[Pris/Par] l'ambulance

reçu Le 17 Juin 1815

Ordre du jour

[et]   Expedié sur le champ

Le 3ᵉ corps est prévenu que Mʳ. Le colonel Trézel sous chef de l'Etat Major Général ayant été grièvement blessé, Mʳ. Le Lieutenant Colonel Guyardin remplira ces fonctions jusqu'à ce que le maréchal de camp Revest soit arrivé, ce qui ne peut tarder.

autre ordre

Les corps doivent envoyer sur le champ leur rapport sur l'affaire d'hier.

autre ordre

Le corps d'armée est prévenu que ceux qui auront des Lettres à mettre à la poste, doivent les adresser au qᵉʳ Gᵃˡ de leur Division, qui lui même sera chargé de les faire parvenir au quartier Gᵃˡ en chef. Elles y seront toutes réunies et envoyées par Exprès.

Au quartier Gᵃˡ à Sᵗ Amand le 17 juin 1815.

Par ordre du Gᵃˡ en chef,
Le Lᵗ colonel [f.fon.] de sous chef de l'Etat major Gᵃˡ du 3ᵉ corps
Guyardin

A Mʳ le Lᵗ Gᵃˡ Berthezène au camp devant Bry.

Written on back

Service Mʳᵉ

a Monsieur

Monsieur le Lᵗ Gᵃˡ Berthezène

Commandᵗ la 11ᵉ divᵒⁿ d'infᶠⁱᵉ

Etat major Gᵃˡ du 3ᵉ corps [G.]

Au camp de [sous] Bry.

IV-449

Ordonné	Ordre du Jour
3ᵉ Corps	Il sera fait demain 18 une distribution d'Eau-de-vie et de Pain aux troupes
Armée du nord	du 3ᵉ corps. Cette distribution aura lieu à 5 heures du matin par les soins de
	Mʳ l'ordonnateur en chef.

Au qᵉʳ Gᵃˡ à Gembloux le 17 Juin 1815.

[Vbᵒⁿ]

Le chef de batᵒⁿ chef de l'Etat Major Gᵃˡ du 3ᵉ corps [de]

Guyardin

Written on back

Service Mʳᵉ

a Monsieur

Monsieur le Lᵗ Gᵃˡ Berthezène Commandᵗ la 11ᵉ Divᵒⁿ d'infⁱᵉ

Etat major Gᵃˡ du 3ᵉ corps

au camp

3ème Corps de l'armée du Nord
8ème Division d'Infanterie

(A classer au 16 Juin 1815.)
Au quartier Général à Sᵗ Amand le 17 Juin 1815.

Rapport sur la Bataille du 16 Juin pour la 8ème Dᵒⁿ d'Inf.

Conformément aux ordres de Son Excellence le général en chef Cᵗᵉ Vandamme, à une heure de l'après-midi, le 37ème Régᵗ d'Infanterie conduit par le Gᵃˡ [Corsin] a attaqué le village de Sᵗ Amand. Le reste de la division a appuyé l'attaque.

Les villages a été emporté à la bayonnette, malgré la plus vive résistance et un feu considérable d'artillerie et de mousqueterie de l'ennemi.

La division à conservé le village jusqu'au soir malgré les attaques réitérées des Prussiens pour le reprendre, et quoiqu'ils aient fait les plus grands efforts pour nous en chasser.

À la nuit tombante au moment de l'attaque général la première Brigade a bouché sur le centre de l'Ennemi, et a coopéré à l'emporter. La 2ème Brigade est restée en réserve au cimetière du village.

Toutes les troupes ont bien fait leur devoir. La Division a pris deux pièces de canon de douze qui ont été rémises au parc.

Je joins l'état des pertes éprouvées par les différents corps. J'aurai l'honneur de faire connaître à Son Excellence les officiers, sous officier et soldats qui se sont particulièrement distinguées

Le Lieutenant Général
Bᵒⁿ E. N. Lefol

———— ◆ ————

3ᵉ Corps d'armée du Nord

8ᵉ Dᵒⁿ D'infanterie

Etat des Pertes faites dans les journées du 15 au 16 juin 1815 au village de Gilly et à celui de l'Amand devant fleurs

Designation Du Corps	Personnes combattant le matin au 17 juin 1815		Tués		Blessés		Egarés		Observations
	officiers	s.offᵉʳˢ et soldats	officiers	s.offᵉʳˢ et soldats	officiers	s.offᵉʳˢ et soldats	officiers	s.offᵉʳˢ et soldats	
15 Léger	62	1825	2	32	19	390	2	72	Compris 1 tué, 2 blessés, 1 soldat tué et 17 Blessés
23 de ligne	55	918	1	10	9	166	«	65	Chirurgien aide Compris 3 soldats blessés le 15.
37 de ligne	48	842	1	18	12	155	1	110	La plupart des hommes égarés rentrent à ch- aque moment
64 de ligne	61	1288	«	17	12	151	«	391	
Total	226	4873	4	77	52	862	3	638	
[Cotez] d'art 7 [Congs]	3	77	«	«	1	4	«	«	
1 [Erundindes] Eq 1 [Comp]	1	90	«	«	«	2	«	3	trois chevaux tués et 3 Blessé. Du [Treisu]
Total	4	167	«	«	1	6	«	3	
Total Général	230	5040	4	77	53	868	3	641	

Certifié véritable

l'adjudᵗ Commdᵗ Chef de l'Etat major de la 8ᵉ Dᵒⁿ d'inf.

Bᵒⁿ Marion

Rapport

La 11ᵉ division partit de sa position de Farcienne, le 16 juin à dix heures du matin pour se diriger vers Fleurus. La résistance que l'ennemi parut vouloir y faire lui fit donner l'ordre de se porter en colonne par division sur la gauche de cette ville et d'y prendre position pour observer les débouchés de Sᵗ Amand et de Mellet.

Vers une heure la division ayant été remplacée par la 7ᵉ du 3ᵉ corps, reçut l'ordre de se porter vers Sᵗ Amand. Le Général en Chef lui ordonna de chasser quelques tirailleurs qui étaient en avant de ce village et d'attaquer le village immédiatement après.

La 1ʳᵉ opération se fit sans beaucoup de difficultés et le village fut attaqué à 2 heures et demi. Le 12ᵉ fut chargé de cette opération, et fut soutenu par le 86ᵉ; le 56ᵉ tourna le village pour arrêter les entreprises de l'ennemi sur ce point et le 33ᵉ resta en réserve.

L'attaque de ce village se fit vivement et réussit parfaitement. Une pièce de gros calibre attelée de 6 beaux chevaux fut prise. Le sergent [Brossière] du 12ᵉ de ligne et le [une] de mes ordonnances y contribuerent le plus elle a été conduite à Fleurus.

L'ennemi ayant attaqué et mis en déroute quelques corps de troupes, etrangers à la division, qui se jetterent en désordre sur les troupes de la 11ᵉ, et en auraient mis parmi elles, sans le sang froid et la fermeté du colonel du 86ᵉ [(Pélécier)] on perdit du terrain, mais on revint à la charge et on reprit bientôt le terrain perdu. Vers les 6 heures, l'ennemi fit un grand effort sur Sᵗ amand, et à la gauche de ce village : il s'en empara d'une partie; mais ne put jamais s'en rendre maitre en entier ni déboucher sur aucun des points; on reprit peu à près [sic] les avantages perdus et nous débouchâmes pour la 2ᵉ fois dans la plaine; une seconde attaque très vive sur la division Gérard obligea de porter la plus grande partie des troupes de la 11ᵉ à son secours, toute fois l'on n'abandonna point le village.

Vers 8 heures, la division fut remplacée dans sa position par quatre bataillons de la Jeune Garde, alors elle déboucha en entier, se porta au moulin de Sᵗ Amand à la hauteur de Bry et y prit position.

Beaucoup d'individus des troupes que la division a eu à combattre et qu'elle a tués ou blessés étaient décorés de la croix de fer ou de la medaille en bronze faite des canons pris en 1813 et 1814 sur les armées françaises, ce qui prouve que c'étaient des troupes d'elite.

Le Lieutenant Général, Commandant la 11ᵉ division [I.] Bᵒⁿ Berthezène

Au bivouac le 17 juin 1815

—◦∾◦—

3ᵉ Corps
Armée du Nord
11ᵉ Division

Etat des pertes éprouvées par la Division dans la journée du 16 Juin 1815

Numéro des Régiments	Morts		Blessés		Egarés		Total par Régiment	Observations
	officiers	s.offᵉʳˢ et soldats	officiers	s.offᵉʳˢ et soldats	officiers	s.offᵉʳˢ et soldats		
12ᵉ Régᵗ		28	6	194	«	«	228	dont un chef de batᵒⁿ blessé
56ᵉ Régᵗ	1	9	8	196	«	46	260	
33ᵉ Régᵗ		1	1	16	«	«	17	
86ᵉ Régᵗ	«		3	69	«	«	72	
Totaux	1	38	18	475	«	46	577	

Certifié conforme aux états fournis parles Regᵗˢ au Bivouac devant [Bry] le 17 Juin 1815

L'adjᵗ Commandᵗ chef de l'etat Major

Lefebvre de Veaux

───⁓⁓⁓───

3ᵉ Corps d'armée du Nord

3ᵉ Dᵒⁿ de cavalerie Légère

Domon is in command

Rapport du 16 au 17 Juin (Juin 1815)

Le marechal de camp Baron Vinot à été Blessé.

Le Capitaine Verron, son aide de camp à été blessé.

4ᵉ Rég des chasseurs.
- Six chasseurs Blessés
- Sept chevaux de troupe tués
- un cheval d'officer tué.

9ᵉ Regiment des chasseurs
- deux chasseurs blessés mortellement.
- deux chass. blessés légérement
- trois chevaux de troupe tués
- un cheval de troupe blessé.

Le Lieutenant Général Baron [Domon] à été blessé légèrement à la cuisse, d'une balle qui lui a fait une forte contusion.

Bivouac de Sᵗ Amand

Le 17 juin 1815 à deux heures du matin

L'adjudant Commandant chef d'état-major

Chʳ Maurin

———•———

Le rapport du 12ᵉ régᵗ des chasseurs est ci-contre.

<table>
<tr><td>*This address on opposite page of below*</td><td>à monsieur</td></tr>
<tr><td></td><td>le chef d'état-major de m. Le général en chef Comte Vandamme</td></tr>
<tr><td></td><td>au Bivouac de S^t amand</td></tr>
</table>

This address on opposite page of below

à monsieur

le chef d'état-major de m. Le général en chef Comte Vandamme

au Bivouac de S^t amand

12 Régiment de Chasseurs à Cheval.
Rapport du 16 au 16 Juin 1815

		Officiers hommes	troupes chevaux
Officiers	Présens Combattant	22	64
	détachés après le Général en chef	1	2
	Total	23	66
Troupes	[Presens] Combattant	258	248
	Détachés après le Général en chef	10	10
	Détachés à la 11 Division.	5	5
	Chevaux de fourgon	»	6
	Total	273	269

Mouvemens Survenus suivant les 24 heures.

Officiers	tués	1	
	blessés	4	
Chevaux d'officiers		2	
Troupes	tués	1	
	blessés	14	
Chevaux de troupes	tués	8	
	blessés	17	25

[C.S.V.S.]

Attached to previous

Dans la charge du matin ou un seul escadron a soutenu l'effort de trois escadrons de [boulan / housan] les chasseurs Schneiblein & Ferrand se sont particulierement distingués en sauvant le Général Gérard & son chef d'état major qui avaient été démontés

l'avant garde du Regiment a [lui] le soir chargé l'artillerie ennemi et enlevé une [percé] de Canon qui a été Conduite à l'Empereur. Les [mareschaux des Logis Riss, mathias D'homer, Schmitt & les chasseurs Beltoon & four] se sont particulièrement distingués dans cette charge.

Durant cette journée ou les pertes du regiment ont été considérables, Sa Contenance soit sous le feu de l'Ennemi, soit en croisant le Sabre avec lui a toujours été ferme & chacun y a rivalisé de bravour.

Le Colonel du régiment
A de Grouchy

16ᵉ Division Militaire
place Du Quesnoy
N 257

17 Juin

A Son Excellence le Maréchal Duc de Dalmatie
Major Général de l'armée

Monseigneur

J'ai l'honneur d'accuser, à vôtre Excellence, Recéption de sa lettre du 15 de ce mois, Reçue aujourd'huy À trois heures du matin.

J'ai l'honneur de vous Rendre compte, Monseigneur, qu'il fit passé dans cette place, le 15 du courant, un détachement du 3ᵉᵐ Régiment de Lanciers venant de [Dunlans], allant a Monbeuge, qui a traversé la ville à 10 heures du Matin, destiné pour le quartier Général du 1ᵉʳ Corps d'armée d'observation.

Ce détachement est composé du Capitaine [Chauvenot] Commandant, d'un Lieutenant ; Deux Sous Lieutenans, huit Sous officiers et 76 Lanciers au total 83 hommes et 90 Chevaux, ce qui a beaucoup de Rapport aux ordres que Votre Excellence vient de me donner, à l'Exception de cent chevaux de moins.

Si l'arrivait de Valenciennes la [4ᵉ …] du 3ᵉ Régiment de Lanciers, je lui ferai connaître vos ordres que je donnerais par [fait] à Celui qui le Commandera.

Je suis par un profond Respet
Monseigneur

De Vôtre Excellence
Le très humble et Soumis Serviteur
Le Colonel Cammdᵗ Supérieur de la place
du quesnoy En Etat de Siège
[RcR] Dupré

Au quesnoy le 17 Juin 1815

10ᵉ Dᵒⁿ
10ᵉ Divᵒⁿ Nᵒ 377
Mᶜ Dahuout
16ᵉ Dᵒⁿ Mʳᵉ

Amiens le 17 juin 1815

Monseigneur

Il me paraît que par suite des mouvements que je suis destiné de faire, j'ai absolument besoin d'avoir un Commissaire de la guerre et un couple d'Employés de l'administration, pour être chargés de pouvoir à la subsistance des troupes que je ferais mouvoir. Je viens en faire la demande à Votre Excellence et la prier de m'envoyer promptement le Commissaire de la guerre, puisque d'après ce que me mende le major général, il est presumable que je ne tarderais pas à me mettre en mouvement.

J'ai l'honneur d'Etre avec Respect Monseigneur
de Votre Excellence

Le très humble et dévoué serviteur
Le Lieutᵗ Gᵃˡ Commandᵗ En Chef les
troupes sur la Somme
Cᵗᵉ Gazan

—⁓—

Laon le 17 Juin 1815

Ecrit au M de la Guerre — 19 Juin [B^on. Cz^r]

Mon Général

La gendarmerie n'étant pas assée considérable, dans le département pour arrêter les déserteurs qui y passent J'ai donné L'ordre aux gardes forestiers et gardes champêtres d'arrêter tous les déserteurs qui passent dans leur canton, et de les remettre entre les mains de la gendarmerie la plus voisine de leur residence.

Plusieurs déserteurs m'ont été conduis de cette maniere, par des gardes champêtres, mais ces derniers sollicitent une indemnité, pour le voyage qu'ils sont obligés de faire, jusqu'au premier poste de gendarmerie, n'ayant point d'Instruction pour cet objet, j'ai l'honneur de vous soumettre leur réclamation.

J'ai l'honneur d'être avec un profond respect
Mon Général

Votre très affectionné et devoué serviteur.
Le marechal de camp, commdt dép^t de L'aisne
Ch^r Langeron

à M Le Leiut-Général comte Cafferelli, commd la 1er D^on M^re

Laon le 17 Juin 1815.

Ecrire au M^tre de la Guerre - B^on [Cz]

Monsieur Le colonel.

J'ai reçu votre lettre du 15, [resaire au arestris] de 1815.

Je n'ai point de troupes pour donner des escortes pour la conduite des conscrits, en conséquence point de sous officiers pour tenir les controles. des officiers en retraités sont chargés de leur conduite. trois détachements sont partis pour paris, le 14 et le 16, J'ai l'honneur de vous en informer par mes rapports journaliers.

Je n'ai point de troupes, la garde nationale sedentaire, garde le magazin a poudre, les batteries, la prison, et les préfectures.

Le major général par sa lettre datée de Charleroy du 15, m'annonce son détachement de prisonniers que je dois faire conduire à Soissons, pour y recevoir Les ordres du ministre, ces prisonniers seront conduis par le 10er Bataillon d'Elite de garde nationale du département du nord, qui [devrait] tenir garnison à Laon.

J'ai l'honneur, monsieur Le Colonel, de vous saluer avec une parfaite considération.

Le marechal de camp, commd^t de dépt de L'aisne,

Ch^r Langeron

—∿—

M Le chef de l'Etat major de la 1er D^on M^re

Laon le 17 Juin 1815

Monsieur Le Colonel

J'ai l'honneur de vous renvoyé l'Etat de situation du rappel des militaires en retraite organisée en Bataillon d'Inf^ie, et qui ont été reorganisés
à Maubeuge le 1er Juin.

J'ai l'honneur de vous observer que dans le décret qui rappel les militaires en retraite il n'a pas été question des reformé, ils n'ont donc pas
été appellés, il en est de meme des militaires qui ont reçu des congés
absolus, il serait néccéssaire que nous recevions des ordres pour ces deux
derniers, et a par, car, puisque les retraités marche, ils ne devraient pas
être exêmptes, veuillez me donner les ordres de monsieur Le Lieutenant
général en conséquence.

J'ai l'honneur d'Etre avec une considération distinguée …

Le marechal de camp commd^t le dép^t de L'aisne

Ch^r Langeron

a Soummettre au Gal Caffarelly
p^r Mr Plantrin
B^on [Ch^z]

à M^r Le chef de l'Etat major de la 1ere D^on
M^tre

Laon le 17 Juin 1815.

à revoir demain Lundi

Monsieur Le colonel.

Le Prefet du département de l'aisne a reçu les ordres de son Excellence le ministre de la guerre, pour mobiliser un ou deux Bataillons de chasseurs garde nationale, Mᵣ Le Prefet trouve de l'impossibilité de mobilier deux Bataillons, il donne les ordres pour en réunir un, et l'on va s'en occuper.

Je n'ai toujours point de garnison à Laon, Je [priais] monsieur Le Lieutenant général Caffarelli, de m'autoriser à faire venir à Laon, le Bataillon de [Mapour/Masour] de l'aisne qui se trouve à Sᵗ Quentin, où une forte garnison n'est pas nécéssaire, sauf à y envoyer un des Bataillon qui viendront de meaux ou à y envoyer celui que l'on mobilise à Laon.

il est de toute nécéssité de sortir de leur communes les Bataillons du pays, ils ne s'y forment que difficilement les Bataillons et Sᵗ quentin et de Guise sont dans ces cas. J'attends les ordres du Lieutᵗ général en conséquence

J'ai l'honneur, monsieur le Colonel, de vous saluer avec considération,

Le marechal de camp, commdᵗ le dépᵗ de L'aisne.
Chᵣ Langeron

à Mᵣ Le chef de l'Etat major de la 1ᵉʳᵉ Dᵒⁿ Mᵗʳᵉ

n b

il y a à Sᵗ quentin quatre dépots qui ont des troupe sufisament pour la place.

Laon, le 17 Juin 1815.

Monsieur le Comte,

Je m'empresse de vous informer, en réponse à la lettre que vous m'avez fait l'honneur de m'ecrire le 15 courant que, dès le 12, les opérations du conseil d'examen, concernant le rappel des jeunes gens de 1815 ont commencé. Le 13, il est parti pour faire un détachement, que d'autres ont successivement suivis jusqu'au 16 de ce mois que le nombre total des hommes mis en route s'elevait à 644.

De nouveaux ordres que j'ai reçu hier, de son Ex. le Ministre de la guerre ayant changé la destination à donner à ces jeunes gens qui doivent actuellement être envoyés dans des dépots d'infanterie qui sont dans ce département, un nouveau détachement de 97 hommes est parti aujourd'hui pour le 34 régiment de ligne en Station à Soissons et ce corps recevra c qu'il sera encore possible de rassembler puisque cette levée touche à sa fin, à cause du grand nombre de jeunes gens qui se trouvent faire partie des grenadiers de la garde nationale mis en activité au mois d'avril dernier, et des hommes mariés qui sont très nombreux.

Rien n'a été négligé, comme vous le voyez, Monsieur le comte, pour la prompte exécution des ordres de l'Empereur, et la conduite des détachements a été assurée par M. le général commandant le département, auquel j'avais communiqué toutes mes instructions, en me concertant avec lui à cet égard.

Je suis avec la plus haute considération,

Monsieur le Comte,

Votre très humble et très obéissant Serviteur
Le Préfet de l'Aisne
B^on [armieurd]

Préfecture de l'Aisne.
Le ministre à Informé de ce changement de Destination
à Classer
20 Juin B^on [Cz]

à Monsieur le Lieutenant général Cafarelli, aide de camp de l'Empereur, commandant la 1ère Division Militaire à Paris.

Paris le 17 Juin 1815.

Inspection g de la Gendarmerie
Cabinet des Premier
Inspecteur général

N 2
3 [Vz]

Monsieur le Maréchal

Le chef d'Escadron, commandant la gendarmerie à Arras, m'informe qu'un officier attaché à l'Empereur est venu le 14 au soir prendre auprès de M. le Préfet du Pas de Calais des renseignements sur les opérations de la Commission de hautre police établie dans la 16ᵉ division, et que la mission de ces officiers parait être la conséquence de quelques plaintes auxquelles des impiètemens et un peu trop de précipitation de M. le Général Allix, président de cette Commission, auraient donné lieur, et que Sa Majesté a voulu approfondir.

Le Chef d'escadron ajoute que M. le Préfet du pas de Calais lui a communiqué une liste de 20 à 29 individus que la Commission de haute police envoie en Surveillance hors du département, ou qui seront surveillés à Sᵗ Omer, lieu de leur domicile habituel, et que dans ce nombre on voit figurer des portefais et autres personnages obscurs qui ne meeritent pas l'importance qu'on leur donne.

Il paraît, Monsieur le Maréchal, que Sur cette liste de 20 à 29 personnes 10 sont bien reellement dans le cas d'être éloignées, mais que le Séjour des autres ne peut être dangereux, et qu'en les punissant de quinze jours de prison on serais parvenu à les faire taire, Si, comme c'et présumable, elles sont l'objet d'une mesure de l'autorité par Suite de leur propos. Ce genre de répression pouvait S'exercer d'autant plus facilement que la ville de Sᵗ Omer est en état de Siège.

J'ai pensé, Monsieur le Maréchal, qu'il était nécessaire que vous connussiez ces détails, et c'est ce qui m'a déterminé à ne pas différer de vous en instruire.

J'ai l'honneur d'offrir à Votre Excellence les assurances de ma plus haute Considération.

S. Ex. M. le Mᵃˡ Prince d'Eckmulh, Ministre de la guerre

Savary

1ère

Bᵉᵃᵘ du Personnel

De la Garde Impériale

Nᵒ. 1 — 17 Juin.

Accuser réception, lui dire de presser l'habillement de ces corps, ainsi que le recrutement et l'instruction

Les 17 [Lemmendre]

La correspond qui avait été dressée sur [un] juin a été [annullée]./.

Paris le 17 Juin 1815.

A Son Excellence Le Ministre de la Guerre.
—

Monseigneur,

J'ai l'honneur de rendre compte à Votre Excellence que Conformément aux ordres de l'Empereur qui me sont transmis par Mʳ Le Cᵗᵉ Drouot Je fais partir demain les 4 régᵗˢ de Voltiguers et de Tirailleurs pour Lyon où ils tiendront garnison jusqu'à ce qu'ils soient assez complets.

Je fais laisser ici le nombre d'officiers & de sous officiers Convenables pour y recevoir & conduire à Lyon les hommes qui arriveront pour le Complètement de ces deux Corps.

J'ai donné ordre au Commissaire des Guerres faisant fonctions d'ordinateur de la Garde de prévenir de ce mouvement sur la route que les deux Corps, dont il s'agit, ont à Parcourir.

Chaque homme partout prendra 40 cartouches & 4 pierres à feu —

J'ai l'honneur d'être avec un profond respect

Monseigneur

De Votre Excellence
Le très humble et très obéissant serviteur
Le leiut Gen
[…] Dériot

Paris, le 17 Juin 1815.

1re Division Militaire.
Etat-Major-Général.
Renvoyé a M Salonon
Le 17 Juin
Lemetz

Monseigneur,

Votre Excellence m'annonce par sa lettre du 14 Courant, qu'elle n'a point encore reçu, depuis le 25 Mai, les situations détaillées des dépôts des 21e, 25e, 46e et 95e régiments de ligne, les 3 premiers stationnés à St Quentin et le dernier à Beauvais. Je fais signifier aux Commandants de ces dépôts l'ordre d'adresser directement à Votre Excellence les Situations qu'elle réclame, et leur fais prescrire de mettre la plus grande exactitude dans ces envois.

J'ai l'honneur d'être,
Monseigneur,
de votre Excellence,
le très humble et très obéissant Serviteur.

Le Lieutenant Général, aide de Camps de l'Empereur,
Commandant la 1ere Div^{on} M^{re}
Cte V Caffarelli

À Son Excellence le Ministre de la Guerre.

Givet le 17 juin 1815.

2ᵉ Division Mʳᵉ
Nᵒ 121

A Son Excellence le Ministre de la Guerre
À Paris

Monseigneur

Nᵒ 1 — 21 juin
Accuse reception

J'ai l'honneur d'informer Votre Excellence que l'Ennemi a quitté hier matin ces environs pour se porter vers Namur, de Sorte qu'il n'y a plus d'ennemis à Rochefort Marche en [faniem] à Ciney et à Dinant. Ce dont j'ai rendu compte hier à S. Exc. Le major Général et au Général en chef, par Estafette.

La ligne de Douaniers Belges était restée sur la frontière, Je l'ai fait disperser ce matin ; ce qui nous a procuré quelques fusils.

J'ai l'honneur d'être avec un profond respect,

Monseigneur,

De Votre Excellence,

Le très humble et très obéissant Serviteur
Le Lieutᵗ Gᵃˡ Comᵗ la 2ᵉ Division Militaire.
Cᵗᵉ Demonceau

[13]
16ᵉ Dᵒⁿ Mʳᵉ

Landrecies Le 17 juin 1815.

A Son altésse, Monseigneur Le Prince D'eckmühl, Ministre de
la Guerre,

Monseigneur,

J'ai L'honneur d'adresser à votre altesse, le rapport journalier des
troupes qui composent la garnison, avec les notes sur les progrès qui Se
font aux fortifications de la place ; Et de lui rendre compte, que Monsieur
Le Lieutenant Général Foy, Commandant la 9ᵉ division du 2ᵉ Corps, vient
d'envoyer cans cette place, Les petits dépôts des 92ᵉ, 93ᵉ, et 100ᵉ régiment,
ces Dépôts sont composés.

Savoir:

Celui   Du 92ᵉ de 1. Lieutenant, 1 Sergᵗ, 4. fusiliers Et 1. [Tambour],

Du 93ᵉ de 1. S: Lieutenant, 1. Caporal Et 20. Fusiliers

Et Du 100 de 1. Lieutenant, 1. Caporal Et 4. Fusiliers

J'ai l'honneur d'être avec un profond Respect,
Monseigneur,
de Votre altesse,

Le très humble
Et très obéissant Serviteur.
Le Colonel
Plaige

—∙∞∙—